要点整理から攻略する

AWS認定
セキュリティ-専門知識

改訂2版

上野 史瑛 ／
NRIネットコム株式会社　佐々木 拓郎、小林 恭平【著】

ご注意

● 本書に登場するツールやURLの情報は2024年8月段階での情報に基づいて執筆されており、執筆以降に変更されている可能性があります。

● 本書の制作にあたっては正確な記述につとめましたが、著者や出版社のいずれも、本書の内容に関して何らかの保証をするものではなく、内容に関するいかなる運用結果についても一切の責任を負いません。あらかじめご了承ください。

● 本書中の会社名や商品名は、該当する各社の商標または登録商標です。本書中では™および®は省略させていただいております。

● 書籍のサポートサイト

書籍に関する訂正、追加情報は以下のWebサイトで更新させていただきます。

https://book.mynavi.jp/supportsite/detail/9784839985103.html

はじめに

　本書を手に取っていただきありがとうございます。AWSおよびそのセキュリティに興味を持っていただけたこと、嬉しく思います。本書は2020年7月に「AWS認定セキュリティ（SCS-C01）」に合格することを主な目的として、初版が発行されました。その後2023年7月に認定試験が新しいバージョン（SCS-C02）に更新されたタイミングで、本書も改訂を行い内容も大きく変更しています。

　2020年に初版を書いていた時期から3年ほど経ちますが、AWSの利用者も増えクラウド活用がより一般的になってきました。それに合わせてAWSのサービスや機能も大きく増えました。特にセキュリティは幅広く、どのサービスにも関わってくるため変化が激しい分野です。マネージドサービスの活用やマルチアカウントの運用など、単純な機能追加だけではなくAWSの利用方法も変わって来ています。

　AWSのサービスは、基本的に利用者のフィードバックをベースに新機能の開発が行われています。そのため新機能の内容を理解するということは、世界中のAWS利用のトレンドを知るということになります。AWSの勉強をし、トレンドを理解して、公式の認定をもらえる、そう考えると試験の勉強も楽しく感じるのではないでしょうか。

　サービスの種類も多く難しく感じるかもしれないですが、ぜひ楽しみながら勉強してみてください。認定セキュリティ試験に合格し、安全で便利なシステムをAWS上でたくさん作っていきましょう。

2024年9月　上野 史瑛

Contents

注記 ——————————————————————————————— 002
はじめに ——————————————————————————————— 003
本書の使い方 ——————————————————————————— 012
著者紹介 ——————————————————————————————— 014

1章　AWS試験概要と学習方法　015

1-1　AWS認定試験の概要 ———————————————————— 017
　AWS認定試験とは？ ——————————————————————— 017
　資格の種類 —————————————————————————————— 018
　取得の目的 —————————————————————————————— 019
　AWS認定セキュリティ - 専門知識 ——————————————— 020
1-2　学習教材 ————————————————————————————— 022
　公式ドキュメント ————————————————————————— 022
　オンラインセミナー（AWS Black Belt他） ———————————— 023
　AWSスキルビルダー（AWS Skill Builder） ————————————— 024
　実機での学習　ハンズオン（チュートリアル＆セルフペースラボ） — 026
　ホワイトペーパー ————————————————————————— 027
　JAWS-UG（AWS User Group -Japan） ———————————————— 027
1-3　学習の進め方と本書の構成 ————————————————— 028
　AWS認定セキュリティ - 専門知識　　合格へのチュートリアル— 028
　ITセキュリティ・コンプライアンスに関する知識 ——————————— 029
　本書の構成 —————————————————————————————— 030
1-4　何に重点をおいて学ぶべきか ——————————————— 031
　サービスを学ぶ観点 ——————————————————————— 031
　重点実施分野 ———————————————————————————— 032
　まとめ ————————————————————————————————— 036

2章　IDおよびアクセス管理　037

2-1　IDおよびアクセス管理 ———————————————————— 038
2-2　AWS IAM —————————————————————————————— 039
2-2-1　概要 ——————————————————————————————— 039
2-2-2　IAMの機能 ———————————————————————————— 040
2-2-3　AWSアカウント・IAMの設計運用原則 ————————————— 051
2-2-4　パーミッションバウンダリー ————————————————— 053
2-2-5　IAMアクセスアナライザー ————————————————————— 054
2-2-6　アカウント間でのスイッチロールによるAWS利用 ——————— 055

2-2-7 まとめ ———————————————————— 057

2-3 AWS Directory Service ———————————— 058
2-3-1 概要 ———————————————————————— 058
2-3-2 AWSにおけるActive Directory関係のサービス一覧 ——— 059
2-3-3 オンプレミスとの接続パターン ———————————— 059
2-3-4 AWSにおけるActive Directoryの利用パターン ———— 060
2-3-5 まとめ ———————————————————————— 061

2-4 Amazon Cognito ——————————————— 062
2-4-1 概要 ———————————————————————— 062
2-4-2 Cognitoと認証認可の流れ ———————————— 063
2-4-3 Cognito ユーザープール ———————————— 064
2-4-4 Cognito IDプール（Federated Identities）————— 065
2-4-5 まとめ ———————————————————————— 066

2-5 IDおよびアクセス管理に関するインフラストラクチャの
アーキテクチャ、実例 ——————————————— 067
2-5-1 最小権限付与の原則を守る ———————————— 067
2-5-2 サービスからのIAMロールの利用を理解する ————— 069
2-5-3 まとめ ———————————————————————— 070

2-6 IDおよびアクセス管理 まとめ ————————— 071

3章 インフラストラクチャのセキュリティ 073

3-1 AWS WAF ——————————————————— 075
3-1-1 概要 ———————————————————————— 075
3-1-2 攻撃検知のルール ——————————————————— 077
3-1-3 AWS WAF以外のWAF ———————————————— 078
3-1-4 WAF v1とv2について ———————————————— 079
3-1-5 WAFを使ったアクセス制限 ———————————— 079

3-2 AWS Shield ——————————————————— 080
3-2-1 概要 ———————————————————————— 080
3-2-2 AWS Shield Standard ———————————————— 081
3-2-3 AWS Shield Advanced ———————————————— 081
3-2-4 まとめ ———————————————————————— 082

3-3 Amazon Virtual Private Cloud ————————— 083
3-3-1 概要 ———————————————————————— 083
3-3-2 外部との接続 ———————————————————— 084
3-3-3 VPCピアリング ——————————————————— 087
3-3-4 AWS Site-to-Site VPN ———————————————— 088
3-3-5 DHCPオプションセット ———————————————— 089
3-3-6 VPC Network Access Analyzer ———————————— 089
3-3-7 VPCエンドポイント ————————————————— 090

3-4 Security Group ———————————————— 093
3-4-1 概要 ———————————————————————— 093

3-4-2　Amazon VPCのネットワーク制御について ————————— 095
3-5　AWS Network Firewall ——————————————— 097
3-5-1　概要 ————————————————————————— 097
3-5-2　フィルタリングのルール ————————————————— 100
3-6　AWS Firewall Manager ——————————————— 104
3-6-1　概要 ————————————————————————— 104
3-6-2　管理対象となるルール ————————————————— 105
3-6-3　アカウントをまたいだ管理 ——————————————— 105
3-7　Amazon Route 53 ———————————————————— 106
3-7-1　概要 ————————————————————————— 106
3-7-2　ルーティングポリシー ————————————————— 107
3-7-3　AWSに特化した機能 ———————————————————— 111
3-7-4　セキュリティ向上のためのRoute 53 ————————— 112
3-8　Amazon Route 53 Resolver ———————————— 113
3-8-1　概要 ————————————————————————— 113
3-8-2　エンドポイント ————————————————————— 114
3-8-3　Amazon Route 53 Resolver DNS Firewall ——————— 117
3-9　Amazon CloudFront ——————————————————— 118
3-9-1　概要 ————————————————————————— 118
3-9-2　オリジンの保護 ————————————————————— 119
3-9-3　限定的なアクセスの提供 ———————————————— 124
3-9-4　地理的制限 ——————————————————————— 125
3-10　Elastic Load Balancing ——————————————— 126
3-10-1　概要 ———————————————————————— 126
3-10-2　ELBの種類 ——————————————————————— 127
3-10-3　ALB/CLBとNLBの違い ————————————————— 129
3-10-4　Gateway Load Balancer ———————————————— 131
3-11　AWS Auto Scaling ——————————————————— 132
3-11-1　概要 ———————————————————————— 132
3-11-2　利用シーンに応じたスケーリング条件 —————————— 133
3-12　Amazon API Gateway ———————————————— 135
3-12-1　概要 ———————————————————————— 135
3-12-2　APIの種類 ——————————————————————— 136
3-13　AWS Artifact —————————————————————— 138
3-13-1　概要 ———————————————————————— 138
3-13-2　AWS Artifact Reports ———————————————— 138
3-13-3　AWS Artifact Agreements ——————————————— 140
3-14　セキュリティに関するインフラストラクチャの
　　　アーキテクチャ、実例 ———————————————— 141
3-14-1　リソース保護 ————————————————————— 141
3-14-2　通信保護 ——————————————————————— 144
3-14-3　Lambdaのセキュリティ ———————————————— 146
3-15　インフラストラクチャのセキュリティ まとめ —————— 147

4章 データ保護　149

4-1	**AWS Key Management Service（KMS）**	**151**
4-1-1	暗号化とは	151
4-1-2	KMSの概要	152
4-1-3	Envelope Encryption（エンベロープ暗号化）	153
4-1-4	KMS API	155
4-1-5	KMSキーのタイプ	157
4-1-6	KMSキーの有効化と無効化	160
4-1-7	KMSキーの削除	161
4-1-8	KMSキーのローテーション	162
4-1-9	キーマテリアルのインポート	164
4-1-10	キーポリシーによるアクセス制御	166
4-1-11	許可	169
4-1-12	クライアントサイド暗号化とサーバーサイド暗号化	169
4-1-13	KMSでの制限	170
4-1-14	他サービスとの連携について	171
4-2	**AWS CloudHSM**	**172**
4-2-1	概要	172
4-3	**Amazon Elastic Block Store（Amazon EBS）**	**174**
4-3-1	EBSの暗号化	174
4-3-2	EBSのデフォルト暗号化	175
4-3-3	暗号化されていないEBSの暗号化	177
4-4	**Amazon RDS**	**179**
4-4-1	RDSの暗号化	179
4-4-2	RDSデータ格納時の暗号化	180
4-4-3	RDSデータ伝送中の暗号化	181
4-4-4	RDSへのアクセス認証	182
4-5	**Amazon DynamoDB**	**185**
4-5-1	DynamoDBの暗号化	185
4-5-2	DynamoDBデータ格納時の暗号化	185
4-5-3	DynamoDB Accelerator（DAX）の暗号化	186
4-5-4	DynamoDBデータ伝送中の暗号化	186
4-5-5	DynamoDBへのアクセス認証	187
4-5-6	DynamoDBの有効期限（TTL）設定	187
4-6	**Amazon S3**	**188**
4-6-1	S3とセキュリティ	188
4-6-2	署名付きURLを使用したS3へのアクセス	194
4-6-3	S3データ格納時の暗号化	195
4-6-4	S3クライアントサイド暗号化	196
4-6-5	Amazon S3 Glacier	197
4-6-6	S3オブジェクトロック	199
4-7	**AWS Secrets Manager と Parameter Store**	**202**

| 4-7-1 | AWS Secrets Manager | 202 |
| 4-7-2 | AWS Systems Manager Parameter Store | 205 |

4-8 データ保護に関するアーキテクチャ、実例 — **207**

4-8-1	S3バケットのレベル別暗号化	207
4-8-2	複数サービスから Secrets Manager 使用	208
4-8-3	IAMポリシー、キーポリシー、バケットポリシー	209
4-8-4	S3オブジェクトロックを使用した監査ログ対応	210

4-9 データ保護 まとめ — **211**

5章　ログと監視 — 213

5-1 Amazon CloudWatch — **215**

5-1-1	概要	215
5-1-2	メトリクス	216
5-1-3	CloudWatchエージェント	217
5-1-4	ログ	217
5-1-5	さまざまな要素のモニタリング	219
5-1-6	データ収集における注意点	219

5-2 AWS Config — **220**

5-2-1	概要	220
5-2-2	設定履歴の保存	221
5-2-3	トラブルシューティング	222
5-2-4	高度なクエリ	223
5-2-5	Configのその他の機能について	223

5-3 AWS CloudTrail — **224**

5-3-1	概要	224
5-3-2	AWSの全操作を保存する	225
5-3-3	S3への証跡の保存	226
5-3-4	ダイジェストファイルを使ったログの整合性確認	227
5-3-5	CloudTrail Lake	228

5-4 AWS X-Ray — **229**

| 5-4-1 | 概要 | 229 |
| 5-4-2 | リクエストのトレーシング | 230 |

5-5 Amazon Inspector — **231**

5-5-1	概要	231
5-5-2	EC2	232
5-5-3	ECR	233
5-5-4	Lambda	234
5-5-5	Inspector Classic	234

5-6 S3に保存される AWSサービスのログ — **235**

5-6-1	概要	235
5-6-2	AWSサービスのログの設定例	236
5-6-3	ログファイルの運用について	237

5-7　Amazon Athena —————— **238**

5-7-1　概要 ———————————— 238
5-7-2　Athenaの仕組み ———————— 239
5-7-3　AWSサービスログのクエリ ————— 240
5-7-4　SQLクエリの実行 ——————— 241

5-8　VPC Flow Logs —————— **243**

5-8-1　概要 ———————————— 243
5-8-2　フローログに含まれる情報 ————— 244
5-8-3　フローログサンプル ——————— 245
5-8-4　Network ACLとセキュリティグループ — 245
5-8-5　Athenaを使用したフローログの確認 — 246
5-8-6　CloudWatch Logsを使用したフローログ監視 — 246

5-9　Amazon QuickSight ———— **248**

5-9-1　概要 ———————————— 248
5-9-2　サポートされるデータソース ———— 249
5-9-3　QuickSightの実装例 —————— 249

5-10　Amazon Kinesis ————— **251**

5-10-1　概要 ———————————— 251
5-10-2　Kinesis Data Streams ———— 252
5-10-3　Data Firehose（旧Kinesis Data Firehose）— 253
5-10-4　Amazon Managed Service for Apache Flink（旧Kinesis Data Analytics）— 254

5-11　Amazon OpenSearch Service — **255**

5-11-1　概要 ———————————— 255
5-11-2　OpenSearchとは ——————— 256
5-11-3　OpenSearch Dashboardsの利用 — 256
5-11-4　ほかのAWSサービスとの連携 ——— 257
5-11-5　Amazon OpenSearch Serverless — 258

5-12　ログと監視に関するアーキテクチャ、実例 — **259**

5-12-1　リソース状況・ログ・設定の一元管理 — 259
5-12-2　ログのリアルタイム管理、分析 ——— 260
5-12-3　別アカウントへのCloudTrailログ転送 — 260
5-12-4　脆弱性管理 ———————————— 261
5-12-5　S3へ出力したログの定期的な監査 —— 262

5-13　ログと監視 まとめ —————— **263**

6章　インシデント対応 　　265

6-1　AWS Config ——————— **267**

6-1-1　Configルール（Config Rules）——— 267
6-1-2　適合パック（コンフォーマンスパック）—— 269
6-1-3　Configルールの自動修復 ————— 270

6-2　AWS Systems Manager ——— **272**

6-2-1　概要 ———————————— 272

9

6-2-2	Session Manager	276
6-2-3	Run Command	277
6-2-4	Automation	278
6-2-5	State Manager	279
6-2-6	Inventory	280
6-2-7	Patch Manager	281
6-2-8	Documents	281
6-2-9	Incident Manager	282

6-3　Amazon CloudWatch　285

6-3-1	CloudWatch アラーム	285
6-3-2	CloudWatch Logsの監視	290
6-3-3	CloudWatch Synthetics	292
6-3-4	Amazon EventBridge	293
6-3-5	Amazon SNS	296

6-4　AWS Trusted Advisor　298

6-4-1	概要	298
6-4-2	Trusted Advisor の通知	300

6-5　AWS CloudTrail　301

6-5-1	CloudTrailを使用したインシデント対応	301

6-6　AWS CloudFormation　303

6-6-1	概要	303
6-6-2	CloudFormationテンプレートの事前チェック	304
6-6-3	CloudFormation ドリフト検出	305
6-6-4	CloudFormation ロールバック設定	308
6-6-5	CloudFormationの削除保護機能	309
6-6-6	スタックポリシーによるリソースの保護	309

6-7　Amazon Macie　310

6-7-1	概要	310

6-8　Amazon GuardDuty　312

6-8-1	概要	312

6-9　AWS Security Hub　317

6-9-1	概要	317

6-10　Amazon Detective　321

6-10-1	概要	321
6-10-2	Detectiveの使用例	322
6-10-3	GuardDutyとの連携	323

6-11　インシデント対応に関するアーキテクチャ、実例　324

6-11-1	EC2のパケットキャプチャ	324
6-11-2	不正なEC2検知時のインシデント対応	326
6-11-3	EC2キーペアのリセット	328
6-11-4	CloudTrailによるイベント検知	329
6-11-5	S3とEventBridgeの連携	330

6-12　インシデント対応 まとめ　331

7章　管理とセキュリティガバナンス　333

7-1　AWS Organizations　335
7-1-1　なぜマルチアカウントが必要なのか？　336
7-1-2　AWS Organizations　337
7-1-3　CloudTrailとOrganizationsの連携　349
7-2　AWS IAM Identity Center　351
7-2-1　権限セットによる権限の管理　353
7-3　CloudFormation StackSets　354
7-4　AWS Control Tower　356
7-4-1　OU、新規AWSアカウントの作成　357
7-4-2　IAM Identity Centerの設定　358
7-4-3　コントロール（ガードレール）の設定　358
7-4-4　Account Factory　360
7-4-5　ランディングゾーンの変更　361
7-5　AWS Audit Manager　362
7-6　管理とセキュリティガバナンスに関するアーキテクチャ、実例　363
7-6-1　Organizations連携機能を使用した
　　　　GuardDuty、Security Hubの自動有効化　363
7-6-2　CloudFormation StackSetsを使用したAWS Configの自動有効化　364
7-6-3　SCPによるセキュリティサービスの設定変更拒否　365
7-6-4　予防的統制と発見的統制　366
7-7　管理とセキュリティガバナンス まとめ　368

8章　AWS Well-Architected　369

8-1　AWS Well-Architected　371
8-1-1　AWS Well-Architected フレームワーク　371
8-1-2　AWS Well-Architected フレームワーク セキュリティの柱　373
8-2　AWS Well-Architected まとめ　377

9章　練習問題　379

9-1　練習問題　381
9-1-1　問題の解き方　381
　　　　練習問題　383
　　　　練習問題　解答　407

索引　436

11

本書の使い方

「AWS認定セキュリティ - 専門知識（AWS Certified Security - Specialty SCS-C02）」の合格に向けて、本書を効果的に使用いただく方法をここで紹介いたします。学習を始める前に、まずは本項の確認からはじめてください。

1. 学習の進め方を理解する

1章では学習の進め方や学習ウェイトの置き方を丁寧に解説しています。本書の効果的な使い方とどんな学習をしていくべきかを学ぶことができます。

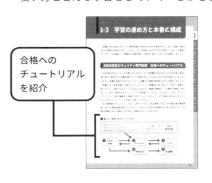

合格への
チュートリアル
を紹介

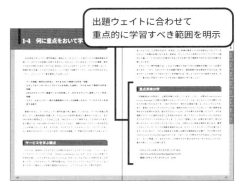

出題ウェイトに合わせて
重点的に学習すべき範囲を明示

2. サービスごとの学習を進める

2～8章は出題範囲にあわせてAmazon Web Servicesのサービスを解説しています。十分に理解している範囲は「確認問題」と「ここは必ずマスター！」だけを確認し、理解度に応じて読み飛ばしてください。

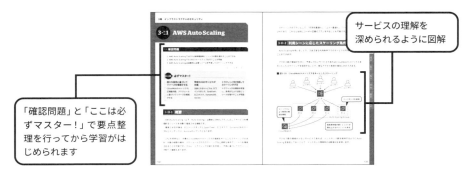

「確認問題」と「ここは必ずマスター！」で要点整理を行ってから学習がはじめられます

サービスの理解を
深められるように図解

3. 試験に臨むための準備

9章は練習問題の掲載だけでなく、試験に取り組むにあたって必要となる知識を解説しています。練習問題に取り組む前に、必ず確認して問題の解き方のコツを身につけましょう。また、専門知識（スペシャリティ）特有の癖も紹介しています。

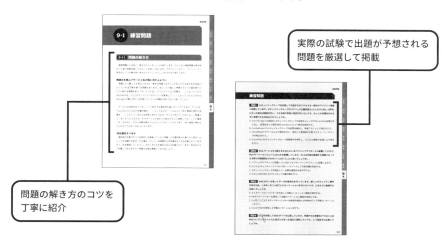

実際の試験で出題が予想される問題を厳選して掲載

問題の解き方のコツを丁寧に紹介

4. 振り返って確認

正答できなかった練習問題は該当サービスの項目を読み返すことや、実際のサービスに触れることで繰り返し学習し、サービスに関する理解を深めましょう。

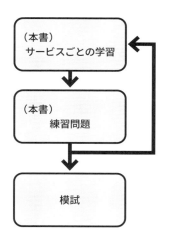

サービスの学習を終えたら練習問題に取り組みましょう。正答できなかった問題はサービスの学習に戻り、正答が導き出せるようになるまで練習問題とサービスの学習を繰り返しましょう。

著者紹介

佐々木 拓郎

NRIネットコム株式会社所属。AWSに関する技術や情報発信が評価され、2019年に初代Japan AWS Ambassadorsに選ばれている。2024年現在も継続中。本職はクラウドを中心とした周辺分野のコンサルティングから開発運用などと、その組織のマネージメントに従事している。

得意とする分野はアプリケーション開発や開発環境周辺の自動化などであったが、最近はすっかり出番もなくなり、AWSのアカウント・ID管理の方法論を日々考えている。共著者と違い情報処理試験は全部は持っていないので、いつの間にか全部とってドヤ顔しようと考えている。

上野 史瑛

2023年8月までは小林・佐々木とともにNRIネットコムにてシステム基盤の設計・構築・運用業務に携わる。AWS環境とオンプレミス環境両方を経験。認定資格や社外への登壇活動がAWSにも認められ、2020年から2023年までAWS Ambassadors、AWS Top Engineers、ALL AWS Certifications Engineerに選出されていた。

2023年9月より別の会社に籍を移し、クラウドインフラエンジニアとして活動している。2児の父であり育児の合間に本の執筆とAWSの勉強を行っている。

本書においては、主に4章：データ保護、6章：インシデント対応、7章：管理とセキュリティガバナンス、8章：AWS Well-Architectedの執筆を担当した。

小林 恭平

NRIネットコム株式会社入社後、アプリケーションエンジニアとして業務系基幹システムの開発・運用に従事。のちに配置転換によりECサイト、証券システムなどのシステム基盤の設計・構築・運用業務に携わる。オンプレミス、クラウド、モバイルアプリ、組み込みシステムなど幅広いプラットフォームでのアプリケーション開発やシステム基盤構築の経験あり。

IPAの情報処理技術者試験を全13区分（旧情報セキュリティスペシャリスト試験含む）を保持し、AWS認定も全区分取得。2021〜2023にAWSのパートナー表彰プログラムにてTop EngineersおよびAll Certifications Engineersに選出されている。

本書においては、主に3章：インフラストラクチャのセキュリティおよび5章：ログと監視の執筆を担当した。

1
AWS試験概要と学習方法

1章
2章
3章
4章
5章
6章
7章
8章
9章

1章 AWS試験概要と学習方法

　　AWS認定試験を受験するには、少なくないお金と準備のための多くの時間が必要となります。また、試験時間も3時間以上と長丁場になります。金銭的・時間的なダメージを受けないように、できる限り一度の受験で合格したいと誰しも願うことでしょう。

　そのためには、しっかりとした準備が必要です。しかし、初めて受ける人にとっては、どんな準備が必要でどれくらい準備すれば合格するのか検討もつかないでしょう。この章では、AWS認定試験の制度と学習方法の解説をおこないます。また参考資料や重点的に学習すべき分野の紹介も行います。

　まずこの章をしっかり読むことで「AWS認定セキュリティ - 専門知識」を学ぶ上でのガイドを得ることができます。ガイドに沿って効率的に学んでいきましょう。

1-1　AWS認定試験の概要

AWS認定試験とは？

　AWS認定試験は、AWSに関する知識・スキルを測るための試験です。レベル別・カテゴリー別に認定され、基礎コース・アソシエイト・プロフェッショナルの3つのレベルと、ネットワークやセキュリティなど分野ごとの専門知識（スペシャリティ）があり、それぞれの専門にあった知識を問われます。基本的にはITエンジニア向けの試験ですが、基礎コースにあたるクラウドプラクティショナーのように、営業職や経営者・管理職に推奨されている資格もあります。クラウドプラクティショナーは、クラウドの定義や原理原則・メリットなど、これからAWSを学んでいく上で入門的な内容の試験となります。

　本書の対象である「AWS認定セキュリティ-専門知識」のような専門知識を問う認定試験は年々増えています。これはAWSのサービスが多岐にわたり、一人の人間ですべてをカバーすることが難しくなっているためでしょう。専門分野の認定をすることにより、個人の得意とすることを客観的に証明できます。今後、ますます重要になってくるのが、この専門分野、スペシャリティでしょう。

■ 図1-1　AWS認定試験

1章　AWS試験概要と学習方法

資格の種類

AWS認定試験は、2024年8月現在で12種類の資格があります。

- ・AWS認定 クラウドプラクティショナー
- ・AWS認定 AIプラクティショナー（ベータ）
- ・AWS認定 ソリューションアーキテクト アソシエイト
- ・AWS認定 ソリューションアーキテクト プロフェッショナル
- ・AWS認定 SysOpsアドミニストレータ　アソシエイト
- ・AWS認定 デベロッパー　アソシエイト
- ・AWS認定 DevOpsエンジニア　プロフェッショナル
- ・AWS認定 データエンジニア　アソシエイト
- ・AWS認定 Machine Learning Engineer アソシエイト（ベータ）
- ・AWS認定 アドバンスドネットワーキング 専門知識
- ・AWS認定 セキュリティ 専門知識
- ・AWS認定 Machine Learning 専門知識

　前述のとおり、レベルとしては、基礎コース・アソシエイト・プロフェッショナルの3種類があります。現時点で基礎コースに該当するのはクラウドプラクティショナーのみです。プロフェッショナルはアソシエイトの上位資格となります。以前は、アソシエイトを取得済みの人のみが受験可能でしたが、今ではその制限はなくなっています。しかし難易度が高いので、それぞれの分野のアソシエイトを取得後に挑戦するのがよいでしょう。クラウドプラクティショナーは半年程度のAWSの実務経験、アソシエイトはそれぞれの分野において1年、プロフェッショナルは2年の実務経験を積んだ想定での試験となっています。

　また、専門知識認定は、ネットワーク・セキュリティ・機械学習など特定分野ごとのAWSサービスに習熟したことを証明する資格となります。こちらもプロフェッショナルに準じたレベルとなり、2年間程度の実務経験が推奨されています。

　なお、AWS認定試験は3年ごとに更新する必要があります。アソシエイトの場合は、同じ試験を再受験するか、上位の資格であるプロフェッショナルを受験し合格することにより再認定を受けることが可能です。プロフェッショナルおよび専門知識は、再認定の試験を受ける必要があります。本書では「AWS認定セキュリティ-専門知識」の合格を目標に、試験範囲の知識と考え方について解説します。

18

取得の目的

　AWS認定試験の勉強を始める前に、まず認定を受ける目的を確認してみましょう。主に下記のメリットがあります。

- **試験勉強を通じて、AWSに関する知識を体系的に学びなおせる**
- **AWSに関する知識・スキルを客観的に証明される**
- **就職・転職に有利**

　まず試験を通じてAWSの体系的な知識を学べる点です。AWS認定試験はカテゴリー別・専門別に試験が別れているものの、それぞれ相関する部分も多く広範囲の知識が必要となります。特にソリューションアーキテクトは仮想サーバー（Amazon Elastic Compute Cloud、以下EC2）、ストレージ（Amazon Simple Storage Service：以下S3、EBS）、ネットワークサービス（VPC）といったAWSの最も基本的なサービスを中心に扱っている関係上、関係するサービスが多く最も広範囲な試験範囲となっています。また試験に合格するには、それぞれのサービスの詳細な動作を把握している必要があります。試験の勉強をすることにより、実務でAWSの設計・操作をする上での手助けになります。AWSの認定試験に合格にするには、広範囲の知識とサービスの実際の挙動の2つを理解する必要があります。必然的に合格したものに対しては、AWSに関する知識・スキルを客観的に証明されることとなります。

　事実、AWS認定試験の評価は高く、米Global Knowledge Training社が発表した稼げる認定資格トップ15（15 Top-Paying Certifications）によると、AWS認定ソリューションアーキテクト アソシエイトは2位で資格取得者の平均年収は10万719ドルとなっています。

　それでは、「AWS認定セキュリティ-専門知識」の試験について、詳しくみていきましょう。

1章 AWS試験概要と学習方法

AWS認定セキュリティ-専門知識

「AWS認定セキュリティ-専門知識」は、その名の通りセキュリティロールを遂行する人を対象としており、AWSプラットフォームのセキュリティ保護に関する理解度が問われます。試験のガイドラインによると、下記の知識が問われます。

- 専門的なデータ分類とAWSのデータ保護メカニズムについて理解していること
- データ暗号化方式と、それを実装するためのAWSのメカニズムを理解していること
- セキュアなインターネットプロトコルと、それを実装するための AWSのメカニズムを理解していること
- AWSのセキュリティサービスと、安全な本番環境の提供のために使用するサービスの機能について実践的な知識を備えていること
- AWSのセキュリティサービスと機能を使った本番環境をデプロイしてきた2年以上の経験から得られたコンピテンシーを身に付けていること
- 一連のアプリケーション要件を満たすために、コスト、セキュリティ、デプロイの複雑性に関してトレードオフを判断する能力があること
- セキュリティの運用とリスクについて理解していること

セキュリティは、AWSが最も重視する項目の一つです。堅牢なシステムを構築するため、またそれを維持し運用するために、AWSはさまざまなサービスを提供しています。一方で、それを適切に選択し運用していくには高度な知識が必要とされます。「AWS認定セキュリティ-専門知識」の試験を通じて、体系的なセキュリティに関する知識と、関連するAWSのサービスを理解することができます。

出題範囲と割合

AWS 認定セキュリティ – 専門知識

https://aws.amazon.com/jp/certification/certified-security-specialty/

試験ガイドには試験の範囲と割合が記載されており、以下のとおりです。

項番	分野	割合
分野 1	脅威検出とインシデント対応	14%
分野 2	セキュリティロギングとモニタリング	18%
分野 3	インフラストラクチャのセキュリティ	20%
分野 4	Identity and Access Management	16%
分野 5	データ保護	18%
分野 6	管理とセキュリティガバナンス	14%

1-2　学習教材

AWSの認定試験に受かるには、次の2つの力が不可欠です。

・ **試験範囲のサービスの知識**
・ **サービスを組み合わせてアーキテクチャを考える能力**

本書は「AWS認定セキュリティ - 専門知識」に合格するための指南書として、試験に合格するために必要な教材や勉強の仕方をお伝えします。しかし、試験の範囲は広く、本書を一冊読めば合格するといったものではありません。これから紹介する資料やツールを使いながら、本書をガイドとして勉強を進めていってください。

公式ドキュメント

今日では、AWSに関する情報は、様々なところで入手可能です。しかし、重要なのは、公式の英語ドキュメントが仕様の1次情報であるということを意識することです。AWSは頻繁にサービスのアップデートがされます。そのため、ブログや解説サイト、書籍などの2次情報はすでに古くなっている可能性があります。AWSの公式日本語ドキュメントでさえ、更新が追い付いていないことがあります。もし現状と異なる点や疑問がある場合は、必ず公式の英語ドキュメントで確認しましょう。

参考：公式ドキュメント

https://aws.amazon.com/jp/documentation/

一方で、公式ドキュメントは膨大です。また 個々の仕様を正確に正しく伝えるために、冗長な部分もあります。そのため、全貌を理解していない段階では、公式ドキュメントを読んでもすぐには理解しづらいかもしれません。そのため、効率的にAWSを学ぶには、このあと紹介するオンラインセミナーやオンライントレーニングを最初に利用することをお勧めします。

また試験対策として読むべきドキュメントとしては、公式ドキュメントのよくある質問（FAQ）がお勧めです。ここでは重要な仕様が、Q&A形式で簡潔にまとめられています。対象の機能を一通り学んだ後にFAQを読むことで、自分が知らない事項がないか、また自分の言葉で答えられるかを確認すると、短い時間で理解を深めることができます。試験対策に限らず、これはお勧めの学習方法です。

参考：FAQ
https://aws.amazon.com/faqs/

オンラインセミナー（AWS Black Belt他）

AWSの各機能を理解する上で、オンラインセミナー「AWS Black Belt」を最初に視聴することをお勧めします。Black Beltは、日本のAWSのソリューション・アーキテクトが、オンラインセミナー（Webinar）形式でサービス・分野ごとに解説するトレーニング資料です。解説映像の他に、PDF形式での資料も公開されることもあります。この資料が、概念図など視覚的な情報を伴うため、非常に理解しやすいです。

動画は通常、約1時間以内に完結しています。またPDFのみで学習する場合は、20～30分もあれば十分に内容を把握できるようになっています。サービスの概要を把握するには、これらの資料が最適です。注意点としては、サービスアップデート等がされた場合は、古い資料が残されたまま新しい資料も公開されることです。検索エンジンでトップに表示される資料が古い場合もあります。そのため、新しい資料がないかを確認するために、日付を範囲指定することをお勧めします。

参考：AWS クラウドサービス活用資料集（AWS Black Beltもここで閲覧できる）
https://aws.amazon.com/jp/aws-jp-introduction/

1章 AWS試験概要と学習方法

AWSスキルビルダー（AWS Skill Builder）

AWSスキルビルダーは、AWSの学習教材が集められたポータルサイトです。AWS自身により運営されていて、日々コンテンツが追加されていっています。AWSスキルビルダーには、オンライントレーニングの他に、AWS認定試験の公式練習問題集や、AWS Builder LabsというAWSアカウントなしで実際にAWSを操作できるハンズオン環境などが用意されています。

参考：AWS Skill Builder

https://explore.skillbuilder.aws/

AWSスキルビルダーは無償で利用できますが、有償のサブスクリプションを登録することで、より多くのコンテンツを利用することができます。先述のAWS Builder Labsは、有償サブスクリプションのコンテンツとなります。企業等で学習用にAWSアカウントを配布するのは、管理面で難しい場合もあります。その際は、AWS Builder Labsが有効な選択肢になることでしょう。また最近では公式の模擬試験も、Skill Builderで公開されるようになりました。

参考：AWS Certified Security - Specialty Official Practice Question Set (SCS-C02 - Japanese)

https://explore.skillbuilder.aws/learn/course/15232/

■ 図1-2　AWSスキルビルダー

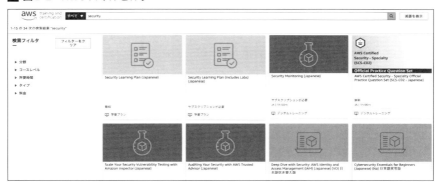

試験準備のためのオンライン講座

　オンライントレーニングの中には、試験準備のためのオンライン講座があります。ベーシック・アソシエイトレベルのみならず、プロフェッショナルやスペシャリティの準備講座も用意されています。この準備講座では、試験範囲の解説や解答の形式、試験に対して何を準備すればよいのかが解説されます。英語版ですが6時間半にも及ぶ「AWS認定セキュリティ-専門知識」用のコースも無料で公開されています。

参考：Exam Prep Standard Course: AWS Certified Security - Specialty (SCS-C02 - English)
https://explore.skillbuilder.aws/learn/course/18291/

　このオンラインコースは、脅威検出とインシデント対応、セキュリティロギングとモニタリング、インフラストラクチャのセキュリティ、トラブルシューティングと最適化、データ保護管理とセキュリティガバナンスと、試験に準拠するかたちで6つの分野について動画と解説資料で構成されています。またそれぞれの分野別の最後に、確認テストがあります。それに加えて模擬テストも用意されています。全部通して受けても1日あれば完了する分量なので、まず最初に受講して「AWS認定セキュリティ-専門知識」の概要を把握することをお勧めします。

図1-3　「AWS認定セキュリティ-専門知識」の準備講座

1章　AWS試験概要と学習方法

実機での学習　ハンズオン（チュートリアル＆セルフペースラボ）

オンラインセミナーやトレーニングでサービスの説明を聞くと、ずいぶんと理解した気持ちになるでしょう。しかし、それだけではスキルや知識としては定着しません。やはり実際に手を動かして触ってみることが重要です。そのための学習資材として、ハンズオン形式でのトレーニングが有効です。ハンズオンとは、用意されたカリキュラムに沿って手を動かしながら学んでいく手法です。

その際にまずお勧めなのが、「AWS Hands-on for Beginners」です。初心者向けと題されていますが、これはそれぞれのAWSのサービスを最初に学ぶ際に適しているという点での初心者向けです。AWSを充分に使ってきた方にとっても、充分有益なコンテンツとなっています。

参考：AWS ハンズオン資料

https://aws.amazon.com/jp/events/aws-event-resource/hands-on/

Hands-on for Beginners以外にも、多くのサービスで公式ドキュメントの中でチュートリアルが用意されています。指示に従ってAWSを操作すると、サービスを起動・操作できます。説明を読んで腑に落ちない部分も、実際に動かすことにより理解できるようになることもあります。新しいサービスを利用する際は、時間の許す限り、まずチュートリアルを実施してみましょう。

参考：ex) AWS Identity and Access Management チュートリアル

https://docs.aws.amazon.com/IAM/latest/UserGuide/tutorials.html

学習のためにハンズオンはお勧めですが、そのためにはAWSアカウントが必要です。しかし、さまざまな事情で自前のアカウントが用意しづらい場合もあると思います。また、起動したリソースなどを消さずにおくと思わぬ費用が発生することや、不用意なセキュリティ設定をしたためにAWSアカウントを危険に晒されることもあり得ます。そういったリスクを回避するために、利用可能な機能や稼働時間を制限されたサンドボックス環境がお勧めです。有償ではありますが、AWS スキルビルダー内のAWS Builder Labsには、学習目的に沿ったサンドボックス環境が用意されています。

ホワイトペーパー

　AWS認定 セキュリティ 専門知識の試験は、AWSのアカウントとその中に作られたシステムを、AWSのサービスを安全に構築・運用できる力があるかを確認するための試験です。そのため、AWSのセキュリティ関連のサービスを理解するということも必要ですが、それ以前にセキュリティ・コンプライアンスに関する正しい知識が必須となります。

　そういった知識を得るのに最適なのがAWSが出しているホワイトペーパーです。ホワイトペーパーでは、セキュリティなどの周辺知識を解説した上で、AWSのサービスをどのように使って実現するかといった解説がされています。AWS認定の中で、特に「AWS認定セキュリティ - 専門知識」はホワイトペーパーを読むことが重要になるでしょう。

参考：AWS ホワイトペーパー

https://aws.amazon.com/jp/whitepapers/

JAWS-UG（AWS User Group - Japan）

　ここまでは主に公式のトレーニングや資料を紹介してきました。AWSの素晴らしい点は、自習する教材を揃えオンラインでも充分な知識が得られるような環境を用意していることです。しかし、一人で学ぶのは、孤独で辛いものがあります。そんな際にお勧めなのが、ユーザーグループ主催の勉強会に参加することです。

　AWSを利用する有志によるJAWS-UGというユーザーグループがあり、複数の支部により構成されています。支部には、埼玉や浜松といった地域別の支部と、アーキテクチャ専門支部やAI/ML支部といった目的別支部があります。自分と同じような立場で実際にAWSを利用してみたという経験の共有は得難いものがあります。また慣れてくれば自分で登壇の立候補をすることもできます。自分で資料を作り発表すると、聞いているだけに比べて格段に学びの効果があります。

　今はオンライン開催が主流となっているので、全国津々浦々の勉強会に参加できます。興味のあるイベントには、積極的に参加してみましょう。

参考：JAWS-UG

https://jaws-ug.jp/

1-3　学習の進め方と本書の構成

　本書は「AWS認定セキュリティ-専門知識」に合格するための対策本です。しかし、試験に合格するのが本質的な目的ではなく、セキュリティの知識とAWSのスキルを身につけることが重要です。その2つを試験という客観的な指標を通じて効率的に身につけることを目標としましょう。

AWS認定セキュリティ-専門知識　合格へのチュートリアル

　「AWS認定セキュリティ-専門知識」の対象となるセキュリティの知識やAWSのサービスは非常に多岐に渡ります。残念ながら本書を読むだけで合格するといった甘いものでもありません。先に述べたように、本書を学習のためのガイドとして、本書以外の教材を併用しながら学習をしましょう。

　本書では、認定試験の対象のサービスについて、網羅的に取り扱っています。本書を一読した上で、対象となるサービスのBlack Beltで、動画を視聴もしくは資料を閲覧します。そして、AWSが提供するチュートリアルを実施してください。そこまですれば、サービスについて6～7割の理解まで到達できるでしょう。その上で、より詳細な部分は公式ドキュメントやホワイトペーパーを読んで補ってください。

　また理解度のチェックとしては、公式サイトのよくある質問（FAQ）や本書付属の練習問題、AWSの模擬試験を受けてください。わからない部分も多数あると思いますので、その際は本書やAWSの資料に立ち戻って確認するという流れです。

■ 図1-4　合格へのチュートリアル

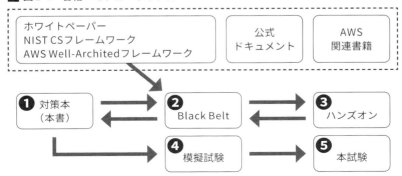

ITセキュリティ・コンプライアンスに関する知識

　「AWS認定セキュリティ-専門知識」に合格するには、AWSの知識のみならず、ITセキュリティやコンプライアンスの知識が必須となります。システムが複雑・巨大化している今日、セキュリティ・コンプライアンスについても非常に多岐にわたる知識が必要となります。短時間で効率的に読むには、セキュリティのフレームワークを抑えることが重要になります。

　米国国立標準研究所が提供するサイバーセキュリティフレームワーク、通称NIST CSFというものがあります。これは、2014年2月に1.0版が公開されたサイバーセキュリティ対策に関するフレームワークで、企業・組織がサイバーセキュリティ対策を向上させるための指針として利用されています。AWSもサービス設計の上でNIST CSFを重視しているようで、『NIST サイバーセキュリティフレームワーク (CSF)　AWSクラウドにおける NIST CSF への準拠』としてリファレンス資料もでています。

参考：AWSクラウドにおける NIST CSF への準拠

https://d1.awsstatic.com/whitepapers/compliance/JP_Whitepapers/NIST_Cybersecurity_Framework_CSF_JP.pdf

　NIST CSFは、コア、ティア、プロファイルという3つの要素で構成されています。

- **コア…分類ごとにまとめられたサイバーセキュリティ対策の一覧**
- **ティア…分類ごとに対策状況を数値化し、その成熟度評価基準（4段階）**
- **プロファイル…組織のサイバーセキュリティに対する対応状況の現在と目標**

　コアには「特定（Identify）」「防御（Protect）」「検知（Detect）」「対応（Respond）」「復旧（Recover）」と5つの分類がされています。それぞれに複数のカテゴリーが含まれて合計23個のカテゴリーがあります。

1章　AWS試験概要と学習方法

■ 図1-5　NIST CSFのコアとカテゴリー

識別	防御	検知	対応	復旧
・資産管理 ・ビジネス環境 ・ガバナンス ・リスク評価 ・リスク評価戦略 ・サプライチェーン 　リスク管理	・アクセス制御 ・意識向上および 　トレーニング ・データセキュリティ ・情報を保護するための 　プロセスおよび手順 ・保守 ・保護技術	・異常とイベント ・セキュリティの継続 　的なモニタリング ・検知プロセス	・対応計画の作成 ・コミュニケーション ・分析 ・低減 ・改善	・復旧計画の作成 ・改善 ・コミュニケーション

　NIST CSFの資料は20ページ強ですが、この資料を読むとセキュリティはどのようなプロセスで守るべきか、またAWSのサービスがプロセスに対してどのように対応しているかよく解ります。試験対策としては、少し遠回りに思えるかもしれませんが、この資料をまず読むことでAWSのセキュリティサービスの設計思想が理解しやすくなります。まずは頑張って読んでみましょう。

　これ以外には、AWS Well-Architectedフレームワークも重要です。Well-Architectedフレームワークについては、8章で改めて解説します。

本書の構成

　本書では、アーキテクチャカットでAWSのサービスを解説しています。切り口は「AWS認定セキュリティ-専門知識」の試験ガイドのカテゴリーに即しています。章ごとに何を守るべきなのかを解説した上で、それぞれAWSではどのようなサービスを使うのかを解説しています。

　　2章　IDおよびアクセス管理
　　3章　インフラストラクチャのセキュリティ
　　4章　データ保護
　　5章　ログと監視
　　6章　インシデント対応
　　7章　管理とセキュリティガバナンス

　また8章は、AWSのセキュリティの考え方のベストプラクティスであるWell-Architectedの解説を行っています。9章では問題の解き方として、練習問題とそれを解く際の考え方の筋道を紹介しています。

1-4 何に重点をおいて学ぶべきか

「AWS認定セキュリティ - 専門知識」は、単純にEC2やS3といった各サービスの機能概要を把握しているだけでは試験に合格できません。AWS上にいかに安全なシステムを構築・運用できるかが問われます。それでは、安全なシステムとは何でしょうか？そこを理解しないと、問題の答えを導くことができません。ここで改めて試験ガイドから、AWSが求めるセキュリティ・スペシャリスト像を整理してみましょう。

- データ保護・暗号化の手法と、それをAWSで実現する手法・知識
- セキュアなインターネットプロトコルを利用した通信と、それをAWSで実現する手法・知識
- AWSのセキュリティ関連サービスを利用して、AWSをセキュアに運用していく手法・知識
- コスト・セキュリティ・導入の難易度のバランスを勘案しながら、アーキテクチャを決定する能力
- セキュリティの運用とリスクに関する知識

筆者が見るところ、セキュリティ専門知識で特に重視しているのは、データの保護と暗号化、そして通信経路の保護です。その上でログ取得や監視など運用が行えること、またAWS自体の管理を正しくできることを、AWSのサービスで実現することが求められます。また最近では、AWSは単一のAWSアカウントではなく、複数のAWSアカウントを利用することが前提となっています。そのため、マルチアカウントのセキュリティ・ガバナンスをいかに実現するかがポイントとなります。その点を意識して、学習の仕方を考えてみましょう。

サービスを学ぶ観点

それでは、具体的にどのようなことが問われるのでしょうか？たとえば、ソリューションアーキテクト アソシエイトでは、『Elastic Load Balancing（以下、ELB）とEC2を使って可用性の高いシステムを作るにはどうしたらよいのか』というようなことを問われることが多いです。これが「AWS認定セキュリティ - 専門知識」では、『クライアントアプリからアプ

1章　AWS試験概要と学習方法

リケーションまでのすべて暗号化した状態で通信を行わせたい。どうしたらよいか』と問われます。

　あるいは、「S3のデータをクライアント側で暗号化して保存したい。どうしたらよいか」と言ったようなことが問われます。前者は、SSL終端の概念とELBの実装はどうなっているのかという知識が必要になります。後者は、サーバーサイド暗号化とクライアントサイド暗号化の違いと、S3やKMSでの暗号化手法とそれを取り扱う権限を付与するIAMの知識が必要になります。

　セキュリティ専門知識では、このような観点で改めてAWSの機能を把握していく必要があります。一方で、AWSでデータの保護や暗号化、通信経路の安全確保をする方法は、特定のサービスを使って一定のパターンを把握すれば、同じようなやり方で実現できます。そこで、重点的に学習すべきサービスを決めて徹底的に学びましょう。

重点実施分野

　試験範囲は6分野あり、比較的均等に分布しています。しかし、分野4のIdentity and Access Managerと分野6の管理とセキュリティガバナンスは、もともと一つの分野だったものが分割されたものです。つまりそれだけ、問われる頻度が高くなったということです。また、管理とセキュリティガバナンスは、複数のAWSアカウントに対して一律に施策を実現する方法を問われます。個々のアカウントに対しての対策方法を把握したうえで、それを複数アカウントに適用させることを求められます。単一アカウントのセキュリティのみならずマルチアカウントのセキュリティを、しっかりと理解しておく必要があります。また分野2のセキュリティロギングとモニタリングも、分野4と分野6と密接な関係があります。管理とセキュリティガバナンスの施策を実施するには、ログインとモニタリングが必須となります。それに加えて、それらの設定をする際には適切な権限設定が必要で、それを問うのがIdentity and Access Managementです。つまりこの3分野はそれぞれ独立したものではなく、互いに関連しているものです。3分野合わせた配点は半分近くを占めることからも、重点分野ということが解ります。

- セキュリティロギングとモニタリング 18％
- Identity and Access Management 16％
- 管理とセキュリティガバナンス　14％

前述の通り試験に合格するためには、この3分野で確実に点数を取る必要があります。マルチアカウント管理はCCoEや組織の管理部門など一部の人で、Organizationsを使ったことがある人は少ないと思います。今後AWSを利用する上では、AWSのマルチアカウント管理の知識が必須となっていきます。本書を通じてAWS Organizations、AWS Security Hub、Guard Duty、IAMの4つのサービスをしっかりと学んでいきましょう。また従来通りに基本的なセキュリティ施策を実施するためには、KMS、S3、VPCの3つはしっかりと理解しておきましょう。そしてCloudWatchは、セキュリティログイン後とモニタリング、脅威検出とインシデント対応の2つの分野にの起点となるサービスです。これらのサービスを中心に、関連のサービスの理解を深めていくと実務上でも試験でも十分対応できるようになります。

AWS Organizations

複数のAWSアカウントをまとめるAWS Organizations（Organizations）は、2016年11月に追加された比較的新しい機能です。Organizationsは、従来からあった一括請求機能を内包して、かつ複数のAWSアカウントの管理と統制するサービスです。AWS Organizationsには、ルートと呼ばれる管理アカウントと、それに紐付く子アカウントであるメンバーアカウントの2種類のアカウントがあります。

またメンバーアカウントを階層化するための組織単位（Organizational unit:OU）という機能と、アカウントに対するポリシーという形でホワイトリスト／ブラックリスト形式で権限の管理するサービスコントロールポリシー（Service control policies:SCP）という機能があります。上位で決めたポリシーは、個々のアカウント単位で打ち消すことはできません。この機能があるために、AWSアカウントに対して強力な統制を掛けることができるのです。

マルチアカウントでのAWSを運用する際には、Organizationsが最重要の機能の一つとなります。Organizationsを使うことにより、すべてのアカウントに対して、小さな設定コストで目的とする施策を実施することが可能となります。

AWS Security Hub

AWS Security Hubは、AWSクラウド環境全体のセキュリティとコンプライアンス状態を一元的に監視し、管理するサービスです。Security Hubを利用することで、AWSアカウントのセキュリティデータと脅威インテリジェンスと呼ばれるセイバーセキュリティの脅威に関する情報を集約し、重要な警告や脅威を優先順位付けして表示します。Organizations

1章　AWS試験概要と学習方法

と連携することで、複数のAWSアカウントを持つ組織がセキュリティとコンプライアンスの監視を統一的に行えます。これにより、組織全体でのセキュリティ基準の一貫性と効率性が向上します。

またSecurity Hubは、AWSが提供するベストプラクティスと業界標準に基づいたセキュリティチェックやCISやPCI DSSといったセキュリティ標準によるチェックをサポートします。それ以外にも、AWS ConfigやAmazon GuardDutyをはじめとする多数のAWSサービスや、サードパーティー製のセキュリティ製品と統合可能です。利用者はこれらの情報を通じて、迅速にリスクを特定し、対策を講じることができます。

Amazon GuardDuty

AWSを利用する上では、IAMやCloudTrail、Configなどを使って開発・運用を正しくしていくだけでは足りません。不正侵入や脆弱性をついた攻撃など、外部からの脅威に対する備えが必要です。攻撃者は機械的に24時間絶え間なくやってくるので、対応する方も24時間の防御が必要です。AWSではAmazon GuardDutyと呼ばれる脅威検出と継続的なモニタリングサービスが提供されています。いわゆる発見的統制と呼ばれる分類で、脅威の自動検出と、それに対応した防御を機械的にすることも可能になります。

AWS Identity and Access Management（IAM）

IAMはAWSの認証認可を司るサービスで、IDおよびアクセス管理の中心的な役割を果たします。またデータ保護分野で、KMSやS3と連携して構築することが多いです。IAMについては、まず2章で解説します。その上で、4章のデータ保護で、KMSを利用する際にIAMでどのように権限管理するのかを解説します。また同じくS3のアクセス制御においてIAMでの統制の仕方を解説します。

AWS Key Management Service（KMS）

KMSは、暗号化キーを管理するサービスです。ここで重要なのは、KMSは暗号化のためのサービスではなく、暗号化キーを管理するサービスということです。暗号化キーを管理することにより、結果的にシステムに暗号化が組み込めるようになります。それが何故なのかを理解するには、暗号化のメカニズムを理解する必要があります。KMSは、4章のデータ保護で解説します。

またKMSと似た機能を持つサービスとしてAWS CloudHSMがあります。暗号化キーを管理するという機能はKMSと同じですが、CloudHSMは専用のハードウェアを用意するな

34

どKMSとの違いがいくつかあります。その違いを把握しましょう。

Amazon Simple Storage Service（Amazon S3）

S3は、AWSが誇るオンラインストレージのサービスです。単純なストレージ機能にとどまらず、静的Webサイトの機能や、それ以外の多くの機能を持ちます。また、データ保護のためにクライアントサイド暗号化やサーバーサイド暗号化などの機能を併せ持ちます。実はAWSのサービスの多くは、サーバーサイド暗号化の機能のみを持っていることが多く、クライアントサイド暗号化を機能として提供されているS3は珍しい存在です。

「AWS認定セキュリティ-専門知識」においては、データ格納時の暗号化と伝送中の暗号化、そしてアクセス制御方式を理解することが重要です。また、VPCからS3へのアクセス経路として、VPCエンドポイントも重要です。これらは試験対策としてのみでなく、実際のサービス構築の際にも必ず検討する事項です。ここを学習することにより、この先ずっと活用できるAWSのアーキテクト能力を獲得できます。

Amazon Virtual Private Cloud（Amazon VPC）

VPCは、AWSクラウド内に仮想的なプライベートネットワークを構築するサービスです。AWS上に構築したシステムをネットワーク的な観点で保護する際には、VPCとその付随するサービスを利用することになります。「インフラストラクチャのセキュリティ」分野の問題の多くは、VPCがありきでその上でELBやEC2、Route53のようなサービスを使ってどのようにセキュリティを担保していくかが問われます。なお「AWS認定セキュリティ-専門知識」におけるVPCの問題は、単純にネットワークを構築するのではなく、VPCエンドポイントやVPCピアリングなどを使った経路の安全化や、Security GroupとNACLの使い分けなど、一段レベルの高い知識を要求されます。

また、「ログと監視」と「インシデント対応」の分野で、VPC Flow Logsは重要な役割を果たします。本書では6章で解説をしています。VPC Flow Logsは、実際に構築・運用する際にはログ取得の機能をオンにするのみで、活用されていないケースも多々見られます。しかし重要な機能なので、この試験対策を機会に活用方法を学び改めて運用を見直しましょう。

Amazon CloudWatch

CloudWatchは、AWSリソースとその上で実行するアプリケーションをモニタリングするサービスです。様々なメトリクスやログの収集・追跡や、イベントを検知して他のサービスとの連携の橋渡しを行います。AWSのセキュリティサービスと呼ばれるSecurity Hubや

1章　AWS試験概要と学習方法

GuardDuty、Amazon MacieなどはCloudWatchと連携する前提でサービス設計がされています。CloudWatchについては、5章のログと監視で機能の解説を行い、6章のインシデント対応で、他のサービスとの連携しての活用を紹介します。

まとめ

　「AWS認定セキュリティ-専門知識」には、さまざまなAWSのサービスが登場します。それらのサービスを網羅的に把握することはもちろん重要ですが、中核となる8つのサービスを意識してアーキテクチャを考えられるようになることが効率的です。試験対策のみでなく、実際にシステムを構築・運用する際にも、同じように利用します。つまり「AWS認定セキュリティ-専門知識」に合格できる実力を身につけることで、一段上のセキュリティレベルでAWSを構築できるようになります。それを念頭に試験対策の勉強を進めてください。

2章 IDおよびアクセス管理

2章　IDおよびアクセス管理

2-1　IDおよびアクセス管理

　それではいよいよ、具体的なソリューションの学習開始です。まず最初に「IDおよびアクセス管理」の分野です。具体的に何をするのか少しピンとこない部分があるので、試験ガイドで確認すると「AWSリソースの認証を設計、実装、トラブルシューティングする。」とあります。つまりAWSリソースを利用するために、誰が使っているのか、そして何を使わせるのかをハッキリさせるということです。

　一般的には、これらの事項は認証認可という言葉にまとめられます。認証は誰であるのか、認可は何を使わせるのかを司ります。AWSにおける認証認可の機能としては、AWS IAMとAmazon Cognitoがあります。IAMはAWSリソースに対する認証認可であるのに対し、CognitoはAWS上に作るシステムに対しての認証認可の機能を提供します。「AWS認定セキュリティ-専門知識」の試験範囲としては、IAMが中心的になります。

　本章で、IAMの基本的な機能と使い方、そしてそれ以外のいくつかのサービスについて把握しておきましょう。IAMについては、この後の章でも他サービスとの連携で何度も出てくることになります。それくらい重要なサービスなのです。

AWS IAM

2-2 AWS IAM

▶▶ 確認問題

1. IAMグループを利用することで、同一の役割を持つIAMユーザーをグループ化できる
2. IAMポリシーは、AWSリソースへのアクセス許可を定義するものである
3. IAMを使うとAWS上で構築したシステムのユーザーや権限の管理ができる

1.○　　2.○　　3.×

ここは▶ 必ずマスター!

IAMとは何か

IAMはAWSリソースに対する認証認可の機能を司る。AWSを利用する際には必ず利用する重要なサービス

IAMロールを使い一時的な権限を付与する

IAMロールを使うことによりAWSリソースや外部アカウントに一時的な利用権限を付与できる

IAMのベストプラクティス

IAMの利用方法についてはAWS公式がベストプラクティス としてまとめているので事前に読んでおくのが重要

2-2-1 概要

　AWS Identity and Access Management (以下、IAM) は、AWSのサービスとリソースに対する認証認可を提供するサービスです。IAMを利用することで、AWSのユーザーとグループを作成および管理し、アクセス権を使用して AWSリソースへのアクセスを許可および拒否できます。またロールを利用することで、他のAWSアカウントやMicrosoft Active Directoryなどの社内の既存の認証サーバーと連携し、AWSを利用することが可能となります。

2章　IDおよびアクセス管理

2-2-2 IAMの機能

IAMはAWS操作をセキュアに行えるように、認証認可の仕組みを提供します。IAMには大小様々な機能がありますが、まず次の4つの機能の役割を理解しておくことが重要です。

・IAMユーザー
・IAMグループ
・IAMポリシー
・IAMロール

ユーザーやグループ、ポリシーなど名前から機能が想像できるものもありますが、ロールは一見しただけでは理解にしくいのではないでしょうか。それでは、それぞれの役割について確認してみましょう。

IAMユーザー

認証を司るのは、IAMユーザーです。IAMユーザーの認証は2種類あり、ID・パスワードの組み合わせと、アクセスキー・シークレットアクセスキーの組み合わせが利用できます。AWSマネジメントコンソールへのログインはID・パスワードを利用し、API操作についてはアクセスキーとシークレットアクセスキーを利用します。認証をより安全にするために、Multi-Factor Authentication (MFA：多要素認証) をオプションとしてつけることができます。MFAを利用することで、セキュリティをより強固にできます。MFAは、ハードウェアMFAと仮想MFAが利用可能です。またIAMユーザーは、かならず利用者ごとに作成しましょう。共用すると誰が操作したかの追跡ができなくなります。

• IAMユーザーのアクセスキーについて

IAMユーザーを利用する上で、特に注意が必要なのがアクセスキーとシークレットアクセスキー（キーペア）の取り扱いです。アクセスキーは、主にAWS外のリソースからコマンドラインインターフェース（CLI）やサードパーティー製のツールを通じてAWSを操作する際に利用します。IDとパスワードの組み合わせと同じ扱いなので、この2つが流出するとそのIAMユーザーの権限内でAWSが自由に操作されてしまいます。そのため、特に注意が必要です。

ユーザー起因のセキュリティインシデントとして多いのが、キーペアをGitHub等のパブリックのリポジトリにプログラムと一緒に誤って登録してしまい、そのキーペアが不正利用されAWSを操作されることです。悪用されると多くの場合、ビットコイン採掘用のEC2インスタンスを大量に構築され、多額の請求につながります。被害を受けないための対策とし

40

ては、次のような方法が考えられます。

- キーペアが設定されているIAMユーザーに対して、IPアドレス等の利用制限をする
- 流出の被害を最小化するために、最小権限のみ付与する
- キーペアをハードコーディングしないで済む方式、IAMロールやCognitoで代替する
- キーペアを利用する場合は、プログラムに埋め込むのではなく環境変数に設定する
- AWS提供の機密情報を誤ってcommitすることを防ぐ**git-secrets**を導入する

　事故を防ぐために、極力アクセスキーは使わないようにしましょう。AWSのベストプラクティスとしても、アクセスキーはできるだけ使わないという方向になっています。実運用上や試験の解答の考え方としては、使わずに他の方法で代替できるのは何かというのをまず考えるようにしましょう。また、アクセスキーについては、特に定期的なローテーションを求められています。一定期間を過ぎたら、過去のキーを廃止して新しいキーを使うといった運用を検討しましょう。

• IAMユーザーやアクセスキーの利用履歴を確認する

　AWSアカウントを守るためには、IAMの取り扱いが重要です。AWSを安全に扱うには、IAMポリシーによる権限設計や、ユーザーごとにIAMユーザーを発行するなどの作業が必要です。それ以外にも、個々のIAMユーザーやIAMロールの利用状況を定期的に確認するという地道な作業も重要です。

　IAMユーザーやIAMロールのダッシュボードから、それぞれ最後にいつ使われたのか確認することができます。想定されていない利用パターンや、逆にすでに利用されていないものの棚卸しなどを行いましょう。また、認証情報レポートから全IAMユーザーの利用状況をCSV形式でダウンロードすることも可能です。この利用状況を確認できる機能は、IAMアクセスアドバイザーと呼ばれています。

■ 図2-1　アクセスキーの利用状況の確認

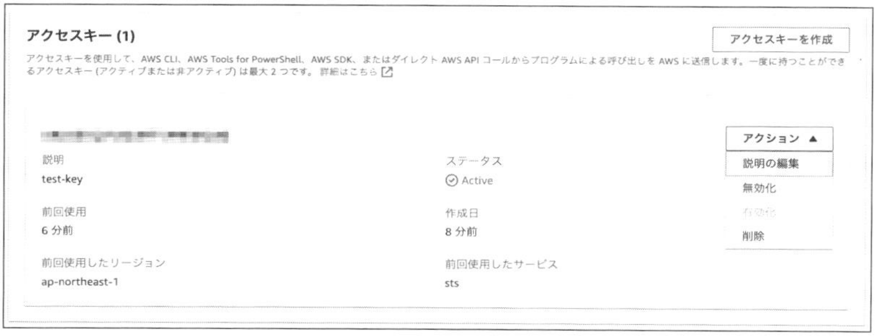

2章 IDおよびアクセス管理

IAMユーザー等の利用状況のチェックですが、Config Rulesを利用することで自動で
チェックすることも可能です。たとえば、iam-user-unused-credentials-checkという
ルールを使えば、指定した日数以内に使用されたことのないパスワードまたはアクティブな
アクセスキーを検知することができます。他のAWSサービスを併用して、洗い出し・対処
を自動化することも可能です。

IAMグループ

IAMグループは、同一の役割を持つIAMユーザーをグループ化する機能です。IAMユー
ザー同様にアクセス権限を付与することができます。権限を付与したIAMグループにIAM
ユーザーを参加させることにより、役割別グループを作成できます。たとえば、すべての権
限をもった管理者グループや、インスタンスの操作ができる開発者グループといった具合で
す。また、IAMユーザーは複数のグループに所属することもできます。

IAMグループを利用することにより、権限を容易に、かつ、正確に管理することができま
す。IAMユーザーに直接権限を付与すると、権限の付与漏れや過剰付与など、ミスが発生す
る確率が高くなります。一般的なIAMの運用として、IAMユーザーには直接権限を付与せず、
IAMグループに権限を付与することが推奨されています。権限の付与方法については、管理
（マネージド）ポリシーとインラインポリシーがあります。インラインポリシーは、IAMユー
ザー・IAMグループ間で共用することができないので、基本的には管理ポリシーを利用しま
しょう。

IAMポリシー

IAMポリシーは、AWSリソースへのアクセス権限をまとめたものです。ポリシーはJSON
形式で記述しますが、AWSが提供するビジュアルエディタにより選択式で作成することも
可能です。「Action（どのサービスの）」「Resource（どういう機能や範囲を）」「Effect（許
可 or 拒否）」という3つの大きなルールに基づいて、AWSの各サービスを利用する上での
さまざまな権限を設定します。AWSが最初から設定しているポリシーをAWS管理ポリシー
（AWS Managed Policies）といい、各ユーザーが独自に作成したポリシーをカスタマー管
理ポリシー（Customer Managed Policies）と呼びます。作成されたポリシーをIAMユー
ザー、グループ、ロールに付与することで、AWSのリソースの利用制御を行います。

次のコードは、IAMポリシーの記述例です。logsというリソースに、ログの作成権限と
S3へのフルアクセス権限を許可しています。

```
{
  "Version":"2012-10-17",
  "Statement":[
    {
      "Effect":"Allow",
      "Action":[
        "logs:CreateLogGroup",
        "logs:CreateLogStream",
        "logs:PutLogEvents",
        "s3:*"
      ],
      "Resource":"arn:aws:logs:*:*:*"
    }
  ]
}
```

　実際の「AWS認定セキュリティ-専門知識」の試験では、IAMポリシーの権限をみて判断する必要があるので、記述方法とそれぞれの意味を理解しておく必要があります。効率的に理解するためには、構造から理解することをお勧めします。

• IAMポリシーの構造

　IAMポリシーは、いくつかの要素で構成されます。基本的な構造としては、トップレベル要素と1つ以上のステートメント（Statement）で構成されています。

■ 図2-2　IAMポリシーの構造

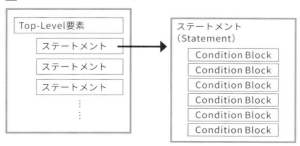

2章　IDおよびアクセス管理

　Statement以外のIDやVersionと言ったトップレベルの要素は、実はオプショナルです。指定してもしなくても動きますが、少なくともVersionは指定しておくようにしましょう。新バージョンが出た場合でも、作成時のバージョンでの動作が望めます。2024年6月時点の最新バージョンは、"2012-10-17"です。

　IAMポリシーは1つ以上のStatementで構成されます。複数のStatementを組み合わせることにより、論理回路のような権限を表現することが可能です。まずEffectで、記述する対象の動作を許可（Allow）もしくは拒否（Deny）を指定します。そして、Actionで対象とするサービス・アクションを指定します。すべてを指定する場合はアスタリスク"*"を使います。Resourceは、どのユーザーやサービスを対象とするのかを指定します。ここでは、Amazon Simple Queue Service（以下、SQS）やS3といったサービスの他に、IAMユーザーを指定することが可能です。限定しない場合は、アスタリスク"*"を使います。

```
{
    "Version":"2012-10-17",
    "Id":"cd3ad3d9-2776-4ef1-a904-4c229d1642ee",
    "Statement":[
        {
            "Sid":"S3 List Policy",
            "Effect":"Allow",
            "Action":"s3:ListAllMyBuckets",
            "Resource":"*",
            "Condition":{
                "StringEquals":{
                    "aws:username":"johndoe"
                }
            }
        }
    ]
}
```

● AWS管理ポリシーとカスタマー管理ポリシー、インラインポリシー

　IAMポリシーは、内部的には3つの種類に分類することができます。まず管理ポリシーとインラインポリシーです。インラインポリシーは、対象ごとに作成・付与するポリシーで、複数のユーザー・グループに付与することはできません。これに対して管理ポリシーは、1つのポリシーを複数のユーザーやグループに適用することができます。

■ 図2-3　管理ポリシーとインラインポリシーの違い

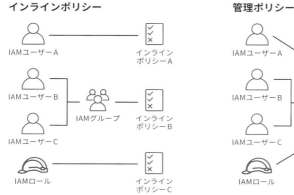
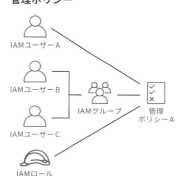

　管理ポリシーは、さらにAWS管理ポリシーとカスタマー管理ポリシーの2つに分類できます。AWS管理ポリシーは、AWS側が用意しているポリシーで管理者権限やPowerUser、ReadOnlyAccess、サービスごとのポリシーなどがあります。これに対してカスタマー管理ポリシーはユーザー自身で管理するポリシーです。記述方法自体は、インラインポリシーと同じです。またカスタマー管理ポリシーは、最大過去5世代までのバージョンを管理することができます。変更した権限に誤りがあった場合、即座に前のバージョンの権限に戻すといったことが可能になります。

　使い分け方としては、AWS管理ポリシーで基本的な権限を付与し、カスタマー管理ポリシーでIPアドレス制限など制約を掛けるといった方法があります。インラインポリシーについては、管理が煩雑になるので基本的には使わない方向がよいですが、一時的に個別のユーザーに権限を付与する時に利用するといった方法が考えられます。

2章　IDおよびアクセス管理

・職務機能のAWS管理ポリシー

　AWS管理ポリシーの中に、職能機能のAWS管理ポリシーと呼ばれるものがあります。このポリシーはAWSのサービス・機能ベースでまとめられたポリシーではなく、利用する人の役割を元にそのロールで必要となるAWSサービスを横断的にまとめているAWS管理ポリシーになります。

　本書執筆時点で、職能機能のAWS管理ポリシーには下記10種類のポリシーがあり、必要に応じて増えることもあります。この中にある管理者や閲覧専用ユーザーなどは、皆さんも普段から利用しているのではないでしょうか。

- **管理者**
- **Billing(料金)**
- **データベース管理者**
- **データサイエンティスト**
- **開発者パワーユーザー**
- **ネットワーク管理者**
- **セキュリティ監査人**
- **サポートユーザー**
- **システム管理者**
- **閲覧専用ユーザー**

　職能機能のAWS管理ポリシーの注意点としては、ポリシーの中で定義された権限がAWSサービスの増加と共に増えることがある点です。その傾向が顕著なのが、閲覧専用ユーザーです。閲覧専用ユーザー(ReadOnlyAccess)は、その名のとおりすべてのAWSサービスの参照権限が定義されています。その実体は、サービスごとのGetやListなどの羅列です。AWSのサービスが増えるたびに、その定義が追加されます。

　結果的にポリシーで定義していた権限がどんどん増えていくことになります。管理面で許容できないのであれば、自分で厳選したReadOnlyAccessのようなものを作る必要があります。一方で、カスタマー管理ポリシーの方にはポリシーあたりの文字数制限があるので、どう作るか悩みどころではあります。試験対策としては、役割が明確化された人(ネットワーク管理者やセキュリティ監査人など)に対するポリシー設計を問われた場合、職能機能のAWS管理ポリシーが利用できないか検討してみましょう。

AWS IAM

● **多要素認証（MFA）デバイスを利用しているか判別する**

IAMポリシーの記述の中でお勧めの手法として、多要素認証（MFA：Multi-Factor Authentication）デバイスを利用しているかどうかの判別があります。ID・パスワード以外の多要素での認証は、より強固なセキュリティを実現します。IAMも多要素認証に対応しており、ポリシー内で判別ができます。

次のようにConditionブロックでMFAを利用してログインしているかどうか判別して、ポリシーの動作を変えるというのが常套手段です。試験でもMFAの利用を問われることが多いので、IAMポリシーの書き方としても把握しておきましょう。

```
"Condition":{
  "BoolIfExists":{
    "aws:MultiFactorAuthPresent":"false"
  }
}
```

この判定式を利用して、MFA認証を行っていない場合にIAM以外のすべての権限を拒否するステートメントの例です。IAMの拒否を除外しているのは、IAMユーザーにMFAデバイスの自己管理を可能にするためです。

```
{
    "Effect":"Deny",
    "NotAction":[
        "iam:*"
    ],
    "Resource":"*",
    "Condition":{
        "BoolIfExists":{
            "aws:MultiFactorAuthPresent":"false"
        }
    }
}
```

2章　IDおよびアクセス管理

　もう少し細かく指定する場合は、iam:CreateVirtualMFADevice、iam:Resync
MFADeviceなどの個別のアクションを指定するという方法もあります。一方で、この否定
のステートメント以外にMFAを管理するAllowのステートメントを書く必要があります。
Allowステートメントで細かい指定をする前提で、ここではDenyステートメントの簡略化
を図っています。

● CLIで多要素認証（MFA）を利用する
　同一のセキュリティ基準を適用するには、GUIのAWSマネジメントコンソールだけでな
く、CLIでもMFAを強制する必要があります。その場合は、ワンタイムパスワードとともに
AWS Security Token Service (STS) を利用して、一時的な認証情報（クレデンシャル）を
取得します。その認証情報を環境変数にセットすることにより、ワンタイムパスワードをも
とに発行された一時的な認証情報でのCLIの利用が可能となります。

```
$ aws sts get-session-token --serial-number MFA識別子 --token-code ワンタイム
パスワード
{
    "Credentials":{
        "SecretAccessKey":"secret-access-key",
        "SessionToken":"temporary-session-token",
        "Expiration":"expiration-date-time",
        "AccessKeyId":"access-key-id"
    }
}
```

　一時的な認証情報の有効期限は、DurationSecondsで指定できます。指定可能な範囲は、
900秒（15分）から対象のロールの最大時間まで指定可能です。指定しない場合は、デフォ
ルトの1時間が適用されます。

AWS IAM

IAMロール

IAMロールは、AWSサービスやアプリケーションに対して一時的なAWSリソースの操作権限を与える仕組みです。たとえば、EC2に対してIAMロールを割り与えることにより、EC2上で実行するアプリはIAMユーザーのアクセスキーID・シークレットアクセスキーを設定することなく、そのEC2に割り当てられたAWSの操作権限を利用することができます。また、サーバーレスのコード実行基盤であるAWS Lambdaや、コンテナサービスであるAmazon Elastic Container Service（以下、ECS）など、実行している個々のタスクに対してIAMユーザーを割り振れないようなサービスに対してもIAMロールを利用します。

IAMユーザーはAWSを利用する上で必須といえる機能ですが、IAMロールは使わないでも何とかなることが多いです。そういった理由で使わずに過ごす人も多いのですが、IAMロールを正しく使うことにより、AWSの安全性も利便性も格段に高まります。「AWS認定セキュリティ-専門知識」では、IAMロールの使い方を問う問題が頻出します。この試験を契機にぜひマスターしましょう。

• IAMロールの深堀り

IAMロールはAWSのサービスを理解する上でも、非常に重要な役割を果たします。ここで少し、IAMロールを役割や動きを深堀りして見てみましょう。

• ロールによる権限の委任の仕組み

IAMロールは、AWSのサービスやアプリケーションに対して、一時的なAWSリソースの操作権限を与える仕組みです。この操作権限の付与は、AWS Security Token Service（AWS STS）を利用し、一時的認証情報（Temporary security credential）を発行することにより実現しています。一時的認証情報の実体は、有効期限が短いアクセスキーとシークレットアクセスキー、セッショントークンです。AWSサービスやアプリケーションは、受け取った一時的認証情報を使い、S3やKMSといった対象のAWSリソースを利用します。

2章 IDおよびアクセス管理

■ 図2-4　IAMロール利用時の動作

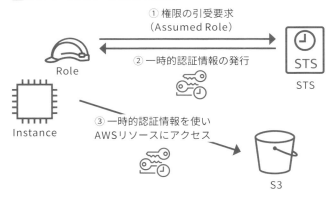

• 信頼関係（Principal）の設定

　IAMロールがSTSを使って役割を引き受ける仕組みについて理解できたと思います。しかし、IAMロール側に誰がそのロールを利用できるのかを制限しておかないとセキュリティ的に非常に危険な状態になります。その指定方法が、Principal（信頼関係）です。

　IAMロールには、アクセス権限（ポリシー）以外に信頼関係という設定項目があります。信頼関係は、誰がそのロールを利用できるのかを指定するものです。次の例は、EC2インスタンスに付与するロールの信頼関係です。Principalの部分でAWSのサービスのEC2から使えると指定しています。そして、アクションとして許可するのはsts:AssumeRoleです。

```
{
    "Version":"2012-10-17",
    "Statement":[
        {
            "Effect":"Allow",
            "Principal":
            {
                "Service":"ec2.amazonaws.com"
            },
            "Action":"sts:AssumeRole"
        }
```

```
        ]
    }
```

　信頼関係は、基本的にはこのPrincipalを編集して利用します。AWSのサービスであったりADでログインしたユーザーであったりと様々な指定方法があります。

2-2-3　AWSアカウント・IAMの設計運用原則

　IAMの主要な機能については解説したので、ここでAWSアカウントやIAMの設計と運用の原則についての考え方を説明します。IAMの設計や運用については、試験でも重点的に問われます。また、実際にAWSを利用する上でもとても大切になってきます。ルートユーザーの取り扱いと設計運用原則について、それぞれ確認していきましょう。

ルートユーザーの取り扱いについて

　AWSのユーザーアカウントは、アカウント自体の所有者であるルートユーザーとIAMユーザーがあります。ルートユーザーとは、AWSアカウントを作成した際に設定したメールアドレスとパスワードでログインできるユーザーです。ルートユーザーは、より上位のOrganizationsのSCPで制限しない限り、AWSアカウントに対するすべての操作が可能です。さらに、ルートユーザーのみが行える操作もいくつかあります。

- AWSアカウント全体の設定変更（ルートアカウントのメールアドレス／パスワード変更など）
- AWSサポートのプラン変更
- 請求に関する設定
- AWSアカウントの停止

　Admin権限を付与したIAMユーザーでも、これらの操作はできません。一方で、これらの操作以外を行う際に、ルートユーザーを使うことは推奨されていません。AWSアカウントにルートユーザーは1つしか作れず、利用者ごとの個別のアカウントを割り当てることができません。そのため、ルートユーザーを使って日常的な作業をすると、必然的にアカウントの共用がされることになります。また、ルートユーザーが持つ権限は非常に大きいものです。誰が設定変更したかの追跡も困難になり、かつルートユーザーの機能制限は原則できないため、ルートユーザーでの運用はセキュリティの観点で問題が発生します。

2章　IDおよびアクセス管理

　AWSアカウントを作ったら、まずはじめにAdmin権限を持つIAMユーザーを払い出し、それ以降の作業はこのIAMユーザーで行うようにしましょう。ルートユーザーは二要素認証をかけ、ルートユーザーが必要な時以外は使わないという運用を徹底してください。

IAMを利用した権限管理の原則

　AWSアカウントやIAMの設計運用原則は、AWS公式に『IAMでのセキュリティのベストプラクティス』としてまとめられています。少し数は多いのですが、どれも重要なので読んで理由を説明できるようにしておきましょう。

- ・人間のユーザーが一時的な認証情報を使用してAWSにアクセスする場合にIDプロバイダーとのフェデレーションを使用することを必須とする
- ・ワークロードがAWSにアクセスする場合にIAMロールで一時的な資格情報を使用することを必須とする
- ・多要素認証(MFA)を必須とする
- ・長期的な認証情報を必要とするユースケースのためにアクセスキーを必要な時に更新する
- ・ルートユーザーの認証情報を保護するためのベストプラクティスに沿う
- ・最小特権アクセス許可を適用する
- ・AWS管理ポリシーの使用を開始し、最小特権のアクセス許可に移行する
- ・IAM アクセスアナライザー を使用して、アクセスアクティビティに基づいて最小特権ポリシーを生成する
- ・未使用のユーザー、ロール、アクセス許可、ポリシー、および認証情報を定期的に確認して削除する
- ・IAM ポリシーで条件を指定して、アクセスをさらに制限する
- ・IAM アクセスアナライザー を使用して、リソースへのパブリックアクセスおよびクロスアカウントアクセスを確認する
- ・IAM アクセスアナライザー を使用して IAM ポリシーを検証し、安全で機能的なアクセス許可を確保する
- ・複数のアカウントにまたがるアクセス許可のガードレールを確立する
- ・アクセス許可の境界（パーミッションバウンダリー）を使用して、アカウント内のアクセス許可の管理を委任する

　個々の内容をカバーできるように、この章で説明しています。IAMの設計や運営する上でも、試験の解答を考える際にも、この原則に沿っているか考えることが重要です。

2-2-4 パーミッションバウンダリー

　最初にIAMの主要機能は4つと説明しましたが、IAMにはそれ以外にもいくつもの機能があります。その1つが、IAMの移譲権限を制限するPermissions Boundary（パーミッション・バウンダリー／以下、バウンダリー）です。バウンダリーは、IAMユーザーまたはIAMロールに対するアクセス制限として動作します。付与した権限とバウンダリーで許可した権限と重なり合う部分のみ有効な権限として動作します。概念的に分かりにくい部分があるので、次の図を参照してください。

■ 図2-5　パーミッションバウンダリー利用時の権限の動作

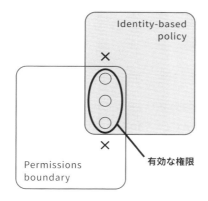

　バウンダリーで設定していない権限については、IAMユーザーやIAMロールでどのように権限を付加しても一切使うことができなくなります。かなり強力な制限のために、使い道についてはよく考える必要があります。一般的な利用例としては、組織外の他者に権限を委任する場合です。この際も、もともと限定した権限のIAMユーザー等を貸与するのが必須ですが、バウンダリーを利用することにより2重の制限となり、意図した以上の権限を渡すことを防ぐことができます。

　AWSのマネージドサービスを使ったシステム構築は、IAMロールの設定が欠かせません。しかし、IAMの権限を使える人は限定したいというジレンマがあります。そういった際にパーミッションバウンダリーを使うことにより、限定的なIAMロールしか作れないといったことが実現可能となります。パーミッションバウンダリーは非常に難解な機能ですが、上手く使うことにより制限の幅を広げることが可能です。たとえば、IAM Roleの作成を許可するものの、予め設定された権限以上のIAM Roleの作成を不可能にすることができます。

2章　IDおよびアクセス管理

2-2-5　IAMアクセスアナライザー

　IAMロールの節で、IAMロールの肝は信頼関係にあると説明しました。信頼関係とは、誰がそのロールを利用できるのか設定したものです。その設定の妥当性を確認しやすくするツールとして、2019年末にIAMアクセスアナライザーが発表されました。IAMアクセスアナライザーは、外部のAWSリソースに対して、共有しているリソースを検出する機能です。本書執筆時点では、下記のリソースについて調査できます。

- S3バケット、ディレクトリバケット
- IAMロール
- KMSキー
- Lambda関数とレイヤー
- SQSキュー
- AWS Secrets Managerシークレット
- SNSトピック
- Amazon Elastic Block Store（以下、EBS）ボリュームスナップショット
- Amazon Relational Database Service（以下、RDS）DBスナップショット、DBクラスタースナップショット
- Amazon Elastic Container Registry（以下、ECR）リポジトリ
- Amazon Elastic File System（以下、EFS）ファイルシステム
- DynamoDB Streams、テーブル

■ 図2-6　IAMアクセスアナライザーによる外部からの信頼関係の検出

AWS IAM

　ダッシュボードでは、外部からの信頼関係は外部プリンシパルと表現されています。IAM
アクセスアナライザーを理解する上で、「外部」とは何か定義を理解することが重要です。
IAMアクセスアナライザーの機能を有効にすると、アナライザーは対象とした組織もしくは
アカウントに対して信頼ゾーンと呼ばれるものを作成します。この信頼ゾーン内の分析対象
リソース（S3バケット、IAMロール等）に対して、信頼ゾーンの外部からアクセスしてきた
ものを外部プリンシパルと呼びます。外部プリンシパルの例としては、別のAWSアカウン
トやAWSリソース、フェデレーションユーザー（AD等で認証したユーザー）などがあります。

　なおIAMアクセスアナライザーを有効にすると、自動的にIAM Access Analyzer for S3
も有効になります。S3のダッシュボードから、IAMアクセスアナライザーと似たような形
でS3リソースに対してのアクセス状況が可視化されるようになります。
　IAM アクセスアナライザーは、アクセスログからではなく設定の状況を調べるものです。
実際のアクセスがどうであったかは、CloudTrail を利用します。また、IAMアクセスアナ
ライザーで不審な設定を検知した場合に、Amazon EventBridgeを使って通知をすると
いったことも可能です。
　EventBridgeの詳細は6章を参照ください。

2-2-6　アカウント間でのスイッチロールによるAWS利用

　IAMユーザーなどから、別のIAMロールに切り替えることをスイッチロールと呼びます。
そして、2つのAWSアカウントがあり、1つのアカウントのIAMユーザーが、もう1つのア
カウントのIAMロールにスイッチロールする用途で作られた場合、そのロールはクロスア
カウントロールと呼びます。スイッチロールの際の内部の動きは他のIAMロールの利用時
と同じですが、クロスアカウントロールはスイッチロール用のURLが発行されます。

2章 IDおよびアクセス管理

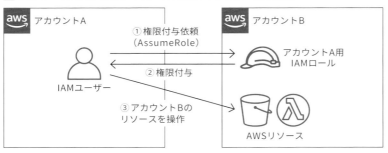

図2-7　クロスアカウントロール時のスイッチロールの動作

　クロスアカウントロールを上手く使うことにより、複数のAWSアカウントを効率的に管理することができます。利用するAWSアカウントが多い場合、それぞれのAWSアカウントにIAMユーザーを作成すると管理が煩雑で難しくなります。そういった際に、スイッチロール元となる踏み台AWSアカウントを用意して、IAMユーザーはそこに集約します。そして、他のAWSアカウントにはIAMロールのみ作成するといった運用が考えられます。

外部IDを利用して第三者にアクセス権を付与する

　外部の信頼する第三者（サードパーティー）に認証されたユーザーに対して、AWSリソースへのアクセス権を付与することが必要になるケースがあります。そのようなユースケースでは、外部ID（ExternalID）とIAMロールを利用します。第三者は指定されたIAMロールを使い、外部IDが一致するかどうかで正規の利用者の判別されます。外部IDがない場合は、IAMロールを知り得たものが不正になりすませる可能性があり、これを「混乱した代理問題」と呼びます。外部IDは、その課題を解決するための手段なのです。

　具体的な記述方法としては、ExternalIdをConditionブロックで一致するかどうかで判別します。

```
{
    "Version": "2012-10-17",
    "Statement": [
        {
            "Sid": "",
            "Effect": "Allow",
```

AWS IAM

```
"Principal":
{
        "AWS":"arn:aws:iam::xxxxxxxxxxxx:IAMユーザー名"
},
"Action":"sts:AssumeRole",
"Condition":
{
        "StringEquals":
        {
                "sts:ExternalId":"外部ID"
        }
    }
    }
]
}
```

2-2-7 まとめ

「AWS認定セキュリティ-専門知識」は、AWSをいかに安全に扱うかという試験です。そして、AWSリソースへの認証認可を担うIAMは非常に重要な役割を果たします。IAMユーザーやグループの機能と、ポリシーの記述方法をしっかり理解することが必須となります。またIAMロールの動作の仕組みを理解していないと、この後で出てくるAWSのセキュリティサービスとの連携の部分が理解できなくなります。

本書では、IAMの触りの部分しか紹介できないので、チュートリアルや公式ドキュメントにあるベストプラクティスは必ず参照してください。

参考：IAMのチュートリアル

https://docs.aws.amazon.com/ja_jp/IAM/latest/UserGuide/tutorials.html

参考：IAMでのセキュリティのベストプラクティス

https://docs.aws.amazon.com/ja_jp/IAM/latest/UserGuide/best-practices.html

2章　IDおよびアクセス管理

2-3 AWS Directory Service

▶▶ 確認問題

1. Simple ADはMicrosoft ADのサブセット機能があり、小規模なユーザー管理に最適である
2. AD Connectorは、AWS上にMicrosoft ADを構築するマネージドサービスである
3. AWSリソース利用の際の認証機能に、ADを利用することが可能である

1. ○　　2. ×　　3. ○

ここは▶ 必ずマスター！

**AWSが提供する
ADサービスの一覧**

マネージドADサービスである Managed Microsoft AD、AD互換の Simple AD、既存ADへのプロキシ機能を果たす AD Connector がある

**オンプレミス上のADと
AWS上のシステムの統合**

オンプレミス上のADとの連携は、主にADの双方向の推移的信頼関係を結ぶ方法と、AD Connectを使いオンプレミスのADを参照する方法がある

**ADを使ったIAMロールとの
連携しユーザーIDの一元管理**

既存システムとAWSの利用者のIDの一元管理をしたい場合はIAMユーザーではなくADによる認証とIAMロールの連携をする

2-3-1 概要

　AWS Directory Serviceは、AWS内でマネージド型のMicrosoft Active Directory（以後AD）を利用するためのサービスです。AWSを利用する上でも、ADは重要な役割を果たします。AWSにおけるADのサービスと利用パターン、そして注意点を確認していきましょう。

58

AWS Directory Service

2-3-2 AWSにおけるActive Directory関係のサービス一覧

AWSには用途に応じて3種類のAD関連サービスを使うことができます。

サービス名	概要
AWS Managed Microsoft AD	AWS上にマネージド型のMicrosoft ADを構築するサービス
Simple AD	Linux-Samba Active Directoryで構築されたマネージド型ディレクトリサービス
AD Connector	既存のAD（主にオンプレ）に対してリダイレクトするADのプロキシサービス

AWS上にフルスペックのMicrosoft ADを構築する場合は、AWS Managed Microsoft ADを利用します。シンプルな要件のユーザーID・パスワード管理のみで利用する場合はSimple ADを利用します。そして、オンプレミス上など既存のADを利用したい場合の選択肢として、AD Connectorがあります。システム上でADを利用する場合、どのサービスを選択するかが非常に重要になります。

既存のシステムと連携する必要がなく、Amazon WorkSpacesやAmazon WorkDocsのようなADを必要とするサービスを利用する場合は、Simple ADで十分なケースが多いです。一方でADを利用する場合、既存のユーザーID・パスワードを活用したいケースが殆どです。その場合、既存のADがオンプレミス側にあることが多いです。そういった時に、どうアーキテクチャを考えるのかが、実際の構築の現場でも試験でも問われます。それでは、オンプレミスとのADの接続パターンを整理してみましょう。

2-3-3 オンプレミスとの接続パターン

オンプレミスとの接続パターンは、主に2種類あります。AD Connectorを使って既存のADに対して認証プロキシとして動作させるパターンと、Managed Microsoft ADを構築し既存のADと双方向の推移的信頼関係を構築する方法です。どちらのパターンもネットワークの要件としては、VPCを利用してVPNや専用線接続をするのが一般的です。使い分けの違いとしては、想定のアクセス規模であったり耐障害性の観点です。

59

2章 IDおよびアクセス管理

■ 図2-8　オンプレミスとの接続パターン

Managed Microsoft ADを利用した推移的信頼関係の構築

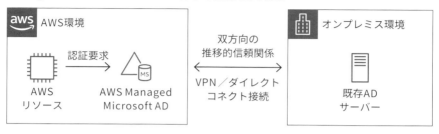

AD Connectorを利用した認証プロキシ機能

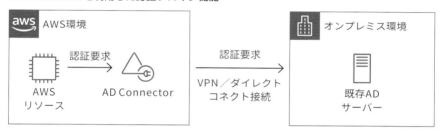

　AD Connectorは、認証要求の都度にオンプレミスのADに問い合わせにいきます。ネットワーク的な遅延（レイテンシー）も考慮する必要もありますし、オンプレミスのADの性能・拡張性の考慮が必要です。またオンプレミスとの通信経路の障害や、オンプレミスADの障害時には認証することができません。

　これに対し、Managed Microsoft ADで双方向の推移的信頼関係で構築するパターンは、同一のリージョンで稼働するのでレイテンシーについてはほぼ考慮不要です。性能・拡張性についても、AWS側のみで完結して設計できるようになります。

2-3-4　AWSにおけるActive Directoryの利用パターン

　AWSにおけるADの利用パターンとしては、主に2種類あります。1つ目は、AWS上で構築するシステム自体にADが必要なパターンです。2つ目は、AWSを利用するユーザーの管理にADを利用するパターンです。1つ目は一般的なシステム構築の話なので、AWS Directory Serviceの機能を抑えた上で、ADを使ったシステム構築の方法を把握しておけば大丈夫です。

2つ目の、AWSを利用するユーザーの管理で使うパターンについては、AWS特有の認証機能であるIAMと深く関係します。AWSを利用するユーザーが多い場合や、複数のAWSアカウントを利用する場合、AWSアカウント内にIAMユーザーを作っていくことは、ユーザーが複数のID・パスワードを管理することになるので避けるべきです。それを回避する方法として、認証認可のうち認証の機能としてADを利用することが可能です。

■ 図2-9　ADを利用したユーザー認証とIAMロールとの関連付け

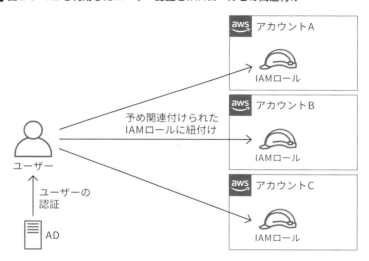

IAMユーザーの代わりにADを利用し、その認証済みのユーザーに対してIAMロールを割り当てます。IAMロールの利用条件に「MFAを利用した」といった条件も付けることができます。

2-3-5 まとめ

AWSでMicrosoft ADを利用したい場合は、AWS Directory Serviceを利用します。AWS Directory Serviceには、AWS Managed Microsoft ADとSimple AD、AD Connectorの3種類のタイプのサービスがあります。また利用パターンとして、AWS上にADを使うシステムを構築する以外に、AWSを利用するユーザー管理のためにADを使うケースが多いです。その使い分けができるようにしておきましょう。

2章　IDおよびアクセス管理

2-4 Amazon Cognito

▶▶ 確認問題

1. CognitoはOAuth2ベースの外部IDプロバイダーと連携できる
2. Cognito IDプールはフェデレーションの機能を提供する
3. Cognitoを利用するとAWS上に構築したシステムの認証認可の機能を提供できる

1. ×　　2. ○　　3. ○

ここは ▶ 必ずマスター！

**Cognitoを利用した
認証認可の流れ**

Cognitoを利用すること
により、システムを利用す
るユーザーの認証と、認証
済みユーザーに対するトー
クン管理、アクセス権限の
付与など一連の機能をシー
ムレスに実現できる

**ユーザーディレクトリを提供
するCognitoユーザープール**

Cognitoユーザープール
は、ユーザーのID・パス
ワードを管理するディレク
トリサービスであるADと
機能は重複する部分がある
が、よりCognitoの機能
と一体化している

**認証済みのユーザーに対して
IAMの一時的な権限を付与する**

Cognitoで認証されたユー
ザーに対してAWSリソー
スの割当が可能である。そ
の管理の実体はIAMロール
である

2-4-1 概要

　Amazon Cognitoは、Web/モバイルアプリのユーザーの認証・認可を行うサービスです。
Cognitoにはいくつもの機能がありますが、重要なのはユーザーのID・パスワードを管理
するディレクトリサービスであるCognitoユーザープールと、認証されたユーザーに一時
キー（Temporary Credentials）を払い出し、AWSリソースの操作権限を与えるフェデレー
ションと呼ばれる機能です。IAMは、AWSを利用するユーザーに対しての認証認可のサー
ビスですが、CognitoはAWS上のシステムに対しての認証認可のサービスです。違いをしっ
かりと理解しましょう。

Amazon Cognito

2-4-2 Cognitoと認証認可の流れ

　Cognitoを利用した認証認可の処理フローは、一見非常に難解です。登場人物として、次の4つの要素があります。

- **利用者**：アプリの操作
- **Identity Provider**：ユーザーの認証
- **Federated Identities**：認証時に取得したトークンを元に一時キーを取得
- **IAM**：一時的に付与する権限の管理

　利用者はアプリなどから認証要求をIdentity Providerに行います。Cognitoが提供するディレクトリサービスであるCognitoユーザープールの他に、FacebookやX（旧Twitter）、独自のIDプロバイダーが利用可能です。このIdentity Providerは、OpenID Connectの仕様に沿っていれば利用可能です。独自のIDプロバイダーとして、OpenID Connectのプロトコルを介することによりADの認証情報を利用するといったことも可能です。Identity ProviderはIDとパスワードの組み合わせ等でユーザーの本人性が確認できると、トークンを返却します。

　Identity Providerから取得したトークンを元に、Federated Identitiesを介してAWSを操作する一時キーを取得します。Federated Identitiesはトークンの有効性を確認し、STSにAWSの操作権限を要求します。STSはIAMロールと紐付いた一時キー（Temporary security credential）を発行します。ユーザーは、この一時キーを利用することにより、予め認められた範囲でAWSリソースの操作ができるようになります。

2章　IDおよびアクセス管理

■ 図2-10　Cognitoの処理フロー

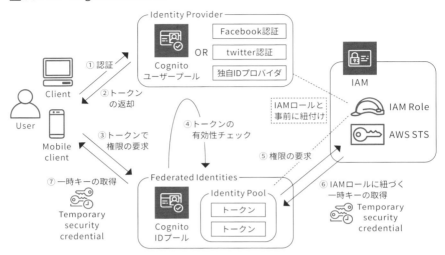

　Cognitoによる処理フローは、難解に見えます。実際の利用時には、SDKなどに隠蔽されて中の動作を意識することはあまりありません。しかし、セキュリティ上非常に重要な要素がつまっているので、しっかりと理解していきましょう。それでは、Cognitoの個別の機能をみていきましょう。

2-4-3　Cognitoユーザープール

　Cognitoユーザープールは、ID・パスワードを管理するディレクトリサービスと、それを元にユーザー認証機能を提供するフルマネージドなIDプロバイダーサービスです。Cognitoユーザープールには、次のようにユーザー認証に関わる一通りの機能が提供されています。

- ユーザー名とパスワードを使用したサインアップ・サインイン機能
- ユーザープロファイル機能
- トークンベースの認証機能
- SMSもしくはMFAベースの多要素認証
- 電話番号やメールアドレスの有効性確認
- パスワード紛失時のパスワード変更機能

Amazon Cognito

またCognitoユーザープールは、イベント駆動のコンピュートエンジンであるAWS
Lambdaと連携することが可能です。サインアップ前やユーザー確認前、認証の前後のト
リガーと関連付けることにより独自の処理を実装することも可能です。

これ以外にも、API Gatewayへのアクセス制御にCognitoユーザープールを利用するケー
スがあります。Cognitoで認証したユーザーのみAPIを利用させるといったことが可能とな
ります。詳しくは、次のドキュメントを参照してください。

**参考：Amazon Cognito ユーザープールをオーソライザーとして使用して REST API への
アクセスを制御する**
https://docs.aws.amazon.com/ja_jp/apigateway/latest/developerguide/
apigateway-integrate-with-cognito.html

2-4-4 Cognito IDプール（Federated Identities）

次は、Cognito IDプールです。英語では、Cognito Federated Identitiesと呼ばれており、
Federated Identitiesの方が機能を忠実に表現しているので、こちらの名前についても覚
えておいてください。Cognitoユーザープールが認証機能を提供したのに対し、Cognito
IDプールは認可の機能を担当します。

IDプールはAWSリソースを操作するための一時キーであるTemporary security
credentialを払い出す役割を持ちます。Cognitoを利用せずとも、IAMとSTSを利用する
ことでAWSリソースの操作をすることは可能ですが、Cognitoを利用することで認証機能
と認可機能がシームレスに利用できます。IAMとSTSをラップして、SDKから簡単に利用
できるようにしたのがIDプールと理解してもよいです。ちなみにCognitoの最初のリリー
スでは、ユーザープールは提供されずCognito IDプールが提供されました。つまりIDプー
ルこそCognitoの一番重要な機能ということです。

IDプールでは、UserPools以外に次のIDプロバイダーと連携することができます。

・パブリックプロバイダー
・Facebook
・Google
・Login with Amazon

65

2章 IDおよびアクセス管理

- Apple
- Open ID Connect プロバイダー
- SAML ID プロバイダー

Cognitoは、これ以外にもCognito Syncというアプリケーション間のユーザーデータを同期する機能もあります。セキュリティにフォーカスした機能ではないので、ここでは割愛します。

2-4-5 まとめ

AWSの認証認可のサービスとしては、IAMとCognitoがあります。IAMはAWSリソースに対しての認証認可を担当し、Cognitoはシステムの認証認可が担当です。システムからAWSのリソースを利用することも多く、その場合はCognitoとIAMが連携してシステムに対して認可を割り当てます。

Cognitoの機能はいくつかありますが、セキュリティ観点ではCognitoユーザープールとCognito IDプール (Federated Identities)の2つを必ず理解しておきましょう。Cognitoユーザープールは、ID・パスワードを管理するディレクトリサービスです。Cognito IDプールはAWSリソースを操作するための一時キーであるSTSを発行するフェデレーションの役割を果たします。Cognito IDプールはユーザー認証の機能は外部のサービスに依存し、Cognitoユーザープールや外部サービスであるX（旧Twitter）やFacebook、Google等のOpenID Connectベースのプロトコルと連携することができます。

66

2-5 IDおよびアクセス管理に関するインフラストラクチャのアーキテクチャ、実例

2-5-1 最小権限付与の原則を守る

　AWSのセキュリティを守る上で、IAMは極めて重要な役割を果たします。正しいIAMの使い方を理解する上で、まずはAWSの出すIAMのベストプラクティスを読むことをお勧めします。その上で、特に意識して取り組んでほしいのが最小権限付与の原則です。これは文字通り、ユーザーやロールに必要以上に大きなロールを付与しないで、最小限のロールを付与しましょうということです。次の図は、EC2インスタンスからS3にデータを保存するための権限が必要な際に、EC2インスタンスに紐付けるIAMロールにどのような権限を与えるべきかの例です。

■図2-11　最小権限付与の原則

権限の範囲が広く危険

最小の権限のみで安全性が高い

　どのような権限を必要とするか設計をせず、とりあえず管理者権限（全権限）を付与するケースも見られます。しかし、不用意に管理者権限を付与するのは非常に危険です。たとえば、ロールが付与されたEC2インスタンスが乗っ取られた場合、このインスタンスを通じてS3バケットの一覧を取得し全データの情報漏えいする危険性があります。また、EC2上

67

2章　IDおよびアクセス管理

のプログラムのバグ等で、誤って全データを削除してしまうという可能性も否定できません。

　それを防ぐには、必要最小限の権限を付与するのが正しい設計です。EC2からデータを保存するだけであれば、Put（保存）の権限だけで充分です。プログラムから保存先である目的のバケットが解っているのであれば、一覧取得の権限も不要です。そうすればEC2の操作からは、削除や他のバケットからデータを取ってくるということができず、セキュリティは高まります。またIAMロールは汎用のものを使い回すのではなく、原則的には目的に応じて個別に作っていきましょう。

　なおS3のデータ保護という点では、IAMだけの対策では不十分です。重要なデータを守る場合は、IAMの権限の絞り込みとS3バケットのバケットポリシーで接続元の制限をします。2重で防御をすることにより、どちらかの設定が誤っていた場合でも、ただちに重大な危機に直面することから回避できます。

■ 図2-12　バケットポリシーでの防御

IAMとS3で2重の防御

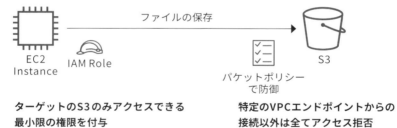

2-5-2 サービスからのIAMロールの利用を理解する

　先述の通りAWSのセキュリティでIAMは重要な役割を果たします。IAMを使いこなす上では、2つのポイントがあります。1つは、適切な権限を付与できるようにIAMポリシーの記述の仕方を理解すること。もう1つはIAMロールを利用して、AWSのサービス間での権限設計ができることです。IAMポリシーは理解しているが、IAMロールの概念がよく理解できていないという人が多いので、ここで少しおさらいしておきます。

　次の図は、LambdaからのIAMロールの利用例です。このLambda関数は、S3に読み書きする権限と、Lambdaの実行時のログを保存するためにCloudWatchの権限を必要とすると仮定しておきましょう。

■ 図2-13　Lambdaに紐付けられたIAMロール

　Lambdaに必要な権限は、IAMポリシーに記述します。では、そのIAMロールが何故Lambdaから利用できるのでしょうか？それは信頼関係（Principal）でLambdaのサービスのエンドポイント（lambda.amazonaws.com）への利用を許可しているからです。信頼関係とは、つまり権限の委譲を定義するものです。権限の管理はIAMポリシー、権限の

2章　IDおよびアクセス管理

委譲の管理はIAMロールの信頼関係と理解しておいてください。

2-5-3　まとめ

　IDおよびアクセス管理に関するインフラストラクチャのアーキテクチャについて実例を
見てきました。AWSアカウントを守る上では、IAMがセキュリティの要となります。IAM
の基本機能であるIAMユーザー、IAMグループ、IAMポリシー、IAMロールをまず理解しま
しょう。その上で、特に重要となる最小権限の原則や、IAMロールの発展的な利用方法を身
に着けていきましょう。特に、AWSのマネージド・サービスを利用するには、実用性でも
試験対策としてもIAMロールを理解することが重要です。役割として一時的に付与される
ロール、またその権限の委譲を定義する信頼関係（Principal）の構造を理解しましょう。

IDおよびアクセス管理 まとめ

2-6 IDおよびアクセス管理 まとめ

本章ではAWSにおける、IDおよびアクセス管理をするためのサービスについて説明しました。

特にIAMはAWSを利用するための要としてのサービスで、AWSを使う上では避けては通れません。実際の開発の現場でも当然必要となりますし、セキュリティ認定試験でもIAM単体もしくは他のサービスと関連した使い方が問われます。

IAMは主要機能としては4つですが、それぞれの機能が深く、また相互に関係しながら設計・設定をする必要があります。ドキュメントを読むだけでは理解しづらい分野でもあるので、セキュリティには細心の注意を払いながら、自分自身でも設定していってください。また、その際に手助けとなるのが、AWSが公開している『IAM でのセキュリティのベストプラクティス』です。必ず事前に読んで概要を把握しておきましょう。

IAM以外のサービスとしては、ディレクトリサービスであるAD関係のサービスと、システムの認証認可を提供するCognitoを紹介しました。これらのサービスは、AWSを利用開始した当初は、それほど使わないかもしれません。しかし、AWSの利用範囲が広がるにつれ、必要度が増していくサービスです。まずは概要レベルを把握した上で、必要に応じて利用していきましょう。

本章で紹介した構成の実例や練習問題をとおして、IDおよびアクセス管理の概念と実際の使い方を把握しておきましょう。

本章の内容が関連する練習問題

2-2 → 問題17, 18, 21, 46, 47, 52, 59

2-3 → 問題19

2-4 → 問題11

2-5 → 問題9

3章 インフラストラクチャのセキュリティ

3章　インフラストラクチャのセキュリティ

　情報システムにおいて、可能な限り攻撃を受けない環境を作ることはセキュリティの基本となります。システムの内部にセキュリティホールや脆弱性があっても、攻撃者がそこに到達する手段がない限り攻撃は成功しないからです。

　AWSでは、さまざまな手法でシステムを守るサービスが充実しています。動作するレイヤもさまざまですし、設定不要で利用できるものから細かく設定をカスタマイズできるものまで、あらゆる用途に対応できるようになっています。

　本章ではそういったシステム自体を保護するためのサービスを説明します。また、システムの可用性を向上させるサービスも合わせて紹介します。

AWS WAF

3-1 AWS WAF

▶▶ 確認問題

1. AWS WAFではAWSによって提供されたルールのみで攻撃をブロックする
2. AWS WAFが攻撃を検知したことをCloudWatchに連携することができる
3. AWS WAFでは一般的な攻撃をブロックするためのルールが提供されている

1.× 2.○ 3.○

ここは ▶ 必ずマスター!

WAFとはなにか

Webアプリケーションへのリクエストをチェックして攻撃のパターンが含まれていればブロックする機能

AWS WAFは一部のAWSサービスを保護する

AWS WAFはAmazon CloudFront、ALB、Amazon API Gatewayに対応している

既成のルールと自作のルールを設定して使う

AWS、ベンダーの提供するマネージドルールとユーザー定義ルールを組み合わせて、保護の条件を指定する

3-1-1 概要

AWS WAFはWAF（Web Application Firewall）のマネージドサービスです。

WAFとはWebアプリケーションに対するリクエストの内容をチェックし、攻撃のパターンに合致するリクエストをブロックすることでシステムを防御するファイアーウォールです。

3章 インフラストラクチャのセキュリティ

■ 図3-1　WAFとは

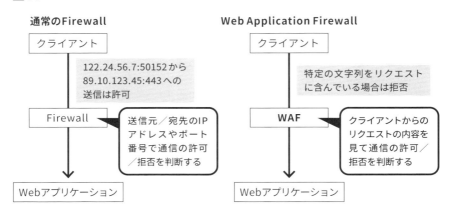

AWS WAFではSQLインジェクションやクロスサイトスクリプティングのような一般的な攻撃に対するルールが提供されており、それらに自身で作成したルールを追加することでシステムごとの通信内容に応じたセキュリティを確保することができます。

また、CloudWatchと連携させることで、リアルタイムに攻撃を検知したり、攻撃の分析を行うことも可能です。

AWS WAFは、CloudFront、ALB、API Gateway、Cognito、App Sync、App Runnerなど一部のサービスにのみ対応しています。

■ 図3-2　AWS WAFの設置例

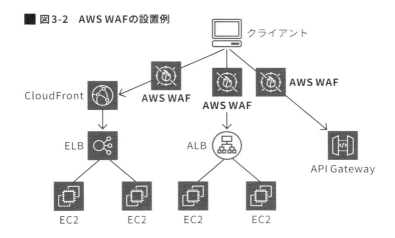

AWS WAF

3-1-2 攻撃検知のルール

AWS WAFの攻撃検知はマネージドルールとユーザー定義ルールを組み合わせて行います。

マネージドルール

マネージドルールは、AWSおよびセキュリティベンダーが各々の知見をもとに作成した複数のルールをひとまとめにしたルールセットです。AWS提供のマネージドルールは無料で利用できるので、事前にルールを準備する必要はなくAWS WAFをすぐに使い始めることができます。一方、セキュリティベンダーが提供するものはAWS Marketplaceから購入できます。

通常、WAFを導入・運用する際にはルールの作成・更新に専門的な知識や検証の工数が必要となります。しかし、AWS WAFではマネージドルールを利用することで容易にルールの適用を行うことができるだけでなく、マネージドルールはベンダーによって自動的に更新されることから運用の手間も少なくなります。

ユーザー定義ルール

攻撃検知のルールはユーザーが独自に作成することも可能です。AWS WAFでは下記のルールを作成することができます。

- ・IP制限
- ・レートベースルール
- ・特定の脆弱性に関するルール
- ・悪意のあるhttpリクエストを判別するルール

「IP制限」は特定のIPアドレスからの接続制限に、「レートベースルール」は同一IPアドレスからの接続数の制限に用います。

「特定の脆弱性に関するルール」はSQLインジェクションやクロスサイトスクリプティングといったWebアプリケーションの脆弱性に関するリクエストの制限を行います。

「悪意のあるhttpリクエストを判別するルール」ではhttpリクエストの要素のサイズや文字列といった内容について、不正とみなす条件を指定して制限します。

3章 インフラストラクチャのセキュリティ

3-1-3 AWS WAF以外のWAF

　AWSではEC2として動作させるバーチャルアプライアンス型のWAFもセキュリティベンダーより提供されています。それらも同様にWAFとして利用することができますが、通常のEC2インスタンスの運用と同様に冗長化やスケーリングの考慮が必要となります。

　AWS WAFはマネージドサービスでありこれらの考慮が必要ないということが強みとなる一方、細かい設定ができないため、カスタマイズ性を重視する場合はバーチャルアプライアンス型のWAFも選択肢に入るでしょう。

図3-3　アプライアンス型WAFの設置例

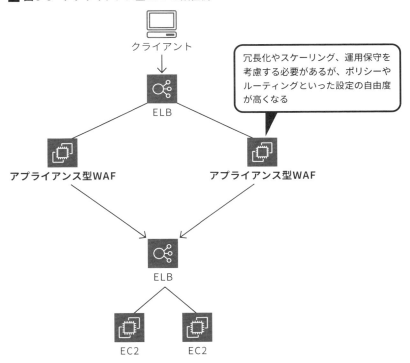

　バーチャルアプライアンス型のWAFを利用する際は、3-10.Elastic Load Balancingにて紹介するGateway Load Balancer（GLB）を利用することも可能です。あわせて理解しておきましょう。

3-1-4 WAF v1とv2について

2019年11月にAWS WAFがアップデートされ、それまで使用していたAWS WAFはv1またはAWS WAF Classicと呼ばれるようになりました。マネージドルールとユーザー独自のルールを適用して使用するという基本的な使用方法は変わっていません。主な変更点は以下の通りです。

- ・AWSが無料のマネージドルールを提供
- ・v1では上限10ルールであったが、ルールのカウント方法がWAF Capacitiy Unit（WCU）という単位に変更され、より複雑なルールが設定可能になった。
- ・OR条件など、より複雑なルールの記述が可能になった
- ・ログ情報の拡張

v2ではAWSが無料でマネージドルールを提供している点が大きな特徴です。他のセキュリティベンダーが提供するマネージドルールは利用にサブスクリプション料金がかかりますが、無料で使えるマネージドルールという選択肢ができたことでAWS WAFの導入が容易になりました。

3-1-5 WAFを使ったアクセス制限

AWS WAFでは、ユーザー定義ルールを利用することで、httpリクエストの内容によってアクセス制限を行うことができます。たとえば、「特定のhttpヘッダがリクエストに含まれていなければアクセスを拒否する」といったルールを作れば、その条件を知っているクライアントのみがアクセス可能となります。

具体的には、httpリクエストに特定のカスタムヘッダを付与するようにクライアントアプリケーションを実装し、AWS WAFでそのカスタムヘッダが含まれないアクセスをすべて拒否する設定とします。こうすることで、そのクライアントアプリケーションからでなければ接続できないシステムを構成することができます。3-9.Amazon CloudFrontにおいてもこの使い方に触れています。

3章　インフラストラクチャのセキュリティ

3-2　AWS Shield

▶▶ 確認問題

1. AWS ShieldはDDoS攻撃への対策を行うためのサービスである
2. AWS Shield Standardはユーザーが対象を選定し個別に適用する必要がある
3. AWS Shield Advancedでは専門のチームに攻撃対策を任せることができる

1.○　　2.×　　3.○

ここは▶必ずマスター！

AWS ShieldはDDoS攻撃への対策を提供する

ネットワークおよびトランスポートレイヤーのDDoS攻撃からシステムを保護するサービス

AWS Shield Standardは無償で適用される

AWS上のシステムは一般的なパターンの攻撃からは自動的に保護される状態となっている

AWS Shield Advancedはコスト増加も補償する

Advancedを有効化すると、DDoS攻撃を受けてオートスケールしてしまった分の料金は返還される

3-2-1　概要

　AWS ShieldはDDoS攻撃からシステムを守るためのサービスです。無料で自動的に適用されるStandardと、有償でより高レベルな保護を受けることのできるAdvancedの2種類のプランがあります。

　Standardだけでもネットワークおよびトランスポートレイヤーの一般的なDDoS攻撃からの保護が提供されますが、Advancedではさらに高度なDDoS攻撃からの保護が提供され、DDoS攻撃に起因するコスト増加についても保護されます。

　また、Advancedでは専門のDDoS対策チーム（AWS DDoS レスポンスチーム：DRT）のサポートを受けられます。

80

AWS Shield

3-2-2 AWS Shield Standard

AWS Shield Standard の保護対象はすべてのインターネットに面したAWSサービスで
あり、自動的に適用された状態となります。AWSの受信トラフィックを検査・分析するこ
とで、悪意のあるトラフィックをリアルタイムで検知します。

また、自動化された攻撃緩和技術が組み込まれており、ネットワークおよびトランスポー
トレイヤーにおける一般的な攻撃に対する保護が期待できます。

AWS WAFを利用するとアプリケーションレイヤーのDDoS対策ができるので、AWS
Shield StandardとAWS WAFを併用することで基本的なDDoS攻撃をカバーすることがで
きます（ただし、AWS WAFの利用料金は別途かかります）。

3-2-3 AWS Shield Advanced

AWS Shield Advancedでは EC2、ELB、CloudFront、AWS Global Accelerator、
Amazon Route 53を対象とした、より高度な攻撃検出機能を利用できます。

具体的には、対象リソースのトラフィックからベースラインを作り、異常なトラフィック
を検知するアノマリー型検知が提供され、高度な攻撃を検知することが可能となります。さ
らに、攻撃と緩和の状況を可視化できるため、攻撃に対する対応が行いやすくなります。

また、DRTのサポートを24時間365日受けることができるため、WAFのルールの追加
などの攻撃緩和対策を専門家のサポートを受けつつ実施できます。なお、DRTに緩和策の
適用を任せてしまうことも可能です。AWS Shield Advancedの場合は追加料金なしで、
DDoS対策のためにAWS WAFを利用することができます。

Advancedを利用している場合、DDoS攻撃によって「オートスケールするサービスの予
期せぬスケールアップが発生したことで利用料が急増する」という被害に遭った場合、増加
分の料金の調整リクエストを行うことができます。

AWS Shield Advancedの利用には月額3,000USDの1年間のサブスクリプション契約が
必要となります。

3章　インフラストラクチャのセキュリティ

■ 図3-4　Shieldの全体像

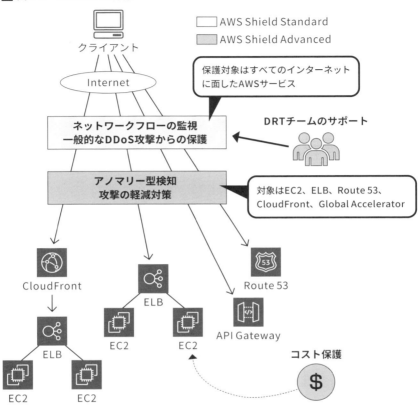

3-2-4　まとめ

　基本的にはAWS Shield Standardによって一般的なDDoS攻撃からの保護が提供されるため、小規模なシステムではこれで十分なことが多く、高額かつ1年間のサブスクリプション契約を必要とするAWS Shield Advancedを利用することはほとんどないと思います。

　しかし、規模が大きくDDoS攻撃に狙われやすい、かつサービス停止による影響が大きなシステムにおいてはコストを掛けてでもAWS Shield Advancedを利用し、DDoS攻撃を受けたときのリスクを最小限に留めるという選択肢が出てきます。

Amazon Virtual Private Cloud

3-3 Amazon Virtual Private Cloud

▶▶ 確認問題

1. Amazon VPCはAWSクラウド上に論理的に分離された領域である
2. Amazon VPC同士であれば無条件に相互の通信を行う設定をすることができる
3. Amazon VPCはオンプレミスのシステムとVPNで接続することができる

1.○　　2.×　　3.○

ここは ▶ **必ずマスター！**

AWS上で論理的に 分離された領域	設定によって外部のネッ トワークとの通信が可能	VPC同士であれば相互 にセキュアな通信が可能
ユーザーが任意にプライベートIP範囲を指定し、柔軟に設定できる仮想ネットワーク環境	外部と切り離された領域ではあるが、設定によって各AWSサービスやインターネットとの通信ができる	VPCピアリングを確立することでVPC同士のセキュアな接続経路を簡単に設定することができる

3-3-1 概要

　Amazon Virtual Private Cloud（以下、VPC）は、AWSクラウド上に論理的に分離された領域を作成し、任意のプライベートIPアドレス範囲を持つ仮想ネットワーク環境とすることができる機能です。

　VPCは任意のプライベートIPアドレス範囲を指定して作成でき、サブネットの分割やルーティングテーブル、通信の許可設定などの制御も柔軟に行えます。

　AWSアカウント作成時にデフォルトのVPCが用意されており、EC2やRDS、ELBは基本的にVPC内に構築されるようになっています。VPCが提供される前はAWSクラウドの共有領域上でEC2インスタンスなどが動作していました。その当時から存在し、VPCに移行されていないリソースはEC2-Classic、RDS-Classicなどと呼ばれます。なお、EC2-

3章　インフラストラクチャのセキュリティ

ClassicおよびRDS-Classicは2022/8/15をもって廃止されています。

3-3-2 外部との接続

　VPCは外部と切り離された領域です。そのため、外部と接続するためのさまざまなサービスが用意されています。以下で説明する以外に、AWSの各サービスと接続するためのVPCエンドポイントという機能もあります。これについては3-3-7 VPCエンドポイントで説明します。

Elastic IPアドレス

　Elastic IPアドレス（EIP）は静的なグローバルIPアドレスです。VPC内のIPアドレスはプライベートIPアドレスであるため、EC2インスタンスが直接インターネットからの通信を受けるためにはEIPをアタッチする必要があります。

　なお、RDSやELBも同様に直接インターネットからの通信を受けるためにはグローバルIPアドレスが必要ですが、NLB以外はインターネットアクセスを利用する設定にした場合、EIPではなく動的なグローバルIPアドレスが自動的に付与されます。一方、NLBは静的なIPアドレスで動作させることができるため、EIPをアタッチしてインターネットアクセスを利用することができます。

インターネットゲートウェイ

　インターネットゲートウェイはVPCとインターネット間の通信を可能にするコンポーネントです。AWS側で管理されており、冗長性と高い可用性を持ちます。

　インターネット向けの通信がインターネットゲートウェイに転送されるように設定されたルートテーブルがあるとき、そのルートテーブルが関連付けられているサブネットに所属するインスタンスはグローバルIPアドレスを持っていればインターネットにアクセスすることができます。

　インターネットゲートウェイへのルートを持つルートテーブルに関連付けられているサブネットは「パブリックサブネット」と呼ばれます。逆に、インターネットゲートウェイへのルートを持たないルートテーブルに関連付けられているサブネットは、「プライベートサブネット」と呼ばれます。

重要なデータを持つRDSなど、基本的にインターネットからの通信を受けないインスタンスはプライベートサブネットに配置することで、インターネットからの不用意なアクセスを受けることを根本的に防げます。

図3-5　パブリックサブネットとプライベートサブネット

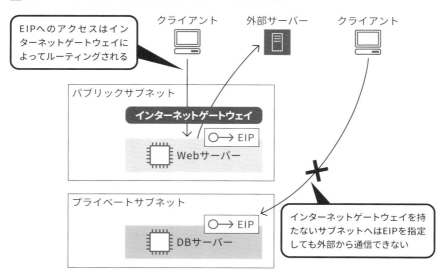

NATデバイス

プライベートサブネットに配置するインスタンスはインターネットからの通信を直接受けることはできません。ソフトウェア更新などの目的でインターネットへの通信を行う必要がある場合は、NATデバイスを利用します。

NATデバイスはそれ自身がパブリックIPアドレスを持ち、インスタンスからのトラフィックを代わりにインターネットへ送信し、その応答をインスタンスに返すことでインスタンスがインターネットとの通信を行えるようにします。

3章 インフラストラクチャのセキュリティ

　AWSは、NATデバイスとしてNATゲートウェイとNATインスタンスの2種類を提供しています。基本的には、マネージドサービスであり運用管理の手間がかからないNATゲートウェイの使用が推奨されており、可用性や帯域幅もNATゲートウェイの方が優れています。

　一方、NATインスタンスはユーザーが自前で構築することになります。専用のAMIが用意されているほか、通常のOSのAMIから作成したEC2インスタンスを設定して構築することも可能です。ユーザー管理のEC2インスタンスとして動作するため、運用の手間はかかりますが、細かな設定が可能です。

■ 図3-6　NATデバイス

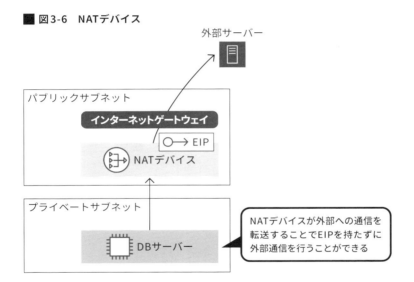

Amazon Virtual Private Cloud

3-3-3 VPCピアリング

　VPCピアリングという機能を利用すると、VPC同士のセキュアな通信経路を確立できます。VPCピアリングにて接続されたVPN同士は、お互いのプライベートIPアドレスをそのまま使用して、同一ネットワークであるかのように通信を行うことが可能です。

　VPCピアリングは、別のアカウントのVPCや別リージョンのVPCとの間でも設定することが可能で、AWS内の物理的なハードウェアに依存するものではないため、通信の単一障害点や帯域幅のボトルネックが発生しないようになっています。よって、VPCピアリングを利用することで、容易にVPC間のセキュアで可用性の高い通信経路を構成できます。ただし、お互いのVPCのプライベートIPアドレスをそのまま利用して通信するため、重複しているIPアドレス範囲を持つVPC同士に設定することはできません。

　VPCピアリングは1つのVPCから複数のVPCに対して接続することができますが、VPC同士の1対1の関係で有効であり、同一のVPCとピアリング関係を確立していて直接のピアリング関係がないVPC同士はお互いに通信することはできません。

■ 図3-7　VPCピアリング

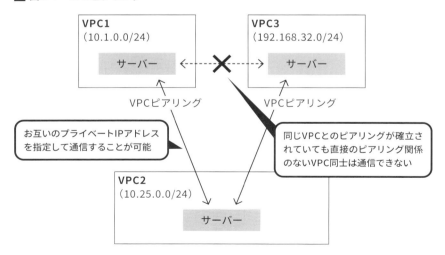

3章 インフラストラクチャのセキュリティ

3-3-4 AWS Site-to-Site VPN

VPCはオンプレミスの機器とIPsec VPNで接続し、セキュアな通信経路を確立することができます。AWS Site-to-Site VPNを設定すると、AWS側の接続起点となるVirtual Private Gateway（VGW）、またはTransit Gatewayを利用してVPN接続が確立できるようになります。

VGWはVPCごとに作成されるVPNエンドポイントです。カスタマーゲートウェイ（オンプレミス側のVPNエンドポイント）とVPN接続を確立することで、オンプレミス環境とVPCのVPN経路を構成できます。複数のVPCとのVPN経路を構成するためにはそれぞれのVGWに対してVPN接続を確立する必要があります。

Transit GatewayはVPCやDirectConnect、VPNを接続するハブの役割を果たします。Transit Gatewayとカスタマーゲートウェイで VPN接続を確立することで、そのTransit Gatewayに接続されているVPCに対してVPN接続が確立されますが、通信を行うためには各VPCにオンプレミス環境へのルーティング設定を行う必要があります。

図3-8　AWS Site-to-Site VPN

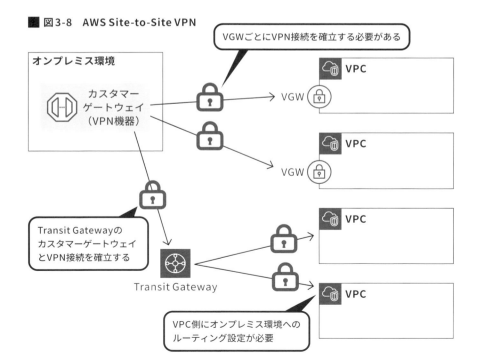

Amazon Virtual Private Cloud

3-3-5 DHCPオプションセット

　VPC内のDHCPに関する設定は、DHCPオプションセットと呼ばれる定義を作成することで変更ができます。具体的には下記の項目が設定可能です。

- **DNSサーバー**
- **ドメイン名**
- **NTP サーバー**
- **NetBIOS ネームサーバー**
- **NetBIOS ノードタイプ**

　指定がない場合、DNSサーバーはRoute 53 Resolverが設定され、ドメイン名はリージョン名を含む「ap-northeast-1.compute.internal」といったものが利用されます。

　独自にDNSサーバーを立てて利用する場合は、DHCPオプションセットでDNSサーバーを指定します。なお、Route 53 Resolverを利用させたくない場合でも、Security GroupやNetwork ACLを使ってRoute 53 Resolverとの通信を制御することはできません。

3-3-6 VPC Network Access Analyzer

　VPC Network Access Analyzerを利用することで、ネットワークインターフェース間のパスを分析し、意図しないネットワーク構成がないかを確認することができます。デフォルトではAWSの用意した下記4パターンのスコープが利用可能です。

- **All-IGW-Ingress**：インターネットゲートウェイからすべてのネットワークインターフェイスへの入力パスを特定します。
- **AWS-IGW-Egress**：すべてのネットワークインターフェイスからインターネットゲートウェイへの出力パスを特定します。
- **AWS-VPC-Ingress**：インターネットゲートウェイ、ピアリング接続、VPC サービスエンドポイント、VPN 、トランジットゲートウェイからVPC への入力パスを特定します。
- **AWS-VPC-Egress**：すべての VPC からインターネットゲートウェイ、ピアリング接続、VPC エンドポイント、VPN 、トランジットゲートウェイへの出力パスを特定します。

　上記以外にも利用者独自のスコープを作成し、分析を行うことができます。

89

3章　インフラストラクチャのセキュリティ

3-3-7 VPCエンドポイント

AWSにはサービスが稼働する場所、ネットワークに応じて以下3種類のサービスがあります。

- **AZ（アベイラビリティーゾーン）サービス**

  サービス例：EC2、RDS
- **リージョンサービス**

  サービス例：S3、Lambda、CloudWatch
- **グローバルサービス**

  サービス例：IAM、Route53、CloudFront

たとえばEC2は**AZサービス**となり、ユーザーが設定したVPCのネットワークやセキュリティグループ内で稼働します。一方でS3は**リージョンサービス**となり、バケットを作成する際に東京などのリージョンを指定します。リージョンサービスは基本的にインターネット経由で利用しますが、自分で設定したVPC内のサービスとS3などのリージョンサービスと直接通信をしたい場合に、**VPCエンドポイント**を使用します。

VPCエンドポイントは、**ゲートウェイVPCエンドポイント**と**インターフェイスVPCエンドポイント**の2種類存在します。VPC内からの通信を特定のAWSサービスに限定できるため、データ流出の予防になります。IAMやRoute53などの**グローバルサービス**は、リージョンにもVPCにも属しません。

ゲートウェイVPCエンドポイント

VPC内のプライベートサブネットから、VPC外部に通信せずに対象サービスに通信するためのゲートウェイとして動作するエンドポイントです。S3とDynamoDBに対応しています。通信をしたいサブネットのルートテーブルに、エンドポイント向けのルートを追加する必要があります。エンドポイントにアクセスポリシーが設定でき、疎通可能なVPCやサブネットを指定できます。バケットポリシーやIAMポリシーと合わせて必要な通信を許可する必要があります。IAMポリシーやバケットポリシーは正しく設定できているのにS3やDynamoDBと疎通できない場合、このエンドポイントのポリシーで拒否されています。ゲートウェイVPCエンドポイントの料金は無料です。

■図3-9 ゲートウェイVPCエンドポイント構成図

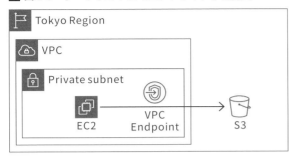

インターフェイスVPCエンドポイント

　対象サービスはKinesisやSNSなど数多くあります。対象サービスのエンドポイントと、VPCにあるENI（Elastic Network Interface）を**AWS PrivateLink**（以降PrivateLink）と呼ばれるものでリンクします。新しくENIがVPC内にできて、そこを経由し対象サービスに接続します。セキュリティグループをENIに設定してアクセスを制御でき、ゲートウェイ型と同様にエンドポイントポリシーも設定可能です。また、ほかのAWSアカウント内で独自に開発したVPC内のアプリケーションも、このPrivateLinkを使用して接続できます。PrivateLinkはAZ単位で作成されるため、AZ障害を考慮する場合は2AZに2個作成します。PrivateLinkは有料です。

　以下の例はインターフェイスVPCエンドポイントを経由してKinesisへ接続する場合の構成例です。

■図3-10　インターフェイスVPCエンドポイント構成図

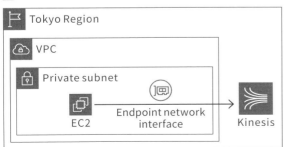

S3、DynamoDBにおけるVPCエンドポイント

　S3とDynamoDBについては、ゲートウェイ型、インターフェイス型どちらのVPCエンドポイントも作成できます。どちらもVPCから直接S3、DynamoDBへアクセスできますが、インターフェイス型を使用するとDirectConnectやVPN経由のオンプレミスネットワークから通信ができます。他リージョンからTransitGatewayを経由した通信も同じく、インターフェイスVPCエンドポイントを使用して直接通信できます。料金はゲートウェイ型が無料、インターフェイス型が有料となるため、インターフェイス型が必要な要件がない限りはゲートウェイ型を選ぶとよいでしょう。

　なお、DynamoDBがインターフェイス型をサポートしたのは2024年3月になります。

■ 図3-11　S3、DynamoDBにおけるVPCエンドポイント

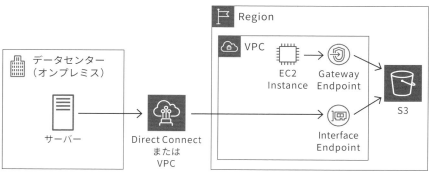

Security Group

3-4 Security Group

▶▶ 確認問題

1. Security Groupでは通信の許可および拒否を指定する
2. Security Groupは1つのEC2インスタンスに複数割り当てることができる
3. Security Groupで許可された通信はNetwork ACLでは拒否されない

1. ×　　2. ○　　3. ×

ここは ▶ 必ずマスター!

**通信許可の指定にはIP
アドレス以外も指定可能**

IPアドレスの許可以外に、
特定のSecurity Group内
からの通信を許可すること
ができる

**1インスタンスに複数の
Security Groupが適用可**

共通の通信要件のみを設定
したSecurity Groupを作
成して、使い回すことが
可能

**VPC内の通信ではNetwork
ACLの設定も影響する**

VPC内の通信制御には、
Network ACLも利用される
ためSecurity Groupと合
わせて考慮する必要がある

3-4-1 概要

Security Groupは、インスタンスに対する送受信トラフィックへのアクセス制御を行います。送受信トラフィックの許可ルールを割り当てたグループを作成し、そこにインスタンスを割り当てることでそのインスタンスの通信要件を制御します。

一般的には「ファイアーウォールの役割」と表現されることが多いですが、「Security Group同士のアクセスを許可する」といったルールの表現も可能であるため、「同じ通信要件を持つインスタンスのグループ」ととらえた方が理解しやすいかもしれません。

93

3章 インフラストラクチャのセキュリティ

■ 図3-12　セキュリティグループ間の通信

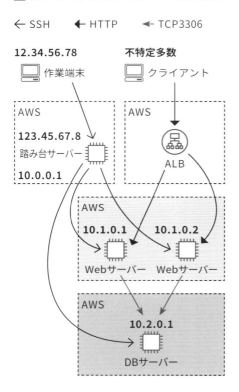

このため、通信の用途ごとにSecurity Groupを作成し、各インスタンスの用途に応じて割り当てるSecurity Groupを選択するような構成にすると運用しやすくなります。

ひとつのインスタンスには複数のSecurity Groupを割り当てることができます。

■ 図3-13　セキュリティグループの分割

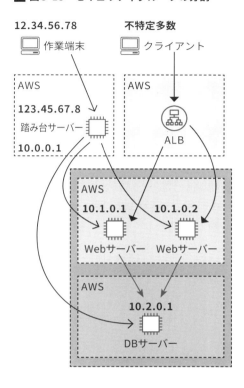

サーバー間通信においては一般的にリクエストに対するレスポンスの通信が発生することになりますが、Security Groupではレスポンス受信のための通信を動的に許可する（ステートフルインスペクションである）ため、レスポンスのためのルールを設定する必要はありません。

3-4-2　Amazon VPCのネットワーク制御について

VPC環境ではネットワーク通信制御のルールとしてSecurity GroupのほかにNetwork Access Control List（以下、Network ACL）、そして3-5で説明するNetwork Firewallがあります。

3章　インフラストラクチャのセキュリティ

　Network ACLはVPCのサブネットに設定し、サブネット間の通信を制御する機能です。同サブネット内の通信はNetwork ACLの影響を受けませんが、サブネット間通信の場合は、Security GroupとNetwork ACLの両方で通信が許可されている必要があります。

　なお、Security Groupでは許可するルールのみを設定し、指定したルール以外は自動的に拒否されることになりますが、Network ACLでは許可ルールと拒否ルールの両方を設定します。また、Security Groupと違い、Network ACLはステートフルインスペクションではないため、往路と復路両方の通信をお互いのサブネットのNetwork ACLにて許可しておく必要があります。

　Network Firewallは、VPCを出入りする通信を制御するサービスです。ステートフル/ステートレス、通信の許可/拒否、ルールを適用する条件などについて非常に柔軟な通信制御が可能です。VPCを出入りする通信を制御するサービスであり、VPC内（リソース間やサブネット間）の通信の制御はできません。

　また、Security GroupやNetwork ACLと異なり、Network Firewall自体の利用に料金が発生します。

■ 図3-14　Network ACLとSecurity Group

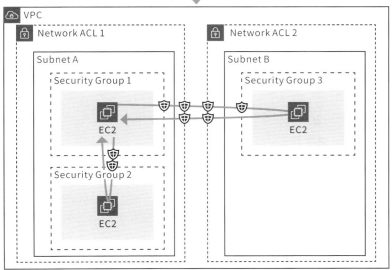

96

AWS Network Firewall

3-5 AWS Network Firewall

▶▶ 確認問題

1. AWS Network FirewallはVPCをまたぐ通信を制御する
2. AWS Network Firewallはドメイン指定のルールが設定可能である
3. AWS Network Firewallはステートフルなルールのみを扱う

1.○　　2.○　　3.×

ここは▶ 必ずマスター！

AWS Network Firewall はVPCの境界で動作する

AWS Network Firewall はVPCをまたぐ通信を監視し、ルールに沿って許可や拒否を行う

一般的なファイアーウォールに近い振る舞い

IPアドレスやポートの指定のほか、ドメイン指定ができ、許可および拒否の両方の振る舞いが可能

ルールの設定方法が豊富

Suricata互換のルールやステートフル/ステートレス両方に対応し、アラートのみ上げる設定も可能

3-5-1 概要

　AWS Network FirewallはVPCを保護するためのファイアーウォールを提供するマネージドサービスです。

　ルートテーブルによってトラフィックをNetwork Firewallのエンドポイントを経由させることで、Network Firewallがトラフィックのフィルタリングを行います。Network Firewallはトラフィックに応じて自動的にスケールするため高い可用性を持ちます。

　設置イメージは図のようになります。なお、NATゲートウェイを利用する場合は、NATゲートウェイとインスタンスの間にNetwork Firewallエンドポイントを配置して、「インスタンス→Network Firewall→NATゲートウェイ→インターネットゲートウェイ」という経路にすることも可能です。

97

3章　インフラストラクチャのセキュリティ

■ 図3-15　Network Firewallの設置例

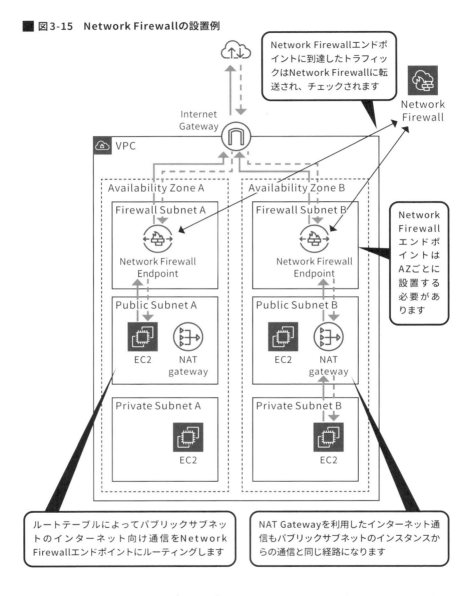

Network Firewallは同一サブネット内のトラフィックをチェックすることはできません。そのため、専用のサブネットを作成して、そこにエンドポイントを設置します。

個々のVPCではなく、トラフィックを集約する検査用VPCに設置することも可能です。

■ 図3-16　Network Firewallの集約型構成

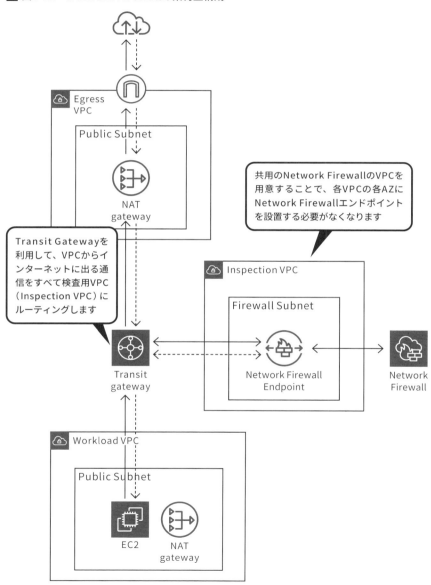

3章　インフラストラクチャのセキュリティ

　フィルタリングのルールとしては、5-tuple（プロトコル、送信元IPアドレス、送信元ポート番号、宛先IPアドレス、宛先ポート番号）を利用したステートフルまたはステートレスのルールに加え、ドメインリストやオープンソースのIPSである「Suricata」互換のルールによるステートフルなルールを設定することができます。ルートテーブルを利用してNetwork Firewallを経由させることでフィルタリングを行うので、下記のようなVPCをまたぐ通信が保護の対象となります。

- ・インターネットゲートウェイやNATゲートウェイを使ったVPCとインターネット間の通信
- ・VPC間の通信
- ・AWS Direct Connectを使ったVPCと閉域網の間の通信

　ただし、ファイアーウォール用のサブネットへルーティングされたトラフィックを検査する性質上、VPCピアリングにより接続されたVPC間や、Virtual Private Gateway（VGW）を使用してVPCに直接接続されたオンプレミスネットワークのトラフィックを検査することはできません。

　ファイアーウォールの動作はCloudWatchメトリクスによりリアルタイムで可視化され、ログをS3、CloudWatch Logs、Amazon Data Firehoseに転送することも可能です。なお、ログ出力はステートフルのルールのみが対応しています。

3-5-2　フィルタリングのルール

　Network Firewallでは、ルーティングされたトラフィックをファイアーウォールポリシーに追加されたルールグループ群でフィルタリングします。1つのNetwork Firewallには1つのファイアウォールポリシーが関連付けられます。

　最初にステートレスルールグループが評価され、その後にステートフルルールグループが評価されます。ステートレスルールグループに一致しなかったルールをそのまま許可および拒否する設定も可能です。

■ 図3-17 フィルタリングルールの関係

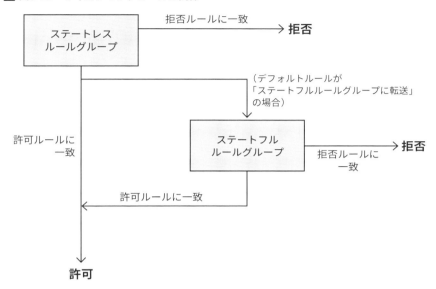

ファイアーウォールポリシー

　ファイアーウォールポリシーはフィルタリングのためのルールの集合です。1つのNetwork Firewallには1つのファイアーウォールポリシーが関連付けられるので、ファイアーウォールポリシーは「1台のNetwork Firewallの挙動を表したもの」ととらえるとよいでしょう。

　ファイアーウォールポリシーに紐付けるルールグループは複雑さに応じてキャパシティーという値が計算されます。1つのファイアーウォールポリシーに紐付けられるキャパシティーの合計とルールグループの数にはリージョンごとに上限があり、ステートレスルールグループ、ステートフルルールグループそれぞれでキャパシティーの合計は30,000まで、ルールグループの数は20までとなっています。なお、ステートフルルールグループの上限は50,000まで引き上げることが可能ですが、大きくするとファイアーウォールのパフォーマンスに影響が出る可能性があるため、慎重に検討する必要があります。

　ファイアーウォールポリシーは複数のNetwork Firewallに同じものを適用することができます。

3章　インフラストラクチャのセキュリティ

ルールグループ

　ルールグループには**ステートレスルールグループ**、**ステートフルルールグループ**の2種類があります。ステートレスルールグループには5-tupleによるルールのみ設定が可能です。

　ルールグループは作成の際にキャパシティー上限を設定する必要がありますが、作成後に変更ができないため注意する必要があります。

　キャパシティーの計算式はステートレスルールグループのみ公式ドキュメントで公開されており、5-tupleの各要素に指定した条件数の掛け算で計算されます。
プロトコルの種類×送信元IPアドレスの条件の数×送信元ポート番号の条件の数
×宛先IPアドレスの条件の数×宛先ポート番号の条件の数
　その他のキャパシティーの計算式は公開されていません。ドメインリストによるフィルタリングは特定の計算式で算出されているようですが、5-tupleによるフィルタリングおよびSuricata互換ルールによるフィルタリングでは共に1ルールにつき1キャパシティーとなっているようです。

・5-tupleによるフィルタリング

　5-tupleによるフィルタリングではステートレス、ステートフルどちらのルールも設定することができます。下記の5種類の条件を組み合わせて通信の許可および拒否を指定することができます。

　　・**プロトコル**
　　・**送信元IPアドレス**
　　・**送信元ポート番号**
　　・**宛先IPアドレス**
　　・**宛先ポート番号**

・ドメインリストによるフィルタリング

　ドメインリストによるフィルタリングでは宛先ドメイン名のリストと送信元IPアドレスで通信の許可および拒否を指定します。なお、検査対象のプロトコルとしてはHTTPSとHTTPのみが指定できます。

AWS Network Firewall

・Suricata互換ルールによるフィルタリング

Suricataはオープンソースの侵入検知システム（IDS）および侵入防止システム（IPS）の検知エンジンです。

本書では具体的なルールの書き方は割愛しますが、下記の内容をSuricataの書式で記載します。

・どの送信元からどの宛先への何のプロトコルの通信で（5-tuppleで指定）
・どのような内容の含まれた通信を
・どうするか（許可、拒否、許可するがアラートを出す）

なお、AWSが提供する基本的なSuricata互換ルールである**マネージドステートフルルール**というものもあります。一例としては、以下のようなルールが提供されています。

・マルウェア（TCP、UDP、SMTP、ICMP、SMB、IP）およびワームを検出するシグネチャ
・DoSを検出するシグネチャ
・ポートスキャンツールなどのアクセスを検出するシグネチャ
・HTTP/HTTPSで悪意のあるコードを検出するシグネチャ
・メールプロトコル（SMTP、IMAP、POP3）の脆弱性に関連するシグネチャ

103

3章　インフラストラクチャのセキュリティ

3-6 AWS Firewall Manager

▶▶ 確認問題

1. AWS Firewall ManagerはAWS WAFのルールの制御を行う
2. AWS Firewall Managerでは別のAWSアカウントのリソースの制御も可能である
3. AWS Firewall ManagerではSecurity Groupの変更管理を行うことができる

1.○　2.○　3.○

ここは▶必ずマスター！

**Firewall Managerの
扱うサービス**

複数のAWSアカウントの
AWS WAF、AWS Shield
Advanced、VPC Security
Group、Network Firewall

**複数アカウントの管理は
AWS Organizations**

AWS Organizationsに参
加しているAWSアカウン
トを統合管理の対象とする

**変更の監視は
AWS Config**

対象となるリソースの変更
監視はFirewall Manager
の作成したAWS Config
ルールによって行われる

3-6-1 概要

AWS Firewall ManagerはAWSにおけるファイアーウォールにあたる、AWS WAF、
AWS Shield Advanced、Amazon VPC Security Group、AWS Network Firewallのポリ
シーを一元管理するためのサービスです。

あらかじめセキュリティルールを定義しておくことで、新規に作成されたリソースやアプ
リケーションに自動的にルールを適用できるようになります。

また、AWSアカウントを一元管理するためのサービスであるAWS Organizationsと統合
されており、複数アカウントにまたがって上記の操作を一元的に行えます。

AWS Firewall Manager

3-6-2 管理対象となるルール

AWS Firewall Managerで管理することのできるサービスは下記の4つです。

- **AWS WAF**
- **AWS Shield Advanced**
- **Amazon VPC Security Group**
- **AWS Network Firewall**

AWS WAFのマネージドルールおよびユーザー定義ルール、AWS Shield Advancedの保護や共通のSecurity Group、Network Firewallのルールを新規リソースに自動適用したり、適用されていないリソースが作成されたときに通知を受けたりすることができます。

ルールの適用状況のチェック、設定内容の監査はAWS Configルールを用いて行われます。設定に応じてAWS Firewall ManagerにてAWS Configルールが自動作成され、存在するリソースが組織のセキュリティルールに従っているかを継続的に監視することが可能です。

3-6-3 アカウントをまたいだ管理

ひとつの組織が用途に応じた複数のAWSアカウントを持つことは今では一般的となっています。また、セキュリティに関するノウハウやデザインパターンも広く認知されるようになったことから、組織ごとにセキュリティポリシーが規定されていることも多く、そういった組織では所有しているAWSアカウントそれぞれに対して同じような設定を施すことになります。

AWS Firewall Managerでは、そのような設定を一元的に管理し、複数のアカウントに自動的に適用することで容易にセキュリティポリシーを遵守させることができます。

管理対象のアカウントはAWS Organizationsで管理されます。管理対象としたいアカウントをAWS Organizationsに参加させることで、1つのアカウントのAWS Firewall Managerから各アカウントのセキュリティルール管理を行うことができるようになります。

105

3章　インフラストラクチャのセキュリティ

3-7 Amazon Route 53

▶▶ 確認問題

1. Route 53では名前解決先のヘルスチェックを行うことができる
2. Route 53は条件によって必ず1つの値を返すように名前解決を行う
3. Route 53は最も早くレスポンスを受ける名前解決先を選定することができる

1.○　　2.×　　3.○

ここは▶ 必ずマスター!

状況に応じた
ルーティングが可能

振り分け先の状態、ユー
ザーの状態、ランダム条件
などでの振り分け先の変更
が可能

設定のビジュアル的な
確認・変更ができる

Traffic Flowという機能を
使うことで複雑に設定した
ルーティングをビジュアル
的に管理できる

IPアドレス以外にもAWS
サービスに変換可能

単なるドメイン名→IPア
ドレスの変換だけでなく、
AWSサービスへのルー
ティングが可能

3-7-1 概要

Amazon Route 53（以下、Route 53）はDNSのマネージドサービスです。

AWSのインフラを用いて構成されているため、非常に高い可用性と信頼性を持ち、シス
テム内外における名前解決がボトルネックとなることを防ぎます。

また、単純な名前解決だけではなく、エンドポイントの状態やリクエストを行ったユー
ザーの地理的な場所などを考慮したルーティングが可能であることも大きな特徴です。

また、Route 53は**DNSSEC**に対応しています。DNSSEC署名を設定しておくことで、
名前解決するクライアント側で応答が改ざんされていないことの検証が行えるため、ドメイ
ンの信頼性を向上させることができます。

3-7-2 ルーティングポリシー

　Route 53は標準のDNSとしての名前解決（シンプルルーティング）のほかに、さまざまな条件で名前解決の結果を動的に変えることが可能です。

シンプルルーティング

　シンプルルーティングは標準的なDNSの持つ、ドメイン名をIPアドレスに変換する機能です。

■ 図3-18　シンプルルーティング

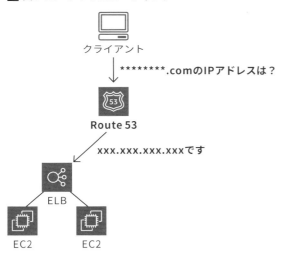

フェイルオーバールーティング

　通常時の名前解決先のヘルスチェックを設定したうえで、そのリソースが正常でない場合の名前解決先を設定することができます。
　この機能を利用することで「サービスの異常時は自動的にSorryページに誘導する」といったことができます。

3章 インフラストラクチャのセキュリティ

■ 図3-19 フェイルオーバールーティング

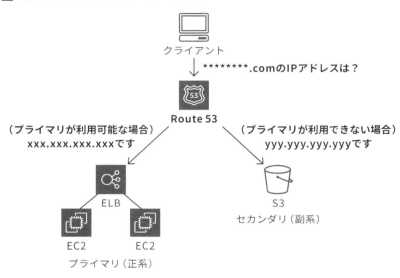

位置情報ルーティング

　DNSリクエストを送信したユーザーの地理的な場所に基づいて名前解決の結果を変えることができます。

　たとえば日本からのアクセスの場合は日本向けのコンテンツに、アメリカからのアクセスにはアメリカ向けのコンテンツに、といった振り分けをすることでユーザーに提供するサービスの内容を変えることができます。

　また、日本限定で提供するサービスであれば日本からのアクセスのみを正規のコンテンツに振り分け、それ以外の国からのアクセスはSorryページに振り分けることで不要なアクセスが制限でき、意図した地域からのアクセスにのみリソースを割くことができる構成となります。

　位置情報ルーティングでは、大陸別、国別（アメリカではさらに州別）の単位で地理的位置が指定できます。

■ 図3-20　位置情報ルーティング

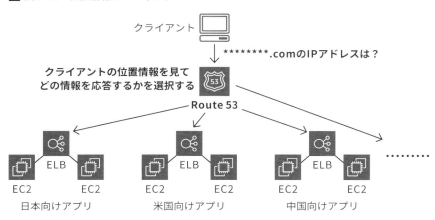

レイテンシーに基づくルーティング

　アプリケーションが複数リージョンでホストされている場合はネットワークレイテンシーが最も低くなるように名前解決を行います。

　ネットワークレイテンシーは、アクセス時のネットワークの状況によって変化するため、単純に地理的に近いリージョンへの名前解決になるとは限らず、地域や時間帯によっては前回のアクセス時と異なるリージョンに名前解決されることもあります。

■ 図3-21　レイテンシーに基づくルーティング

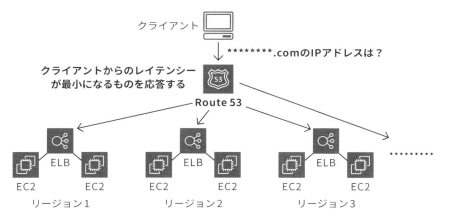

109

3章 インフラストラクチャのセキュリティ

複数値回答ルーティング

シンプルルーティングの場合は、1レコードに複数の値を設定してもRoute 53はその中からランダムな値を1つ返します。複数値回答ルーティングを設定すると、1レコードに複数の値を設定しておくことで、1つのDNSクエリに対して一度に複数の値を返すことができます。また、複数値回答ルーティングではヘルスチェックを設定しておくことにより、設定された複数の値のうち正常なリソースの値のみを返すことも可能です。

■ 図3-22 複数値回答ルーティング

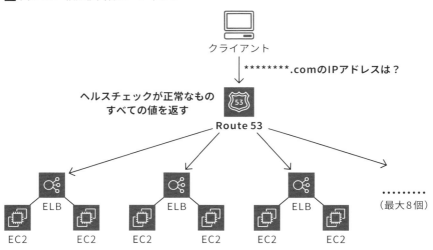

加重ルーティング

名前解決先を複数設定し、その振り分けの割合を指定することができます。たとえば、大量のトラフィックが発生することが予想される場合の負荷分散として、「全リクエストの10%はSorryサーバーに誘導する」というように設定することで、サービスへの負荷を軽減することができます。

また、アプリケーションの新しいバージョンをリリースする際に、一部のリクエストのみを新バージョンに振り分け、問題がないことを確認しながら段階的に全ユーザーに公開していくリリース手法(カナリアリリース)に用いることもできます。

■ 図3-23　加重ルーティング

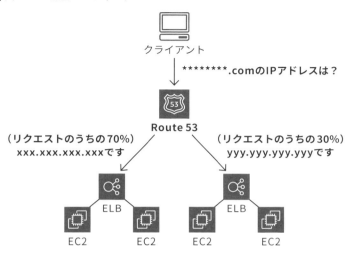

Amazon Route 53 Traffic Flow

　上記で紹介した複数のルーティングを組み合わせることで、柔軟に名前解決の条件を設定することが可能である一方、複雑化するとRoute 53のコンソール上だけではレコード間の関係性を把握することは困難です。そこでRoute 53では、ルーティングの状況をビジュアル的に確認・変更ができるTraffic Flowという機能が提供されています。

3-7-3　AWSに特化した機能

　AWSのサービスの一部であるため、ほかのAWSサービスとの連携が充実しています。

- 単なるドメイン名→IPアドレスの変換だけでなく、EC2やELB、S3、CloudFrontといったさまざまなサービスへのルーティングの設定が可能
- AWS CLIに対応しているため、Lambdaなどのプログラムからの DNS 設定変更が可能
- インターネット向けの名前解決だけではなく、VPCと紐付けることでVPN内での名前解決が実装可能
- 権限管理にはIAMのポリシーが利用でき、操作するユーザーの権限が柔軟に設定可能

3-7-4 セキュリティ向上のためのRoute 53

ここで説明したようにRoute 53は柔軟な名前解決機能を提供します。単にサービスの機能向上のために利用するだけでなく、この柔軟な名前解決機能を利用することでセキュリティの向上が図れます。

たとえば、ヘルスチェックを設定した複数値回答ルーティングを設定しておくことにより、正常に応答ができるリソースのみへルーティングしたり、フェイルオーバールーティングを用いて正系システムの異常時に副系システムへルーティングしたりすることで、システムの可用性を向上させることができます。

また、特定の地域限定のサービスであれば、位置情報ルーティングを設定してサービス提供地域外からの名前解決はSorryページに振り分けるなどの設定を行い、サービス提供地域外からアクセスできないようにしておくことで不必要な攻撃を未然に防げます。

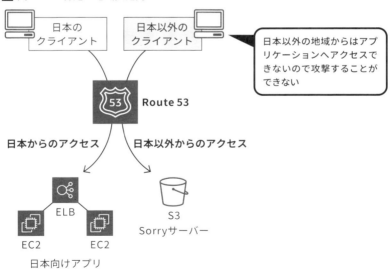

図3-24 特定の地域限定向けサービス

Route 53自体の可用性も非常に高く、大量のリクエストを捌くために自動でスケールする設計となっています。DNSにRoute 53を採用すること自体が、システム内外で名前解決がボトルネックとなってシステムの可用性やレスポンスが低下するのを防ぐことにつながります。

3-8 Amazon Route 53 Resolver

▶▶ 確認問題

1. Amazon Route 53 ResolverはVPC内の名前解決を行う
2. Amazon Route 53 Resolverを使うとAWSからオンプレミスのDNSが利用できる

1.× 2.○

ここは ▶ 必ずマスター！

名前解決要求の転送を行うサービス

Amazon Route 53 Resolver自体は名前解決を行わず、名前解決要求を適切なDNSに転送する

オンプレミス環境とVPCの名前解決要求を橋渡し

VPC内からオンプレミスのDNCを利用したり、オンプレミスからVPC内のDNSを利用する構成が実現できる

特定のドメインの名前解決を拒否することも可能

Amazon Route 53 Resolver DNS Firewallを利用して、特定ドメインの名前解決を防ぐことができる

3-8-1 概要

　Amazon Route 53 Resolver（以下、Route 53 Resolver）はVPCにデフォルトで存在するDNSフォワーダーです。クライアントからの名前解決要求を適切なDNSへ転送する役割を持ちます。以前Amazon Provided DNSと呼ばれていたもので、AWS内部での名前解決要求（DNSクエリ）の転送を担っていましたが、オンプレミスとAWS間での転送機能が追加され、名称が変更されました。

3章 インフラストラクチャのセキュリティ

3-8-2 エンドポイント

Route 53 ResolverはデフォルトではRoute 53のプライベートホストゾーンで指定するDNSドメイン名の解決に利用されます。

■ 図3-25　デフォルトの構成

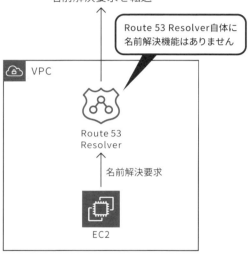

また、Route 53 Resolverはエンドポイントを通してオンプレミスを行き来するトラフィックを受信し、名前解決要求を転送します。

インバウンドエンドポイント

インバウンドエンドポイントは「オンプレミス環境からVPCに**入ってくる**名前解決要求を受信するエンドポイント」です。オンプレミス環境からの名前解決要求をVPC内のDNSへ転送します。

■ 図3-26　オンプレミス環境からの名前解決要求

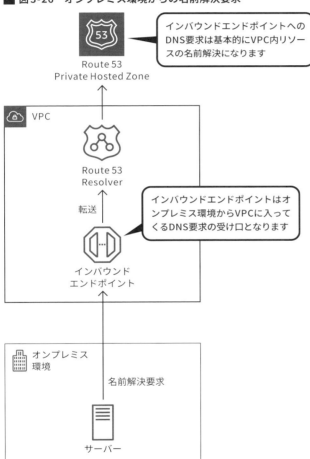

3章 インフラストラクチャのセキュリティ

アウトバウンドエンドポイント

アウトバウンドエンドポイントは「VPCからオンプレミス環境に**出ていく**名前解決要求を受信するエンドポイント」です。VPC内のインスタンスの名前解決要求をオンプレミス環境のDNSへ転送します。

■ 図3-27　オンプレミス環境への名前解決要求

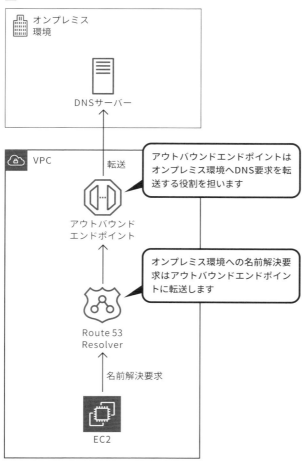

条件付き転送ルール

アウトバウンドエンドポイントを利用してオンプレミス環境のDNSで名前解決を行う場合、どのドメインの名前解決要求をどのDNSに転送するかをあらかじめ指定しておく必要があります。それが条件付き転送ルールです。

インバウンドエンドポイントを利用してAWS内のDNSへ名前解決要求を転送する場合は、条件付き転送ルールは必要ありません。

3-8-3 Amazon Route 53 Resolver DNS Firewall

Amazon Route 53 Resolver DNS Firewall（以下、DNS Firewall）は、VPCからのアウトバウンド名前解決要求をフィルタリングする機能です。Route 53 Resolverに対して発生する特定のドメインへの名前解決要求を拒否することができます。悪意のあるサービスのドメインへの名前解決をあらかじめ防いでおくことで、マルウェア感染時などにドメイン指定の通信によるVPC外へのデータ持ち出しなどを防ぐことができます。

名前解決を防ぎたいドメインのリストを登録してVPCに紐付けておくことで、そのVPCで発生した対象ドメインへの名前解決要求に対し、拒否（Block）または許可しつつ通知を出す（Alert）ことができます。

また、指定されたドメインへの名前解決を許可（Allow）する設定も可能で、これを使うことで特定のドメインにのみ名前解決可能となるVPCを作ることもできます。

ドメインリストは任意のドメインを設定できるほか、AWSが提供する**マネージドドメインリスト**を利用することもできます。マネージドドメインリストにはマルウェアに関連するドメインが登録されています。

名前解決要求のログ出力もサポートされています。VPC内部から発信される名前解決要求およびレスポンス、リクエストを行ったインスタンスのIPアドレスなどが記録され、問題発生時の解決に役立てることができます。ログはAmazon CloudWatch Logs、Amazon S3、Data Firehoseへ出力可能です。

3章　インフラストラクチャのセキュリティ

3-9 Amazon CloudFront

▶▶ 確認問題

1. Amazon CloudFrontの配信対象は静的データのみである
2. Amazon CloudFrontとAWS内のオリジン間にはデータ転送料金がかからない
3. Amazon CloudFrontのどのエッジサーバーを使うかはユーザーが選択する

1.×　2.○　3.×

ここは▶ 必ずマスター！

ユーザーへはCloudFrontの持つキャッシュを転送

ユーザーに実際のコンテンツにアクセスさせることなく、サービスを提供することができる

導入することでユーザーへのレスポンスが向上する

グローバルに展開されており、ユーザーから近い位置のサーバーが応答するため、レスポンスが高速になる

署名付きURL、署名付きCookieは機能的に同じ

利用シーンによって向き不向きが存在するので、それを考慮してどちらを使うか決める必要がある

3-9-1 概要

　Amazon CloudFront（以下、CloudFront）は静的データおよび動的データを高速に配信するためのContents Delivery Network（CDN）サービスです。

　ユーザーと実際のコンテンツ（オリジン）の間に位置し、転送すべきコンテンツをCloudFrontがキャッシュしておくことで、ユーザーからのリクエストに対し、キャッシュのデータをレスポンスすることで高速に配信します。リクエスト対象がキャッシュにない場合はCloudFrontがオリジンから対象のデータを取得し、ユーザーへレスポンスします。

　また、CloudFrontはグローバルに展開されているため、ユーザーのアクセス元に応じてより高速に応答できる位置にあるCloudFrontエッジサーバーがデータを処理することができるため、オリジンとユーザーの地理的位置に関係なく高速な配信が行えます。

118

■ 図3-28　CloudFront 構成図

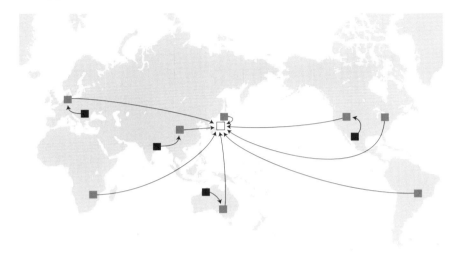

　CloudFrontはAWS内のオリジン（S3、ELB/EC2など）を利用する場合、CloudFrontとそれらのサービスとの間のデータ転送には料金が発生しないので、低コストで導入することができます。

3-9-2　オリジンの保護

　CloudFrontの基本的な機能はコンテンツの高速配信ですが、CloudFrontを利用することで、エンドユーザーが直接オリジンにアクセスすることがなくなるため、オリジンのリソースやデータを保護するという効果もあります。

3章 インフラストラクチャのセキュリティ

■ 図3-29　オリジンの保護

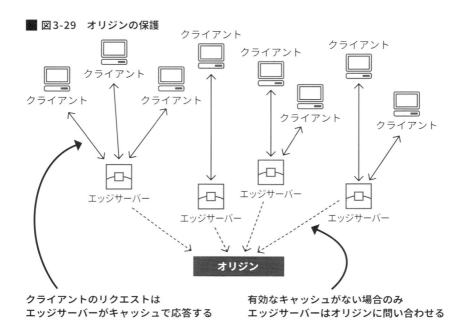

クライアントのリクエストは
エッジサーバーがキャッシュで応答する

有効なキャッシュがない場合のみ
エッジサーバーはオリジンに問い合わせる

オリジンがELB (EC2) の場合

　ELBとEC2からなるWebシステムにCloudFrontを導入するだけで、ユーザーからのリクエストをCloudFrontが受け、CloudFrontが保持していないコンテンツのみをCloudFrontからオリジンとなるELB (EC2) にリクエストする構成となるため、ユーザーが直接ELB (EC2) にアクセスしてくることがなくなり、オリジンとなるリソースを保護できます。

　ただし、これだけの設定ではオリジンのURLさえわかればユーザーが意図的にオリジンに直接アクセスすることが可能です。

　オリジンを完全に保護するためには、さらにWAFをCloudFrontとオリジンの間に導入してCloudFrontのカスタムヘッダを設定します。AWS WAFでオリジンへのカスタムヘッダを持たないリクエストの拒否を設定することで、オリジンへのアクセスをCloudFrontに限定できます。ただし、この構成であっても正しいカスタムヘッダを設定すればオリジンには直接アクセスできるため、カスタムヘッダは推測されにくい文字列にしておく必要があります。

Amazon CloudFront

■ 図3-30　カスタムヘッダによるアクセス制限概要

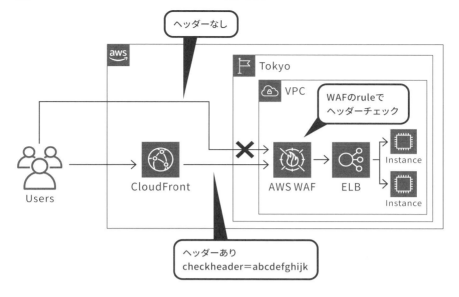

■ 図3-31　カスタムヘッダの設定

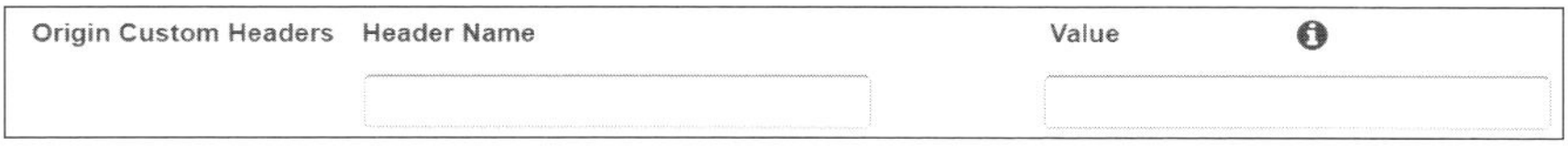

オリジンがS3の場合

　S3の場合も同様にCloudFrontを導入するだけで、ユーザーからのリクエストをCloudFrontが受け、CloudFrontが保持していないコンテンツのみをCloudFrontからオリジンとなるS3にリクエストする構成にできます。しかし、オリジンがELB（EC2）の場合のときと同様、ユーザーがオリジンのURLを知ることができれば、ユーザーが意図的にオリジンに直接アクセスできてしまいます。

　オリジンがS3の場合、ユーザーからの直接アクセスを防ぐためにはCloudFrontにオリジンアクセスコントロール（Origin Access Controll：OAC）という設定を行います。S3のバケットポリシーに「OACを利用したアクセスのみが読み取り可能」という設定を行うことで、S3への直接アクセスをOACを利用したCloudFrontからのアクセスに限定することができます。具体的なバケットポリシーの例を以下に示します。

3章　インフラストラクチャのセキュリティ

```
{
  "Version": "2012-10-17",
  "Statement": [
    {
      "Sid": "OACaccess",
      "Effect": "Allow",
      "Principal": {
        "Service": "cloudfront.amazonaws.com"
      },
      "Action": "s3:GetObject",
      "Resource": "arn:aws:s3:::origin-bucket-name/*",
      "Condition": {
        "StringEquals": {
          "AWS:SourceArn": "arn:aws:cloudfront::123456789012:distribution/xxxxxxxxxx"
        }
      }
    }
  ]
}
```

Amazon CloudFront

■ 図3-32 オリジンアクセスコントロールによるアクセス制限

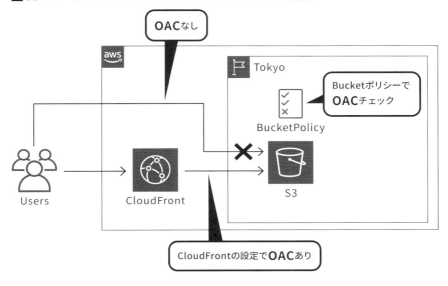

■ 図3-33 オリジンアクセスコントロールの設定

3章　インフラストラクチャのセキュリティ

　従来はオリジンアクセスアイデンティティ（Origin Access Identity: OAI）というものが
あり、同様の用途で利用されていました。現在は上位互換の機能となるOACが提供されて
おり、OAIは非推奨の設定となっています。

3-9-3 限定的なアクセスの提供

　システムの構成によっては、ユーザーへ限定的なアクセスを提供する必要が出てくること
も考えられます。そのような場合、オリジンがS3であればCloudFront用の署名付きURL
または署名付きCookieをアプリケーションから発行することで、ユーザーに限定的なアクセ
スを許可することが可能です。具体的には有効期間の指定やアクセス元のIPアドレスと
いった条件をポリシーとして設定し、その条件下でのみ利用できるURLまたはCookieを発
行します。ユーザーは発行された情報を利用することで、指定した条件下でのみコンテンツ
にアクセスできます。

　署名付きURLおよび署名付きCookieは基本的に同じ機能を提供しますが、特性が異なる
ため、利用シーンによってどちらを使うかを選択することになります。

　次のような場合は署名付きURLを選択します。

- **個別のファイルへの限定的なアクセスを許可したい場合**
- **Cookieをサポートしないクライアントからのアクセスとなる場合**

　次のような場合は署名付きCookieを選択します。

- **複数のファイルへの限定的なアクセスを許可したい場合**
  （HLS形式の動画のファイル群など）
- **URLを変更せずアクセスさせたい場合**

Amazon CloudFront

3-9-4 地理的制限

通常、CloudFrontは全世界へコンテンツ提供を行いますが、特定の国からのアクセスを制限することが可能です。指定方法は下記の2種類があります。なお、ユーザーの場所を特定できない場合はコンテンツへのアクセスを許可します。

- **許可リストに含まれる国にユーザーがいる場合のみコンテンツへのアクセスを許可する。**
- **拒否リストに含まれる国にユーザーがいる場合、コンテンツへのアクセスを禁止する。**

似た機能にAWS WAFの地理的一致ステートメントがあります。指定した国や地域からのアクセスを判別して制御するためのルールですが、CloudFrontにAWS WAFを適用している場合はどちらの機能でも地理的制限が可能です。

ただし、CloudFrontの地理的制限で拒否されたリクエストはAWS WAFに転送されないため、AWS WAFの他のルールと複合しての制御が必要となる場合はCloudFrontではなくAWS WAF側で地理的一致ステートメントを利用する必要があります。

3章　インフラストラクチャのセキュリティ

3-10 Elastic Load Balancing

▶▶ 確認問題

1. Application Load Balancerは HTTP/HTTPSにのみ対応している
2. Network Load Balancerは TLSターミネーションに対応していない
3. Network Load Balancerは固定 IPアドレスで動作させることができる

1.○　　2.×　　3.○

ここは ▶ 必ずマスター！

**ALBはHTTP/HTTPSの
レイヤ7ロードバランサー**

HTTP/HTTPSにおいて高
度なルーティングを提供し、
LambdaやIPアドレスへの
ルーティングも可能

**NLBはTCP/UDPの
レイヤ4ロードバランサー**

TCP/UDP両方に対応し、
高パフォーマンスを提供す
る。トラフィックの急変に
も対応可能

**ALB/CLBとNLBでは
細かな動作が異なる**

通信経路やIPアドレスの
割り当てなど細かい動作が
異なるので、設計時の考慮
が必要

3-10-1 概要

Elastic Load Balancingはアプリケーションへのトラフィックを複数のターゲットに分
散させるためのサービスです。ELB自体の可用性が高く、ELBを用いることで複数AZへの
トラフィック分散を行うことができるため、アプリケーションの可用性が向上します。

分散先となるターゲットにはEC2インスタンス、コンテナ、IPアドレス、Lambda関数
といったAWSのサービスが指定できます。ただし、IPアドレスにおいてはVPCのプライベー
トIPアドレスのみが指定可能であり、グローバルIPアドレスを指定することはできません。

また、ELBではTLSターミネーション機能やELBとターゲットの間の通信暗号化といっ
たトラフィックのセキュリティ機能も提供されています。

Elastic Load Balancing

3-10-2 ELBの種類

ELBではApplication Load Balancer（ALB）、Network Load Balancer（NLB）、Classic Load Balancer（CLB）、Gateway Load Balancer（GLB）の4種類のロードバランサーが用意されています。

ALB、NLB、CLBは主にサービスを提供する際にバックエンドへの負荷分散を行うために利用されますが、GLBはその3つとは異なり、サードパーティーのセキュリティ製品などをAWS上で展開する場合に利用します。

■ 図3-34　ELB作成画面

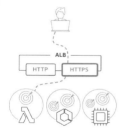
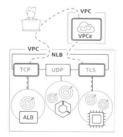

3章　インフラストラクチャのセキュリティ

Application Load Balancer

　ALBはレイヤー7で動作するロードバランサーです。ターゲットとして、VPCに属するEC2インスタンス、コンテナ、IPアドレス、Lambda関数を指定することができます。

　HTTPとHTTPSをサポートしており、パスベースやホストベースのルーティング、HTTPヘッダーベースやメソッドベースのルーティングなどといった高度なルーティングが行えます。また、HTTPリクエストをパラメータとしてLambda関数へ渡したり、ALB自体が固定のレスポンスを返すというような処理も可能です。

　ALBはトラフィック状況に応じて自動でリクエスト処理能力をスケールするため、安定した性能でサービスを提供することができます。ただし、急激なトラフィック増加に対してはスケールが間に合わない場合があります。

　また、ALBはIPアドレス（VPCのプライベートIPアドレス）へのルーティングに対応しています。そのため、オンプレミスのサーバーとVPCを接続することでオンプレミスのサーバーにVPCのプライベートIPアドレスを持たせることができれば、そのIPアドレスを指定してターゲットとすることができ、クラウドとオンプレミスのハイブリッド構成が実現できます。

Network Load Balancer

　NLBはレイヤー4で動作するロードバランサーです。ターゲットとしては、VPCに属するEC2インスタンス、コンテナを指定します。

　TCPとUDP両方のトラフィックに対応しており、きわめて低いレイテンシーを維持しながら1秒間に数百万件ものリクエストを処理する能力を備えています。また、突発的で不安定なトラフィックパターンに対処できる設計となっており、急激なトラフィック増加時にも安定した処理が行えます。

　また、所属するサブネットごとに静的なIPアドレスが付与され、Elastic IPも利用できるので、固定IPアドレスでサービスを提供することができます。

Elastic Load Balancing

Classic Load Balancer

CLBはレイヤー7とレイヤー4の両方で動作するロードバランサーです。もともとEC2-Classicでのロードバランサーとして利用されることが想定されていたもので、VPC環境でも動作しますが、VPC環境ではALBまたはNLBを利用することが推奨されています。

TCPとUDP両方のトラフィックに対応しており、HTTP/HTTPSに特化した高度なルーティング以外はALBと同じような機能を持っています。

3-10-3 ALB/CLBとNLBの違い

サービスを提供される際に用いられるALB、CLB、NLBはどれもスティッキーセッション、TLSターミネーション、バックエンドサーバーとの通信暗号化、CloudWatchと連携したモニタリング、ターゲットのヘルスチェックといったロードバランサーとしての基本的な機能が備わっています。ロードバランサーとして果たす役割は同じですが、ALB/CLBとNLBでは細かな動作に違いが見られるため、アプリケーションの性質を考慮して3種類から適切なものを選択することになります。

ALB/CLBはIPアドレスが動的に割り当てられるため、アクセスの際はDNS名を利用する必要があります。一方、NLBは静的IPアドレスが割り当てられるため、固定IPアドレスでサービスを公開することができます。そのため、NLBは接続元のファイアーウォールでIPアドレスを指定する必要がある場合などに便利です。

ALB/CLBはターゲットへのリクエストおよびレスポンスの通信はALB/CLBが介する動きになります。よって、ターゲットから見たリクエストの送信元はALB/CLBであり、ユーザーから見たレスポンスの送信元はALB/CLBになります。

一方、NLBは送信元IPアドレスをそのまま透過的にターゲットに渡し、ターゲットは直接送信元にレスポンスを返す動きになるので、ユーザーとターゲットが直接通信を行う形になります。

129

3章 インフラストラクチャのセキュリティ

■ 図3-35　ELBを経由する通信経路

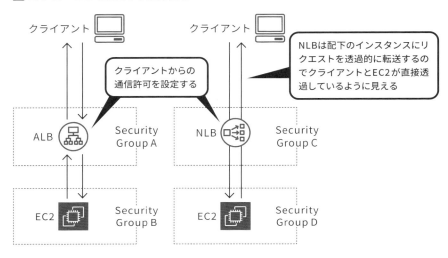

このように、クライアントからのリクエストを配下のターゲットに分散させるという意味では、どの種類のELBでも同じような役割を果たします。

しかし、クライアントから見た動き（通信相手がELBなのかターゲットなのか）やIPアドレスが動的か静的かなどといった細かな部分の違いは利用シーンによる向き不向きやシステム内の構成に影響します。ELBの選定時にはこういった動作も考慮したうえで、どのELBが適切かを考慮する必要があります。

3-10-4 Gateway Load Balancer

GLBはレイヤー3でリクエストを受け、レイヤー4で動作するロードバランサーです。ターゲットとしては、VPCに属するEC2インスタンス、コンテナを指定します。IPアドレスでの指定も可能です。

GLBへトラフィックを転送するにはVPCエンドポイント（PrivateLink）を作成し、そこにルーティングを設定します。この通信はGeneve（Generic Network Virtualization Encapsulation）プロトコルでレイヤー3でカプセル化され、元のトラフィックを加工せずにそのまま配下のインスタンスに転送します。配下のインスタンスに対してはロードバランサーとして機能するため、配下のインスタンスのヘルスチェックやAutoScalingにも対応しています。GLB導入時の構成図は下記のようになります。

■ 図3-36　GLBを経由する通信経路

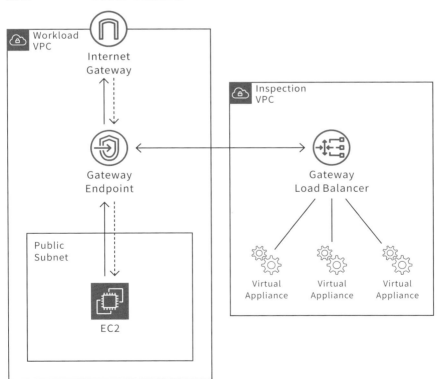

3章　インフラストラクチャのセキュリティ

3-11 AWS Auto Scaling

▶▶ 確認問題

1. AWS Auto ScalingではCPU負荷増加時にリソースの数を増やすことができる
2. AWS Auto ScalingでELBのスケールアップを行うことが可能
3. AWS Auto Scalingは自動的に必要リソースを予測してスケーリングできる

1.○　　2.×　　3.○

ここは▶ 必ずマスター！

**様々な条件に基づいて
リソースを増減させる**

CloudWatchメトリクス、
正常動作数、スケジュール
に基づいてリソースを増減
させる

**特定のAWSサービスが
対象**

対象となるサービスは、EC2
インスタンス、SpotFleet、
ECSタスク、DynamoDB、
Aurora

**トラフィックを予想して
スケーリングする**

トラフィックの傾向を学習
し、負荷が上がる前にリ
ソースを増やすことが可能

3-11-1 概要

AWS Auto Scaling（以下、Auto Scaling）は事前に決めたプランに応じてサービスを構成するリソースを自動で増減させる機能です。

増減させる対象は、EC2インスタンスとSpot Fleet、ECSタスク、DynamoDBのテーブルとインデックス、Auroraのレプリカとなります。

CPU利用率など、対象のCloudWatchメトリクスの増減をキーとしたスケーリングのほか、対象の総数の維持、スケジュールされたスケーリングなど柔軟な条件でリソースを増減させることが可能です。さらに、トラフィックの変化を学習し、予測に基づいてスケーリングを行う機能もあります。

132

スケーリングのプランとして、「可用性最適化」、「コスト最適化」、「バランス型」が用意されており、これらとは別にユーザー定義のプランを作ることも可能です。

3-11-2 利用シーンに応じたスケーリング条件

Auto Scalingを用いることで、さまざまな利用条件下でのサービスの可用性向上を図ることができます。

アクセス数の増減が大きく、予測しづらいサービスであればCloudWatchメトリクスをキーとしたスケーリングを採用することで、急なアクセス負荷の増加に対応できます。

■ 図3-37　CloudWatchメトリクスをキーとしたスケーリング

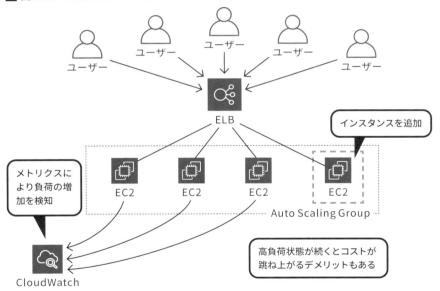

アクセス数の増減が少ないサービスであれば、インスタンス数を維持するようにAuto Scalingを設定しておくことで、インスタンス障害時の自動復旧を実現します。

3章 インフラストラクチャのセキュリティ

■ 図3-38　インスタンス数の維持

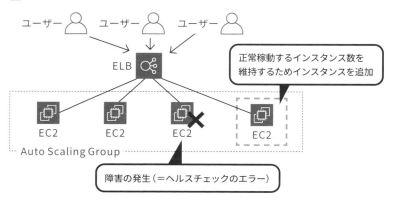

特売が予定されているECサイトのように、アクセス負荷の増加があらかじめ予測されている状況では、スケーリングのスケジュールを設定しておくことで、コストをコントロールしつつ可用性を確保することができます。

■ 図3-39　スケールのスケジューリング

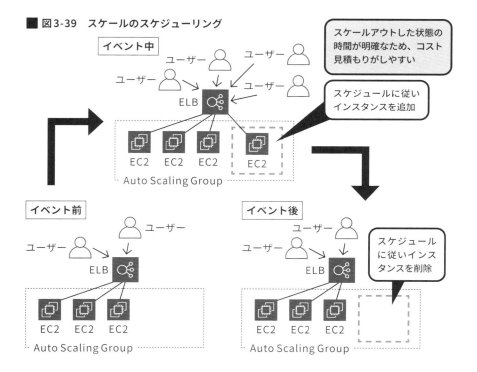

Amazon API Gateway

3-12 Amazon API Gateway

▶▶ 確認問題

1. API GatewayではステートフルなAPIもステートレスなAPIもサポートしている
2. API GatewayはCognitoやIAMなどと連携させることで認証を行うことができる
3. API GatewayのログはS3に自動的にS3に保存される

1.○　2.○　3.×

ここは ▶ 必ずマスター！

APIリクエストを受信する ための機能を提供

REST API、Websocket API、HTTP APIの3種類のAPIリクエスト受信機能を提供する

APIの管理やリリースの ための機能も備えている

単なるAPI受信機能だけでなく、開発者ポータル機能、カナリアリリース方式でのデプロイ機能も提供される

設定することで、ログを 出力することができる

設定により、アクセスログと実行ログをCloudWatch Logsに出力することができる

3-12-1 概要

Amazon API Gateway（以下、API Gateway）はAPIを作成、公開するためのサービスです。ステートレスとステートフル両方の通信に対応しており、ステートレスなAPIとしてREST APIとHTTP API、ステートフルなAPIとしてWebSocket APIをサポートしています。

単なるAPIリクエストの受け口としてだけでなく、APIを公開するための開発者ポータル機能、リリースの際のカナリアリリースのサポート、CloudTrailによるAPI使用のロギングおよびモニタリング、CloudWatch Logsによるアクセスログや実行ログの取得といった運用のための機能を持っています。

さらに、ほかのAWSサービスとの連携が可能で、CloudFrontやAWS WAFと組み合わせることによるサービスの保護、CognitoやIAM、Lambdaオーソライザー関数を組み合わ

135

3章 インフラストラクチャのセキュリティ

せた認証など、セキュリティを強化した構成にすることもできます。

■ 図3-40　APIGatewayの概要

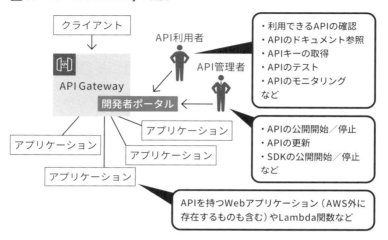

3-12-2 APIの種類

　前述のとおり、ステートレスなAPIとしては**REST API**と**HTTP API**の2種類が、ステートフルなAPIとして**WebSocket API**がサポートされています。ステートレスなAPIのうちHTTP APIはREST APIの簡易版の位置づけとなっています。

　HTTP APIはREST APIと同じくステートレスなAPIですが、REST APIより機能が絞られる代わりに低レイテンシーかつ低コストで利用できるという特徴があります。
　呼び出し先にはAWS LambdaプロキシまたはHTTPプロキシのいずれかのみが選択可能で、ほかのAWSサービスと連携することはできません。よって、Cognitoユーザープールを利用した認証などを利用することはできませんが、JSON Web Token（JWT）を利用して認証を行うことができます。

Amazon API Gateway

　JWTによる認証のほか、HTTP APIでは自動デプロイ、ALBやAWS CloudMapとのプライベート統合といったREST APIにはない機能がサポートされていますが、基本的にはREST APIのほうができることが多く、HTTP APIは最小限の機能かつ低コストという位置づけです。設定する項目が少ないということもあり、必要とする機能が合うのであればHTTP APIを選択することで迅速かつ低コストにAPI環境を用意することができます。

　両者の比較は公式ドキュメントにも記載があるのでご参照ください。

　https://docs.aws.amazon.com/ja_jp/apigateway/latest/developerguide/http-api-vs-rest.html

3章　インフラストラクチャのセキュリティ

3-13 AWS Artifact

▶▶ 確認問題

1. AWSの監査レポートは、AWS利用者以外にも制限なく公開されている
2. AWSは特定の制約を持つ顧客向けに個別の契約を用意している

1. ×　　2. ○

ここは▶ 必ずマスター!

監査レポートと個別契約を確認するサービス

監査レポートのダウンロードサービスであるReportsと個別契約確認を行うAgreementsで構成される

様々な基準の監査レポートが提供されている

利用規約に同意することでさまざまな監査レポートをダウンロードできる

特定の制約を持つ顧客のための契約が結べる

用意されたさまざまな契約をコンソールから確認、受諾、追跡できる

3-13-1 概要

　AWS Artifactは、AWS Artifact ReportsというAWSのコンプライアンスドキュメントをダウンロードするためのサービスと、AWS Artifact AgreementsというAWS契約の状況を確認、受諾、追跡するためのサービスからなります。

3-13-2 AWS Artifact Reports

　AWS Artifact Reportsとは、サードパーティーの監査人によるAWSの監査レポートのダウンロードサービスです。ISOやPCI、SOCなどさまざまな認証についてのレポートが提供されています。

138

AWS Artifact

　AWSを利用して顧客向けにシステムを構築する場合、これらのレポートを顧客に共有することでAWS自体の安全性を説明することができます。また、AWSを利用したシステムが監査を受ける際にセキュリティおよびコンプライアンスを証明する資料としても利用可能です。

　AWS Artifact Reportsでダウンロード可能なレポートには、それぞれ利用規約が定められており、それに準ずる範囲で利用および共有することが可能です。従来はレポートのダウンロードにはAWSとの事業提携契約（BAA）や秘密保持契約（NDA）を受諾する必要がありましたが、2020/12のアップデートにて多くのレポートが利用規約の遵守を条件にBAAやNDAの締結の必要なくダウンロードできるようになりました。ただし、一部のレポートについてはBAAやNDAの締結が必要なものもあるのでご注意ください。

　AWS Artifact Reportsではさまざまなレポートが公開されています。大まかな分類としては、下記のようなものがあります。

- ISO認定
- Payment Card Industry（PCI）レポート
- System and Organization Control（SOC）レポート

　これらは、AWSによって随時追加されていきます。

■ 図3-41　Artifactレポート画面

3章 インフラストラクチャのセキュリティ

3-13-3 AWS Artifact Agreements

AWSは、特定の規制の対象となる顧客に対応するために、さまざまな種類の契約（Agreements）を用意しています。一例として、Health Insurance Portability and Accountability Act（HIPAA）を遵守する必要のある顧客に対して用意されている事業提携契約（BAA）があります。

こういった契約を必要とする場合、AWS Artifact Agreementsを利用することでAWSとの契約を必要に応じて結ぶことが可能です。

■ 図3-42　Artifact Agreements画面

AWS Artifact Agreementsでは、個別のアカウントの契約だけでなくAWS Organizationsにおいて組織に含まれる全アカウントの契約についても一括して代理で確認、受諾、管理することができます。

これにより、組織の管理するすべてのアカウントにおいて同様の契約をAWSと結んでおく必要がある場合も、それぞれのアカウントにログインし直すことなく簡単に契約を結ぶことが可能です。ただし、すべてのアカウントではなく、一部のアカウントのみで契約を結びたい場合はそれぞれのアカウントにログインし、個別に契約を結ぶ必要があります。

セキュリティに関するインフラストラクチャのアーキテクチャ、実例

3-14 セキュリティに関するインフラストラクチャのアーキテクチャ、実例

3-14-1 リソース保護

EC2をパブリックサブネットに極力置かない

EC2インスタンスは仮想サーバーであり、不正アクセスを許してしまった場合、攻撃の自由度が高くなる傾向にあります。そのため、EC2を利用する際はインスタンスをパブリックサブネットに極力配置しない構成とすることが望ましいといえます。

具体的には、Webサーバーやアプリケーションサーバーはプライベートサブネットに配置し、インターネットからのアクセスはパブリックサブネットに配置したELBからEC2へ振り分けられるように構成します。

もちろん、EC2インスタンスへのログインやRDSへ接続しての作業が必要となる場合もあるため、その場合はパブリックサブネットに踏み台サーバー（Bastionサーバー）を配置し、プライベートサブネットのEC2インスタンスには必ずそのサーバーを経由してアクセスする構成にすることで、インターネットに公開するEC2インスタンスの数を最少化することができます。EC2インスタンスへのログインのみであれば、踏み台サーバーを置かずにAWS Systems ManagerのSession Managerを利用するのもひとつの方法です。（Session Managerについては6章で説明します。）

141

3章　インフラストラクチャのセキュリティ

■ 図3-43　踏み台構成

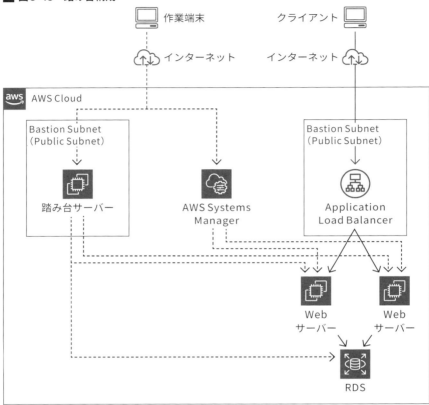

EC2インスタンス内の環境分離

　前掲の構成図のように、役割によって所属するサブネットを分けることでネットワーク的にEC2インスタンスを分離することはデータ保護の観点でも重要です。さらにAWS Nitro SystemというAWS独自の仮想基盤で提供されるNitroベースのインスタンスではNitro Enclaveという機能が提供されています。

　Nitro Enclaveとは、EC2インスタンス内に独立したカーネルを実行し、CPUとメモリに排他アクセス権を持つ仮想環境（Enclave）を作る機能です。EC2の起動時にNitro Enclaveを有効化しておくことで、Enclaveのイメージファイルを隔離環境として起動することができます。Enclaveは親インスタンスとvsockのみで通信することができます。

CloudFrontを活用し、リソースへ直接アクセスさせない

コンテンツやアプリケーションの格納先となるEC2インスタンスやS3を保護するにはCloudFrontが有効です。

EC2インスタンスの紐づいているELBやS3にCloudFrontを適用し、リソースに直接のアクセスが来ないように構成することで、攻撃からの防御やコンテンツの機密性向上を図ることができます。

ただし、せっかくCloudFrontを適用しても、クライアントから直接アクセスできる経路が残っていては意味がありません。この構成にする場合はCloudFrontのオリジンとなるリソースに「アクセスをCloudFrontからのみ許可する」という設定が必要となります。

■ 図3-44　CloudFront構成

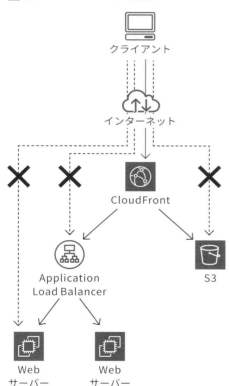

3章　インフラストラクチャのセキュリティ

3-14-2 通信保護

通信経路の暗号化

　インターネットを経由した通信は盗聴の危険性があるため、秘匿性の高い情報のやり取りには通信経路の暗号化が必要です。

　ELBはALB、NLB、CLBでTLSターミネーションに対応しており、これを利用するのがもっともシンプルです。しかし、ELBとEC2の間は非暗号化通信となるため、それを避けるにはELBとEC2の間で再度暗号化を行うか、ELBではTLSターミネーションせずEC2でTSLターミネーションすることになります。いずれの方式でも配下のEC2すべてにTLS証明書を配置する必要があります。

　TLS証明書はサードパーティーで発行したものも使えますが、AWS Certificate Manager（以下、ACM）でも発行・管理することができます。ACMではパブリック証明書とプライベート証明書が発行でき、発行した証明書は直接ELBに紐付けることができます（EC2に紐付けることはできません）。パブリック証明書は無料で利用できますが、証明書のエクスポートはできません。プライベート証明書はエクスポートが可能ですが、プライベート認証機関（CA）の利用に料金がかかります。

■ 図3-45　TLS証明書の配置

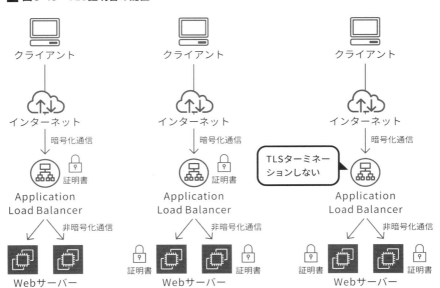

セキュリティに関するインフラストラクチャのアーキテクチャ、実例

また、オンプレミス環境とAWSを接続する際はインターネット接続でなく、Direct
Connectを使うことがあります。しかし、DirectConnectにおける転送中のトラフィッ
クは暗号化されていないため、AWS Site-to-Site接続を設定するか、EC2インスタンスで
VPNサーバーを構成し、オンプレミス環境との間にVPNを張って暗号化する構成にします。

通信制御

EC2を使うときは不用意な通信が発生しないように通信の制御をかけておきます。VPC
環境での通信制御には、Security GroupとNetwork ACLを使います。

また、プライベートサブネットにあるインスタンスがインターネットへ通信したい場合は、
インスタンスにパブリックIPアドレスをアタッチするのではなく、NAT Gatewayを使います。

■ 図3-46　NAT Gateway構成図

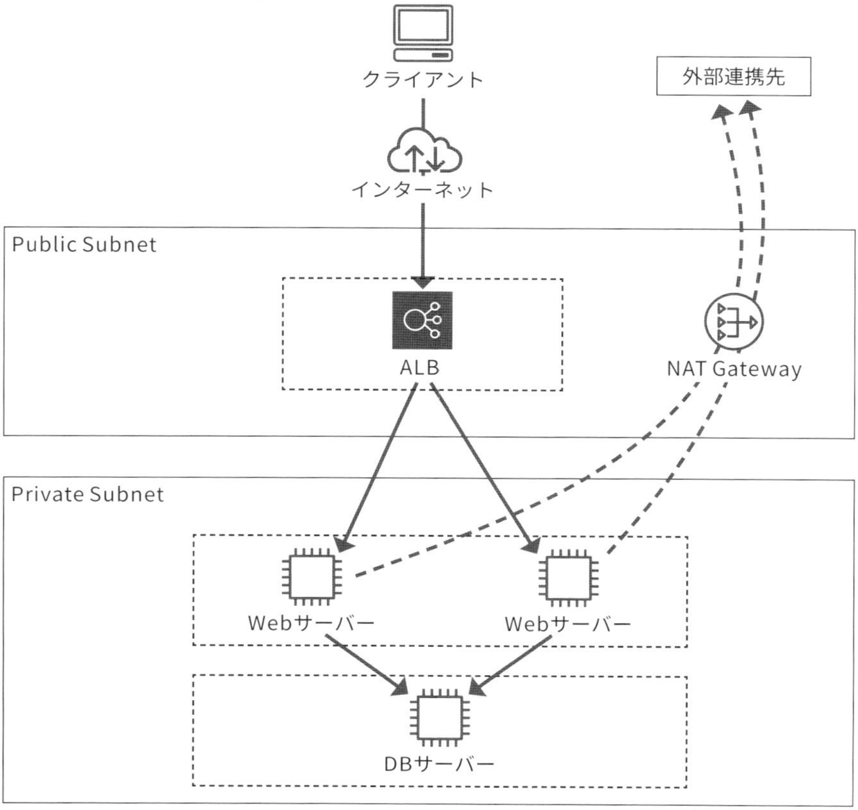

3章　インフラストラクチャのセキュリティ

3-14-3 Lambdaのセキュリティ

　Lambdaは実行環境をプロビジョニングすることなくコードを実行するサービスです。インフラストラクチャを利用者で準備する必要がない分、セキュリティの観点も少し変わってきます。

IAMロールは最小限の権限を与える

　Lambdaでは実行時の権限をIAMロールによって与えます。IAMの利用全般に言えることですが、悪用された場合を考慮して、IAMロールは必要最低限の権限を付与したものを適用するようにしましょう。

　CloudWatch Logsへの書き込みのみを許可した「AWSLambdaBasicExecutionRole」というマネージドポリシーが用意されているので、これをベースに必要な権限を付与することを考えましょう。

秘密情報の格納方法を検討する

　DBへの接続情報や外部WebサービスのAPIキーなど、コード実行のために秘密情報が必要となる場合があります。全開発者に見える可能性があることから、コード内へのハードコーディングやLambdaの環境変数に秘密情報を書くことは推奨されません。AWS Systems Manager Parameter StoreやAWS Secrets Managerを利用することを検討しましょう。

AWS Signerの利用

　AWS Signerはフルマネージドのコード署名サービスです。AWS Signerで署名プロファイルを作成し、Lambda関数にコード署名を行っておくことで、想定の署名と一致しないコードがデプロイされることを防ぐことができます。署名には1日から135ヵ月までの有効期間を設定できます。

　署名の検証によって不正なコードがデプロイされるのを防ぐ他に、退職者が出た際に該当ユーザーの署名プロファイルを削除することで、該当ユーザーの作成したコードをデプロイできないように強制するといった使い方もできます。

146

インフラストラクチャのセキュリティ　まとめ

3-15 インフラストラクチャの セキュリティ　まとめ

　本章ではAWSにおける、インフラストラクチャのセキュリティを確保するためのサービスについて説明しました。

　特にCloudFront、ELB、Auto Scaling、Security Group、Network ACLは一般的なシステムにおいてよく利用され、セキュリティ認定試験にも頻繁に登場します。

　実際にシステム構築や運用に携わっている方は利用したことも多いサービスであると思いますが、シンプルではあるものの意外と多機能なので、使い慣れているつもりでも一度公式ドキュメントを読んでみるのがよいでしょう。広く利用されているサービスということもあり、知らないうちに便利な機能追加が行われていたということがよくあります。

　AWSにはここで紹介したようにセキュリティ向上に利用できる優れたマネージドサービスが多く提供されているので、自前でセキュリティ対策をすべて作り込むのではなく、これらのサービスをうまく組み合わせてセキュリティの向上を図り、手の届かない部分だけを自前で作り込むといった構成にするのが一般的です。

　本章で紹介した構成の実例や練習問題をとおして一般的なセキュリティ構成を把握しておきましょう。

本章の内容が関連する練習問題

　3-1 → 問題8, 28

　3-3 → 問題2, 5, 7, 12, 24, 27, 30, 39, 62

　3-4 → 問題5, 31

　3-5 → 問題63

　3-8 → 問題60

　3-9 → 問題25, 35, 54

　3-10 → 問題14, 64

　3-13 → 問題26

　3-14 → 問題2, 7, 45, 58

4章 データ保護

4章 データ保護

　セキュリティを高めて最終的に守りたいものは「データ」であると筆者は考えています。企業やシステムが保持しているデータを不正取得、改ざん、削除などされないよう、データ以外の観点でもインフラストラクチャのセキュリティやモニタリング、インシデント対応を正しく実施することが重要です。

　守るべきデータを保護するには基本的に暗号化を行います。暗号化を行うことで認証されたアクセスにのみデータを処理させることが可能です。暗号化を行うにはキーが必要であり、そのキーを正しく管理していく必要があります。AWSではどのようにキーの管理や実装ができるか、どのようにデータの暗号化ができるのかこの章で見ていきましょう。

AWS Key Management Service（KMS）

4-1 AWS Key Management Service（KMS）

▶▶ 確認問題

1. KMSキーはカスタマー管理とAWS所有の2種類がある
2. データ暗号化を行う際はKMSキーとデータキーの2種類を使用する
3. KMSへのアクセス制御はIAMのみを使用する

1. ×　　2. ○　　3. ×

ここは▶ 必ずマスター！

KMSキーのタイプと特徴

KMSキーにはユーザー管理、AWS管理、AWS所有があり、管理できる範囲や利用方法が異なる

暗号化の種類

暗号を行うタイミングによりクライアントサイド暗号化とサーバーサイド暗号化に分類することができる

KMSの制限

上限値など、KMS利用時に気にするべき制限がいくつかある

4-1-1　暗号化とは

　AWSの各サービスの説明に入る前に、まずはデータの暗号化について説明します。これを理解しておくと、以降の各サービスの暗号化についてイメージがしやすくなります。

　暗号化とは、元となるデータを別データに変換することを言います。変換には鍵データが使用され、**暗号化アルゴリズム**という処理内容にしたがって変換が行われます。

　具体的な例を見ていきましょう。
　ここでは元データを「hello」とし、鍵データを「2ab」とします。暗号化アルゴリズムは「各文字を2文字シフトし、a,bを2文字ごとに挿入する」とします（図4-1）。

151

4章 データ保護

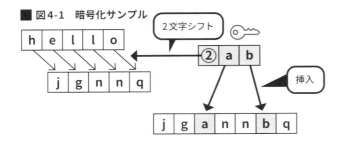

■ 図4-1 暗号化サンプル

元データ「hello」から暗号化したデータ「jgannbq」を生成することができました。

「jgannbq」に逆の動作をすれば「hello」を生成できます。これを**復号**と言います。鍵データの情報がなければ、アルゴリズムがわかっていても復号はできません。

暗号化の仕組みをわかりやすく示すために非常にシンプルな例を示しましたが、実際の暗号化ではもっと長い文字列の鍵データと複雑なアルゴリズムが使用されます。

4-1-2 KMSの概要

　AWS Key Management Service（以下、KMS）はデータ暗号化に使用されるキーの作成と管理を行うAWSのマネージド型サービスです。AWSのサービスで暗号化処理が行われる場合、ほとんどはKMSのキーが使用されます。マネージドサービスのため、キーの可用性、物理的セキュリティ、ハードウェア管理の責任はAWSが持ちます。また、KMSの暗号化キーの操作履歴はすべて**CloudTrail**に保存されるため、監査やコンプライアンスの要求にも応えることができます。セキュリティ認定の問題でも頻出するサービスなのでしっかり勉強していきましょう。

4-1-3 Envelope Encryption（エンベロープ暗号化）

KMSでは、Envelope Encryption（エンベロープ暗号化）という仕組みでデータが暗号化されます。具体的には以下2種類のキーを使用し、データを暗号化するキーを、さらに別のキーにより暗号化を行いセキュリティを強化します。

- KMSキー（AWS KMS keys、データキーを暗号化するためのキー）
- データキー（データを暗号化するためのキー）

データ暗号化の流れ

KMSを利用したデータ暗号化のフローは以下の通りです。

■ 図4-2　KMS利用時のデータ暗号化 概要図

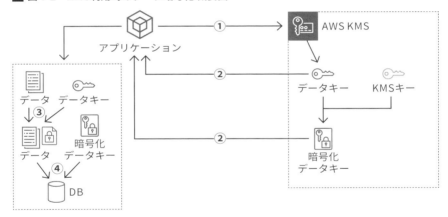

1. アプリケーションから**GenerateDataKey**オペレーションを使用してデータキーを生成し、指定したKMSキーでデータキーのコピーを暗号化します。
2. 1で生成されたデータキーと暗号化されたデータキーをアプリケーションが取得します。
3. 2で返されたプレーンなデータキーを使用して対象データを暗号化します。この時点でプレーンなデータキーとプレーンなデータは**必ず破棄**します。
4. 暗号化されたデータと暗号化されたデータキーをデータベースに格納します。

4章 データ保護

1～2の処理はAWS側のKMSで実装されている処理です。

3～4のデータ暗号化と保存はユーザー側のアプリケーションで実装する必要があります。

データ暗号化に使用するデータキーはどこにも保存しないため、キーの秘匿性が保たれます。KMSへのリクエストが多くなる場合はデータキーをキャッシュしておいてリクエストを減らすことを検討します。

データ復号の流れ

先ほど暗号化して保存したデータの復号の流れは以下の通りです。

図4-3　KMS利用時のデータ復号 概要図

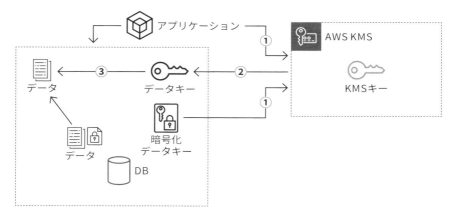

1. アプリケーションを使用して保存していた暗号化データキーを取り出し、KMSに対し**Decrypt**オペレーションを実行します。
2. KMSから復号したデータキーが返されます。
3. 復号したデータキーを使用して、保存していた暗号化データを復号します。

4-1-4 KMS API

KMSを利用する際は、KMSキー生成やデータキー生成等のAPIを実行します。合計40個以上のAPIが存在しますが、ここでは主に利用されるAPIをいくつか説明します。

GenerateDataKey

「4-1-3 Envelope Encryption」の「データ暗号化の流れ」で出てきたAPIです。KMSキーにより暗号化されたデータキーと、プレーンなデータキー2種類のキーが返されます。

GenerateDataKeyWithoutPlaintext

KMSキーにより暗号化されたデータキーのみ返されます。プレーンなデータキーは返されません。暗号化されたデータキーを保存用途で取り出したい場合は、不用意にプレーンなデータキーを取り出さないために、このAPIを使用します。

Decrypt

「4-1-3 Envelope Encryption」の「データ復号の流れ」で出てきたAPIです。暗号化されたデータキーをKMSキーで復号します。

Encrypt

一見、通常の暗号化でよく使用されそうなAPIですが、あまり使用されるAPIではありません。通常データを暗号化する際は、**GenerateDataKey**が使用されるためです。Encryptで暗号化できるデータは4096バイトまでであり、パスワード等小さなデータに限定されます。

2021年6月にマルチリージョンキーが登場するまでは、データキーを別リージョンで使用する場合に、このAPIを使用して別リージョンのKMSキーを使用し、Encryptを使用してデータキーの暗号化を行っていました。

CreateKey

新規KMSキーを作成します。自分のAWSアカウント内、リージョン内でのみ作成が可能です。マルチリージョンキーで作成した場合は、作成したリージョンをプライマリキー、その他のリージョンをレプリカキーとして管理します。

4章 データ保護

CreateAlias

KMSキーを別名として呼び出し、管理ができるエイリアスを生成します。エイリアスを指定して、**Encrypt**や**GenerateDataKey**を実行できます。

これにより、呼び出し側は同じエイリアスとしておき、KMSキー側を変更するといった運用が可能になります。

DisableKey

KMSキーを無効化します。無効化の詳細については「4-1-6 KMSキーの有効化と無効化」で説明します。

EnableKeyRotation

KMSキーのローテーションを有効にします。ローテーションの詳細については「4-1-8 KMSキーのローテーション」で説明します。

PutKeyPolicy

KMSキーに対してアクセス制御ができるキーポリシーを設定します。キーポリシーの詳細については「4-1-10 キーポリシーによるアクセス制御」で説明します。

ListKeys

AWSアカウント内、リージョン内のすべてのKMSキーをリスト表示します。

DescribeKey

指定したKMSキーの詳細を表示します。KMSキーの種類やARN情報、作成日などの情報が表示されます。

ListAlias

KMSキーに設定されたエイリアスを表示します。エイリアスが複数設定されている場合はそれらをすべて表示します。

AWS Key Management Service（KMS）

4-1-5 KMSキーのタイプ

KMSキーには以下3つのタイプがあります。

KMSキーには、実際のキーデータだけではなく、キー ID、作成日、説明、キーステータスなどの**メタデータ**も含まれます。

- ・カスタマーマネージドキー
- ・AWSマネージドキー
- ・AWS所有のキー

1つずつ特徴を見ていきましょう。

カスタマーマネージドキー

AWS利用者が作成、所有、管理するKMSキーです。ユーザーが開発したアプリケーションでデータを暗号化する際に使用するのがこのKMSキーとなります。キーポリシーやIAMポリシーによるアクセス制御、有効化と無効化、ローテーション、エイリアス作成、削除のスケジューリング等の操作が実行できます。（各操作の詳細は後述します。）

自動ローテーション有効/無効を設定でき、ローテーション期間を90〜2,560日間で指定できます。

AWSマネージドキー

利用者のAWSアカウント内にある、AWSサービスが利用者に代わって作成、管理、使用するKMSキーです。KMSのマネジメントコンソール上に表示され、**aws/[サービス名]**といった形でエイリアス名が表示されます。たとえば、Amazon Redshiftで使用されるKMSキーは**aws/redshift**と表示されます。この仕様から、カスタマーマネージドキーではエイリアス名がaws/で始まるKMSキーは作成できません。

キーポリシーの表示はできますが、その変更はできずほかの管理操作も実行できません。1年ごとにAWS側で自動ローテーションされます。

AWS所有のキー

AWSアカウントに関係なくAWSが所有し管理しているKMSキーです。利用者側からは見えないKMSキーのため、あまり意識する必要はありません。AWSサービスが裏側で暗号化のために使用するものと理解いただければ大丈夫です。キーのローテーションもAWS側で管理され、その間隔はサービスごとに異なります。

157

4章 データ保護

KMSキー比較

各KMSキーを比較すると以下の通りとなります。

KMSキーのタイプ	KMSキー管理	AWSアカウント内	メタデータ表示	ローテーション
カスタマーマネージドキー	○	○	○	90〜2,560日間 （オプション）
AWSマネージドキー	×	○	○	1年間 （必須）
AWS所有のキー	×	×	×	サービスごとに 異なる

非対称KMSキー

　従来、暗号と復号で共通の鍵を使用する**対称KMSキー**がKMSキーとして使用されていましたが、2019年11月のアップデートで**非対称KMSキー**もカスタマーマネージドキーとして使用できるようになりました。非対称KMSキーでは、パブリックキーとプライベートキーという異なるキーのペアを使用します。パブリックキーは文字通りパブリックで公開されるキーのため、AWS外部を含め誰でも使用できるキーとなります。

　基本的にはデータ暗号化では対称KMSキーを使用します。非対称KMSキーはKMSの呼び出しができない外部のユーザーが暗号化を必要とする場合や、デジタル署名処理を実装する場合に使用します。デジタル署名は、送られたデータの完全性（改ざんされていないこと）とデータの送信者が本人であることを検証する仕組みです。

AWS Key Management Service（KMS）

■ 図4-4　デジタル署名の仕組み

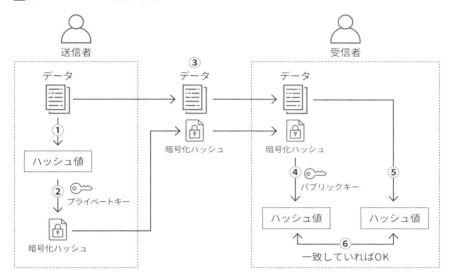

1. データからハッシュ関数を使用してハッシュ値を計算します。
2. ハッシュ値をプライベートキーで暗号化します。
3. データと暗号化したハッシュ値を送信します。
4. 受け取った暗号化ハッシュを送信者が公開しているパブリックキーで復号します。プライベートキーとパブリックキーはペアになっているため、他のキーでは復号できません。
5. 受け取ったデータからハッシュ関数を使用してハッシュ値を計算します。
6. 4と5のデータを比較し、一致していれば送信者の正しいデータと検証できます。

　非対称KMSキーではRSAキー、SM2キー（中国リージョンのみ）、楕円曲線キーという3種類がサポートされています。対称KMSキーを含め、それぞれの違いをまとめると次のようになります。

項目	対称KMSキー	非対称KMSキー		
		RSA	SM2	楕円曲線
暗号および復号	○	○	○	×
署名および検証	×	○	○	○
キーマテリアルインポート	○	○	×	○

4章　データ保護

HMAC KMSキー

HMACとは**Hash-based Message Authentication Code**の略で、データの暗号化とデータの整合性を確認するために利用される方式です。HMACを使用して、JSON Webトークン（JWT）、トークン化されたクレジットカード情報、送信されたパスワードなどの信頼性を判断できます。KMSではこのHMACに対応したKMSキーを作成して利用できます。

マルチリージョンキー

複数のリージョンで相互使用ができるマルチリージョンキーを作成できます。ディザスタリカバリ（DR）用にマルチリージョンでデータを暗号化して保存する場合にも、このマルチリージョンキーを使用してそのまま暗号化と復号が可能になります。マルチリージョンキーは、1つのリージョンでプライマリキーを作成し、その他のリージョンはレプリカキーという形でプライマリキーをレプリケートして作成します。対称KMSキー、非対称KMSキー、HMAC KMSキーすべてのキーでサポートされている機能です。マルチリージョンの指定はKMSキーの作成時のみ可能です。

4-1-6　KMSキーの有効化と無効化

カスタマーマネージドキーは、無効化、無効化後の再有効化ができます。無効にしたカスタマーマネージドキーは、再度有効化するまで使用できません。カスタマーマネージドキーを削除することが不安な場合は、まずこの無効化を行って使用していないこと（使用エラーが発生していないこと）を確認したほうがよいでしょう。AWSマネージドキーは永続的に有効化されており、無効化できません。

マネジメントコンソールによるカスタマーマネージドキーの有効化と無効化

マネジメントコンソールからカスタマーマネージドキーの有効化または無効化ができます。手順は以下の通りです。

1. KMSの画面を開きます。
2. 左側のメニューから「Customer managed keys（カスタマー管理型のキー）」を選択します。
3. 対象のキーのチェックボックスをオンにします。
4. 右上の「Key Action（キーのアクション）」、「有効（Enable）」または「無効（Disable）」を順に選択します。

160

AWS Key Management Service（KMS）

■ 図4-5　カスタマーマネージドキーの有効化と無効化

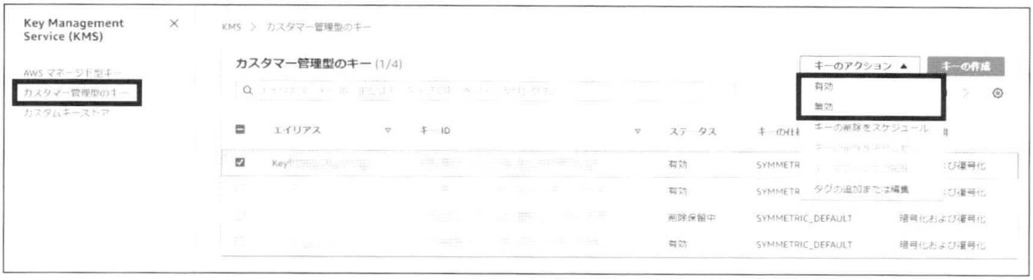

APIによるカスタマーマネージドキーの有効化と無効化

EnableKeyまたは**DisableKey**を呼び出すことで有効化または無効化ができます。対象のキーはkey-idで指定します。

AWS CLIでの例は以下の通りです。

・有効化

```
aws kms enable-key --key-id 12345678-xxxx-yyyy-zzzz-123456789012
```

・無効化

```
aws kms disable-key --key-id 12345678-xxxx-yyyy-zzzz-123456789012
```

4-1-7 KMSキーの削除

　利用者が作成したKMSキーは、削除できます。ただしKMSキーを削除した場合、元に戻すことはできません。これは、このKMSキーで暗号化したデータを復号できなくなる、つまり回復不能になることを意味します。ただし、マルチリージョンキーにおけるレプリカキーについては、削除した場合も、プライマリキーを再度レプリケートすることで再作成できます。マルチリージョンキーを削除する場合は、先にレプリカキーをすべて削除してからプライマリキーを削除する必要があります。

　KMSキーの削除は非常にリスクが高いため、即時実行はできません。7～30日間の待機期

161

4章 データ保護

間が設けられており、この期間はKMSキーが削除されません。デフォルトは30日間です。この待機期間はKMSキーの状態が削除保留中となり、待機期間中KMSキーは利用することができません。削除日時（待機期間の終了日時）は、AWSマネジメントコンソール、AWS CLI、APIからそれぞれ確認できます。

待機期間中に使用の試みがあった場合は**CloudWatch アラーム**を使用して通知できます。**CloudTrail**も合わせて確認し、KMSキーの使用がないことを確認するとよいでしょう。待機期間中に必要と判断した場合は、KMSキーの削除をキャンセルして復元できます。

4-1-8 KMSキーのローテーション

自動キーローテーション

ローテーションとはどういうことでしょうか？具体的には新しいKMSキーを作成し、それ以降の暗号化処理は新しいKMSキーを使用するということになります。ローテーションを行っても、KMSキーを一意に指定するkey-idは同じままです。カスタマーマネージドキーは、90〜2,560日間で期間を指定して自動ローテーションを有効化できます。なお、自動ローテーションの期間が指定できるようになったのは2024年4月で、それ以前は1年間で固定となっていました。S3などで使用されるAWSマネージドキーも1年ごとに自動ローテーションがされます。非対称KMSキーやHMAC KMSキーでは自動ローテーションはサポートされていません。マルチリージョンキーは自動ローテーションをサポートしています。

■ 図4-6　KMSキーのローテーション

ここである疑問が出てきます。ローテーション前のキーで暗号化していたデータはどうなるのでしょうか？正しく復号できるのでしょうか？

結論から言うと復号も問題なくできます。KMSキーがローテーション前の古いキー情報を保持しているためです。古いデータは新しいキーで再暗号化される訳ではありません。過去のキー情報はすべて保持され、これをバッキングキーと呼びます。暗号時は最新のキーが使用されますが、復号時は暗号化に使用したバッキングキーが使用されます。

図4-7　バッキングキーによる復号処理と最新キーによる暗号処理

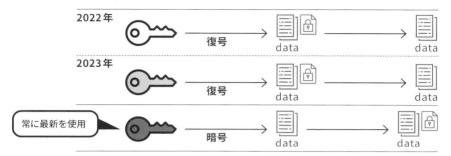

手動キーローテーション

セキュリティ要件などで、キーのローテーション期間が自動設定できる最短の90日間では長すぎるという場合、短い期間で手動ローテーションを行う必要があります。手動ローテーションとは単純に新しいKMSキーを作成することです。key-idも新しくなるため、アプリケーション側でkey-idを指定して呼び出している場合は、アプリケーションに設定しているkey-idを合わせて更新する必要があります。

なお、2024年4月のアップデートでローテーション期間が1年固定から最短90日まで変更できるようになったため、手動キーローテーションの需要は下がっていると考えられます。

図4-8　手動ローテーション

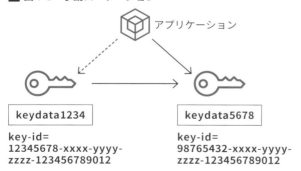

アプリケーション側のKMSキー情報を変更したくない場合は、**エイリアス**を使用してKMSキーにわかりやすい名前エイリアス情報として関連付けます。アプリケーションからはこのエイリアスを指定してKMSキーを呼び出すことで、保存しているキー情報の変更が不要になります。エイリアスの付け替え作業が必要になる点には注意が必要です。

4章 データ保護

■ 図4-9　エイリアスの使用

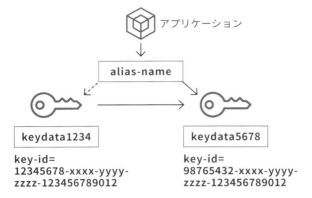

4-1-9 キーマテリアルのインポート

　KMSキーには暗号や復号に使用されるキーデータだけではなく、作成日、説明などのメタデータも含まれます。暗号や復号に使用されるキーデータを**キーマテリアル**と呼び、通常KMSキーを作成した際はAWS側で自動生成されます。

　キーマテリアルは、ユーザーが独自に作成したものをインポートすることも可能です。この機能を **Bring Your Own Key（BYOK）** と呼びます。ユーザー側で指定した暗号化アルゴリズムを使用でき、オンプレミス環境と共通のキーをインポートして使用することも可能です。対称キーだけではなく、非対称KMSキーやHMAC KMSキーもサポートしています。

キーマテリアルのインポート手順

　インポートは以下の手順で実施します。

1. KMSコンソールからキーを生成する際に、キーマテリアルのオリジンに外部（External）を選択します。これによりキーマテリアルなしのKMSキーが生成されます。鍵をインポートするための箱ができたイメージです。
2. パブリックキーとインポートトークンをダウンロードします。
3. 2でダウンロードしたパブリックキーを使用して、ユーザーが作成したキーマテリアルを暗号化します。
4. 3で暗号化したキーマテリアルと2でダウンロードしたインポートトークンをアップロードします。

AWS Key Management Service（KMS）

■ 図4-10　キーマテリアルのインポート

BYOKの制約

インポートしたキーマテリアルを使用する場合、通常のAWSが生成するKMSキーと比べ以下のような制約や違いがあります。

- キーの自動ローテーションはできません。手動ローテーション（再生成）する必要があります。1つのKMSキーに対し1つのインポートしたキーマテリアルしか設定できないという制約があり、このような仕様となっています。
- リージョン障害などでKMSキーに障害があった場合、自動復旧されないためユーザー側でバックアップをしておく必要があります。AWSが生成したキーマテリアルの場合は自動復旧されます。
- キーマテリアルに有効期限が設定可能です。有効期限が切れると即時削除されるので注意が必要です。削除された場合はキーマテリアルの再インポートができるのでそれを使用して復旧します。

4章　データ保護

4-1-10 キーポリシーによるアクセス制御

　キーポリシーを使用することで、KMSキーに対するアクセスを制御できます。キーポリシーだけでなく、IAMポリシーを使用したアクセス制御も可能です。IAMはKMSキーを使う側（IAMユーザーやIAMロール）を対象に、どういうアクセスが可能か設定をしますが、キーポリシーはKMSキーを対象にアクセスの設定を行います。IAMポリシー、キーポリシーの両方でアクセスを制御する方法と、キーポリシーのみでアクセスを制御する方法があります。

キーポリシーの書き方

　具体的なキーポリシーは以下のように記載します。基本的にはIAMポリシーの書き方と同様です。

```
{
 "Version":"2012-10-17",
 "Statement":[{
  "Sid":"KeyPolicy Sample",
  "Effect":"Allow",
  "Principal":{"AWS":"arn:aws:iam::123412341234:root"},
  "Action":"kms:*",
  "Resource":"*",
 }]
}
```

- **Sid**：任意の識別子で内容はなんでもかまいません。（オプション）
- **Effect**：AllowまたはDenyを記載します。（必須）
- **Principal**：キーポリシーに書かれた権限を利用できるのは誰かを指定します。アカウントやIAMユーザー、IAMロール、AWSサービスを指定できます。IAMグループは指定できません。なお、[アカウントID]:rootで指定した場合、そのアカウントのすべてのIAMユーザー、ロールが対象となります。（必須）
- **Action**：AllowまたはDenyするAPIを指定します。（必須）
- **Resource**：対象リソースを指定しますが、キーポリシーではアタッチするKMSキーを

166

意味する"*"を記載します。（必須）

- **Condition**：上記サンプルに記載はないですが、IAMポリシー同様に使用可能です。た
とえば使用元IPアドレスを限定したい場合などに使用します。（オプション）

デフォルトキーポリシー

特に何も指定せずにKMSキーを作成した場合は「キーポリシーの書き方」のサンプルに似
た、次のポリシーが生成されます。

```
{
 "Version":"2012-10-17",
 "Statement":[{
 "Sid":"Enable IAM User Permissions",
 "Effect":"Allow",
 "Principal":{"AWS":"arn:aws:iam::123412341234:root"},
 "Action":"kms:*",
 "Resource":"*",
 }]
}
```

このデフォルトキーポリシーは**特別な意味**を持ちます。Sid部分に"Enable IAM User
Permissions"とあるとおり、このポリシーがあることでIAMポリシーによる制御ができ
るようになります。この記載があることでIAMポリシーのAction部分にkmsの許可がある
ユーザーやロールがこのKMSキーを操作できます。逆にこのデフォルトキーポリシーの記
載がない場合、IAMポリシーでkmsの許可があっても操作はできません。次に記載するキー
管理者や利用者のポリシーを付与することで、キーポリシーのみで操作を許可できます。

マネジメントコンソールからKMSキーを生成する場合は、**キー管理者**と**キー利用者**を
AWSアカウント内に存在するIAMユーザーとIAMロールから選択できます。それぞれ以下
のようなアクセスが許可されます。

4章　データ保護

・キー管理者

キーの削除や無効化など、管理操作全般が使用できます。暗号化オペレーションは使用できませんが、キーポリシーそのものをキー管理者自身で変更できるため、キーの利用を拒否するという用途ではこのキー管理者を設定するという用途では使用できません。

・キー利用者

暗号化オペレーションで使用するGenerateDataKeyやEncrypt、DecryptのAPIが使用できる権限が付与されます。

キーポリシーを使用した多要素認証（MFA）

キーポリシーを使用して、重要なKMSのAPIを実行する際に多要素認証（MFA）を強制させることが可能です。次の例では、Actionに記載したAPIを実行する際に、過去300秒以内にMFA認証されていないとエラーとなります。

```
{
  "Sid":"MFAEnable",
  "Effect":"Allow",
  "Principal":{
  "AWS":"arn:aws:iam::123422343234:user/UserName"
  },
  "Action":[
    "kms:DeleteAlias",
    "kms:DeleteImportedKeyMaterial",
    "kms:PutKeyPolicy",
    "kms:ScheduleKeyDeletion"
  ],
  "Resource":"*",
  "Condition":{
    "NumericLessThan":{"aws:MultiFactorAuthAge":"300"}
  }
}
```

AWS Key Management Service（KMS）

4-1-11 許可

KMSではキーポリシーのほかに、**許可（Grant）**という設定機能があります。これを使用して、特定のIAMユーザーやIAMロールなどに指定したKMSのAPIを許可することが可能です。名前の通り許可の設定が可能ですが、拒否の設定はできません。

許可の作成

許可を作成する場合は以下のように**CreateGrant**を実行して設定します。

```
$ aws kms create-grant \
   --key-id 1234abcd-12ab-34cd-56ef-1234567890ab \
   --grantee-principal arn:aws:iam::123412341234:user/KMSUser \
   --operations Decrypt \
   --retiring-principal arn:aws:iam::123412341234:role/KMSAdmin
```

key-idで対称のKMSキー、grantee-principalで利用を許可するIAMユーザー、operationsで許可するAPIを指定しています。retiring-principalを指定することで、設定した許可を廃止できるIAMロールを設定しています。

4-1-12 クライアントサイト暗号化とサーバーサイド暗号化

KMSを利用した暗号化は、暗号を行うタイミングにより、**クライアントサイド暗号化（Client-Side Encryption）**と**サーバーサイド暗号化（Server-Side Encryption）**の2種類に分けることができます。

クライアントサイド暗号化

ユーザーがアプリケーションで暗号化を行う場合はこちらになります。SDKでKMSのAPIを呼び出し、取り出したキーを使用してデータを暗号化します。このとき、カスタマーマネージドキーを使用します。暗号化した後、そのデータは通信経路上も暗号化された状態となるため、よりセキュアにデータを扱うことができます。ただし、アプリケーションに暗号化の処理を加える必要があるため、少々手間がかかります。「4-1-3 Envelope

169

4章 データ保護

Encryption」で説明した暗号化の流れはクライアントサイド暗号化になります。

サーバーサイド暗号化

AWSの各サービスが提供する暗号化機能を使用する場合がこちらです。AWSサービスがデータを受信した後に自動的に暗号化を行います。AWSサービスまでの通信経路上はデータが暗号化されないため、セキュリティ強度は落ちますが、より簡単に実装できます。基本的にはどのサービスでも、暗号化を有効にして使用するKMSキーを指定するだけで暗号化ができます。ここではカスタマーマネージドキーまたはAWSマネージドキーのいずれかを指定できます。AWS所有のキーによって自動的に暗号化されるAWSサービスもあります。

4-1-13 KMSでの制限

KMSの使用にあたり、さまざまな制限があります。これまで説明した内容も一部含みますが、ここでまとめて整理します。

KMSキーで直接暗号/復号できるデータは4KBまで

KMSキーを直接暗号や復号に使用する場合は、4KBまでのデータしか処理できません。「4-1-3 Envelope Encryption」で説明した通り、別途データ用のキーを生成してそれをKMSキーで暗号化することが推奨されています。

APIリクエストのレート制限

GenerateDataKey等の暗号処理に使用するAPIは、同時に実行できる1秒あたりのリクエスト最大数が決まっています。これをレート制限と呼びます。たとえば、東京リージョンのGenerateDataKey処理の1秒あたりのレート制限はデフォルトで20,000です。このレートを超えてKMSのAPIをリクエストした場合は**ThrottlingException**というエラーが返されます。EBSやS3に大量のファイルをアップロードする際は注意が必要です。EBSやS3側の制限がOKでも、KMSのレート制限に引っ掛かりアップロード処理がエラーとなる可能性があります。なお、この制限はリクエストにより引き上げが可能です。

KMSキーを削除したらデータ復号不可

これは想像がつくと思いますが、KMSキーを削除した場合はそのKMSキーを使用して暗号化しているデータが復旧不可となります。AWSサポートに問い合わせても復旧できないため、KMSキーの削除は慎重に行う必要があります。

170

逆に言うと、データを破棄する際は、暗号化に使用しているKMSキーを削除することで
より安全にデータが廃棄できます。AWS管理のデータセンターで物理ディスクが盗まれた
としても、キーがないためデータを参照できません。

リソースの制限

KMSで作成するリソースについて、次のような上限が設定されています。これを超える
場合は制限の引き上げをリクエストする必要があります。

リソース	上限値
カスタマーマネージドキーの数	100,000
KMSキーあたりのエイリアス数	50
KMSキーあたりの許可数	50,000
キーポリシーのサイズ	32KB（調整不可）

4-1-14 他サービスとの連携について

本章ではKMSから見た使用方法を解説してきました。実際には使用する（KMS以外の）
AWSサービス側でKMSの設定を行いキーを使用していくことが多くなります。そのため、
使用されるKMSの設定方法だけではなく、使用するAWSサービス側の設定方法も合わせて
理解する必要があります。たとえばEC2（EBS）やS3の暗号化で使用できます。実際の使
用方法や詳細については、本章で解説していくので、これまで説明してきたKMSの内容を
見返しながら、両方の観点で勉強していくとよいでしょう。

4章 データ保護

4-2 AWS CloudHSM

▶▶ 確認問題

1. CloudHSMの耐障害性や可用性はAWS側で管理してくれる
2. CloudHSMでは専用のハードウェアが用意される

1.× 2.○

KMSとの違い
コンプライアンス要件などに対応するため、KMSよりも厳重な鍵管理を行うことができる

4-2-1 概要

暗号化に使用されるキーの作成と管理を行うサービスで、KMS以外に**AWS CloudHSM**（以下、CloudHSM）というサービスがあります。CloudHSMの詳細な使い方については、セキュリティ認定試験には出題されませんが、KMSとの使い分けについて出題される可能性があるので、基本的なところは理解しておきましょう。

簡単に言うと、KMSよりも厳重なキーの管理や、より高いコンプライアンスに対応するためのサービスがCloudHSMになります。以下のような特徴があります。

- 暗号化キーの保存に専用ハードウェアが使用される
- VPC内で実行される
- AWSはキーにアクセスできない
- FIPS（Federal Information Processing Standard：米国連邦情報処理規格）140-2と言われる、暗号化の基準に準拠している

- 耐障害性や可用性はユーザー側で設定して担保する
- KMSよりもコストが高くなる

このような特徴から、以下のような場合にKMSではなくCloudHSMを選択することになります。

- 専用のハードウェアが必要など、企業や契約上の高いコンプライアンス要件がある場合
- キーの管理を自分で行い、AWSや他社に見せたくない場合
- キーをVPC内に配置してアクセス制御をしたい場合

VPC内に作成するため、「クラスター」という形で作成するVPCとサブネットを指定することになります。

■ 図4-11 CloudHSM作成画面

他のAWSサービスからCloudHSMを使用する場合は、KMSのカスタムキーストアという機能を使用します。カスタムキーストアは、KMSで作成したキーをKMS以外が管理する場所に保存する機能です。CloudHSMと外部キーストアの2種類を利用できます。KMSのカスタムキーストアを使用することで、通常のKMSキーと同様の利用をしながら、キーの保存場所をCloudHSMにするという対応が可能です。

KMSとCloudHSMの比較を表にまとめると以下の通りとなります。

	KMS	Cloud HSM
キー保存場所	AWS内	VPC内専有
パフォーマンスや可用性管理	AWS	利用者
コスト	低	高

4章 データ保護

4-3 Amazon Elastic Block Store（Amazon EBS）

▶▶ 確認問題

1. EBSの暗号化はKMSのAWSマネージドキー、カスタマーマネージドキーいずれかを使用する
2. 自動的に新規作成するEBSを暗号化する仕組みがある

1.○　2.○

 必ずマスター！

EBS暗号化の目的と内容
暗号化はデータ漏えい防止が目的であり、保存データやスナップショット、EC2との通信データが暗号化される

EBS暗号化状態の変更
暗号化されていない既存のEBSを暗号化する場合はスナップショットを使う必要がある

4-3-1 EBSの暗号化

　Amazon Elastic Block Store（以下、EBS）はEC2で使用されるストレージボリュームです。KMSキーを使用して、EBSを暗号化できます。暗号化されたEBSと暗号に使用するKMSキーを別管理にしておくことで、EBSやEBSが格納されている物理ディスクが外部に漏れた場合もKMSキーが漏れていなければデータを保護できます。

暗号化される内容

　EBSの暗号化を行うと、次のデータがすべて暗号化されます。

- EBSに保存されるデータ
- EBSとEC2インスタンスの間で移動されるデータ
- EBSから作成されたすべてのスナップショット
- 暗号化されたスナップショットから作成されたEBS

174

Amazon Elastic Block Store（Amazon EBS）

KMS APIのアクセス許可について

EC2の起動など、暗号化されたEBSが接続されているEC2の操作を行う場合は、操作を行うIAMユーザーに、次のKMS APIを呼び出す権限が必要になります。

- CreateGrant
- Decrypt
- DescribeKey
- GenerateDataKeyWithoutPlainText
- ReEncrypt

暗号化で使用できるKMSキー

暗号化にはAWSマネージドキー、カスタマーマネージドキーのいずれかを使用できます。デフォルトではAWSマネージドキー「aws/ebs」が使用されます。キーを管理する具体的な要件がある場合は、カスタマーマネージドキーを使用しましょう。

リージョン間スナップショットコピーの制約

EBSスナップショットにはコピー機能があり、暗号化したEBSスナップショットも同様にコピーが可能です。ただし、基本的にKMSキーはリージョン固有のため、コピー先リージョンでKMSキーを作成して指定する必要があります。共通のKMSキーを使用したい場合はマルチリージョンキーを作成します。

4-3-2 EBSのデフォルト暗号化

AWSアカウント内でEBSを強制的に暗号化するよう設定が可能です。この設定を行った場合、設定前にすでに存在したEBSには影響せず、設定後に新規作成するEBSやスナップショットコピー時に暗号化が行われます。この設定が行われていない場合は、ユーザーがEBS作成時やスナップショットコピーの都度、意図的に暗号化の指定を行う必要があります。

デフォルト暗号化の設定はリージョン固有の設定であり、利用するリージョンごとに設定を行う必要があります。

175

4章 データ保護

デフォルト暗号化の設定方法

EC2のコンソールから次の手順で実施できます。

1. EC2のサービス画面を開き、右上にある「Account Attributes（アカウントの属性）」、「Data protection and security（データ保護とセキュリティ）」の順に選択します。
2. 「Data protection and security（データ保護とセキュリティ）」タブの管理ボタンをクリックします。
3. 「Always encrypt new EBS volumes（常に新しいEBSボリュームを暗号化）」にチェックを入れ、「Update EBS encryption（EBS暗号化を更新する）」を選択します。
必要に応じて使用するKMSキーを選択します。

■ 図4-12　デフォルト暗号化 設定画面

4-3-3 暗号化されていないEBSの暗号化

暗号化されていない既存のEBSは直接暗号化できません。スナップショットを使用することで、既存の暗号化されていないEBSを暗号化できます。スナップショットのコピー時に暗号化を有効化することができるため、この機能を使用します。

既存のEBSを暗号化する流れ

以下の手順で既存のEBSを暗号化できます。

1. スナップショットを取得する。
2. スナップショットをコピーする。この際、暗号化を有効にする。
3. 2でコピーしたスナップショットからEBSボリュームを作成する。
4. 3で作成したEBSボリュームをEC2インスタンスにアタッチする。

■ 図4-13 既存EBSの暗号化

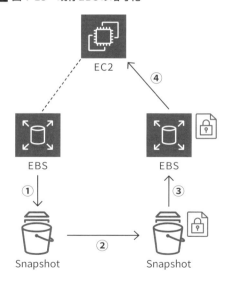

このスナップショットコピーを使用して、既存の暗号化されたEBSのKMSキーを変更するといったことも可能です。2のコピー操作時に新しいKMSキーを設定すればOKです。

4章　データ保護

暗号化されたEBSの暗号化解除

　暗号化されたEBSの暗号化解除は実行できません。暗号化されていない空のEBSを用意して、rsyncコマンドなどを使用しOS側で手動データコピーを実施する必要があります。また、暗号化されたEBSのKMSキーを誤って削除した場合も、EBSをデタッチする前にデータを手動コピーすることでデータを取得できます。KMSキーを削除してデタッチした場合は復旧できないため注意が必要です。デタッチするまで復旧が可能なのは、暗号化に使用されるKMSキーで生成されたデータキーが、メモリ内に残っているためです。

他のストレージサービスの暗号化変更について

　今回はEBSを例に説明しましたが、Amazon EFSやRDSなど、他のサービスでも既存のストレージの暗号化状態を変更することは難しい場合が多いです。コピーを使用して暗号化状態を変更する対応になります。

4-4 Amazon RDS

▶▶ 確認問題

1. RDSの暗号化を有効化するとログファイルも暗号化される
2. RDSへの接続はユーザー名/パスワードを使用したDB接続のほかに、IAMによる認証を使った接続ができる

1.○　2.○

ここは▶必ずマスター！

RDS暗号化の制約
EBS同様に暗号化の変更にはスナップショットが必要であったり、リードレプリカと暗号化設定は共通にする必要があるといった制約がいくつかある

格納時の暗号化と伝送時の暗号化
KMSを使用した格納時の暗号化と、SSL/TLS通信を使用した伝送時の暗号化の2種類がある

4-4-1 RDSの暗号化

　Amazon Relational Database Service（以下、RDS）はリレーショナルデータベースを提供するサービスです。RDSはデータを保存するためのサービスであり、セキュリティ観点では保存するデータを保護することが大切です。保護の方法は権限設定など、さまざまなものがありますが、一番のデータ保護は暗号化によってデータの内容を隠蔽することです。

　RDSの暗号化は、格納時の暗号化と伝送時の暗号化という2種類があります。KMSで説明したクライアントサイド暗号化を使用して、あらかじめデータを暗号化してからRDSに登録を行えば、通信上（伝送時）も格納時も暗号化されます。これはRDSの暗号化というよりはほかのサービスを含めた一般的なデータの暗号化方法となります。

　2種類の暗号化について、順々に説明します。

4章　データ保護

4-4-2　RDSデータ格納時の暗号化

　基本的な流れや仕様は、EBSの暗号化と同様です。KMSキーを使用して、RDSの各種リソースを暗号化できます。

　暗号化を有効にした場合に暗号化されるリソースは以下の通りです。

- DBインスタンスに保存されるデータ
- 自動バックアップ
- リードレプリカ
- スナップショット
- ログファイル

暗号化されたRDSの制約

こちらも基本的にはEBSと同様ですが、以下のような制約があります。

- 暗号化はDBインスタンスの作成時のみに有効にできます。既存の暗号化されていないDBインスタンスを暗号化したい場合は、EBS同様にスナップショットコピーを行う際に暗号化を行い、コピーしたスナップショットからリストアを行います。
- 暗号化有効/無効はマスターのDBインスタンスとリードレプリカが共通である必要あります。たとえばリードレプリカのみ暗号化するといったことはできません。レプリカが同リージョンの場合は、KMSキーも同じものを使用する必要があります。
- リージョン間でスナップショットをコピーするには、コピー先のリージョンでコピー元とは異なるKMSキーを指定する必要があります。共通のキーを使用したい場合は、マルチリージョンキーを使用してコピー先でレプリカキーを指定します。

Transparent Data Encryption（TDE）

　DBエンジンがOracle、SQL Serverの場合は、Transparent Data Encryption（TDE）という機能を使用してデータの暗号化も可能です。この機能はRDSの機能というよりもDBエンジンの機能になります。TDEとRDSが持つ暗号化の両方を使用すると、パフォーマンスに影響が出る可能性があるため、特に要件がない限りは、RDSが持つ暗号化のみ有効にすればよいでしょう。

Amazon RDS

4-4-3 RDSデータ伝送中の暗号化

データ転送中の暗号化とは、データの通信を暗号化することです。通信を暗号化するには Secure Socket Layer（SSL）または Transport Layer Security（TLS）を使用します。RDS ではDBエンジンごとに通信を暗号化する手順や実装方法が少々異なりますが、基本的な流れはどのエンジンでも同じです。RDSのすべてのDBエンジンでこの暗号化を使用できます。

SSL/TLSを使用したRDS接続の流れ

1. 認証局（Certificate Authority）を選択し、ルート証明書をAWSサイトからダウンロードします。アプリケーションの要件に応じて中間証明書とルート証明書の両方を含んだバンドル版をダウンロードします。
2. DB接続をおこなうアプリケーション側でSSL/TLSオプションを有効にし、1でダウンロードした証明書を使用します。設定方法はDBエンジンにより異なりますが、たとえばMySQLの場合は「--ssl-ca」オプションで証明書を指定して通信にSSL/TLSを使用できます。
3. DBエンジンにより、必要に応じてユーザーにSSL接続を強制できます。たとえばMySQLでは**require_secure_transport**パラメータをONに変更します。

・MySQL接続例

```
mysql -h myinstance.xxxx12345.rds-ap-northeast1-1.amazonaws.com
--ssl-ca=[full path]rds-combined-ca-bundle.pem --ssl-mode=REQUIRED -P 3306 -u myadmin -p
```

SSL/TLS証明書の更新

SSL/TLS接続に使用している証明書は、定期的に更新する必要があります。本書執筆時点で、RDSはrds-ca-rsa2048-g1という認証局がデフォルトで使用されています。それ以前に使用されていたrds-ca-2019は、認証局および証明書の有効期限が2024年8月に設定されているため、期限が切れる前に更新する必要があります。

証明書の更新は以下の流れで実施します。

1. 新しい証明書をAWSサイトからダウンロードします。
2. アプリケーション側で指定している証明書の設定を新しい証明書に更新します。

181

4章 データ保護

3. RDS DBインスタンス側の認証局を新しいものに更新します。この際、DBインスタンスが再起動され、一時的な接続断があります。デフォルトではRDSに設定したメンテナンスウィンドウの時間に更新が行われますが、すぐに更新することもできます。

なお、新しいデフォルトとなった認証局rds-ca-rsa2048-g1は2061年5月という長い有効期限が設定されています。サーバ側の証明書はRDS側で自動ローテーションされるため、認証局の期限が切れるまでは特にユーザー側の対応は不要となります。

4-4-4 RDSへのアクセス認証

通常、RDSへの接続時に使用する認証情報は、RDS作成時に設定したDBユーザーおよびパスワードを使用します。これはオンプレミスなどの他環境のDBエンジンを使用する際と同様です。これに加え、AWSではIAMを使用したDBアクセス認証とKerberos認証が可能です。

IAMデータベース認証

IAMを使用した認証が利用できるのは以下のDBエンジンになります。

- MySQL
- MariaDB
- PostgreSQL
- Aurora MySQL
- Aurora PostgreSQL

- **IAMによる認証を使用した接続の流れ**

まずは以下の流れでIAM、RDS側のユーザー準備を行います。

1. RDS側で、[IAM DB認証（IAM DB authentication）]を有効にします。
2. Actionにrds-db:connect、Resourceに対象RDSのARNが許可されたIAMポリシーを作成し、接続を行うIAMユーザーまたはIAMロールにアタッチします。
3. RDS側でIAM認証用のユーザーを作成します。DBエンジンに応じた権限付与設定を行います。たとえばPostgreSQLでは「GRANT rds_iam TO db_user」という形でユーザーに権限を付与し、MySQLでは「AWSAuthenticationPlugin」というAWS提供のプラグインを使用します。

182

図4-14 IAM DB認証の有効化

これでRDSとIAMの準備は完了です。次はクライアント側でIAMを使用した認証を行い、接続します。IAMの認証ではパスワードを使用せず、認証トークンと呼ばれる一時的な情報を発行し、それを使用して接続を行います。

1. RDSの「generate-db-auth-token」を使用して認証トークンを発行します。
2. 1で発行した認証トークンをDB接続時のコマンドに設定します。詳細はDBエンジンにより異なりますが、たとえばMySQLでは「--password」オプションに認証トークンを設定することで接続できます。

・IAM認証を使用する利点

以下のような利点があります。

- **各RDSごとに認証情報を管理する必要がなく、一元管理ができます。**
- **パスワード情報を持たないので、接続パスワードの漏えいといったリスクが少なくなります。たとえばEC2上のアプリケーションからRDSに接続する場合、EC2上にパスワードの保存は必要なく、EC2に設定したIAMロールを使用してRDSへの接続が可能になります。**

4章　データ保護

Kerberos認証

　Kerberos認証とはネットワーク認証方式の1つです。Microsoft Active Directory（AD）のユーザー認証で使用されている仕組みであり、この方式を使用するとADで管理されているユーザー情報でデータベースへログインができます。サポートしているDBエンジンは以下のとおりです。

- MySQL
- SQL Server
- PostgreSQL
- Oracle
- Aurora MySQL
- Aurora PostgreSQL

4-5 Amazon DynamoDB

▶▶ 確認問題

1. DynamoDBでは格納時に強制的にデータが暗号化される
2. DynamoDBへの接続はJDBCのようなRDS同様の接続を使用する

1.○   2.×

 必ずマスター！

格納時の暗号化
格納時は強制的に暗号化され、KMSキーのタイプを選択できる

DynamoDBへのアクセス制御
IAMポリシーを使用して、読み取り権限や書き込み権限などを設定する

4-5-1 DynamoDBの暗号化

Amazon DynamoDB（以下、DynamoDB）はAWSが提供するNoSQLデータベースサービスです。フルマネージド型となるため、ユーザーはパフォーマンスや障害時の動作などの管理は基本的には行わず、データの管理に集中できます。データを保存するサービスという意味ではRDSと同じになるため、データ保護の観点も同様となり、暗号化が重要となります。RDS同様に格納時と伝送時の暗号化について説明します。

4-5-2 DynamoDBデータ格納時の暗号化

DynamoDBでは格納時の暗号化は強制的に行われます。ユーザー側で無効化することはできません。KMSキーを使用して暗号化されます。ユーザーはKMSキーの種類を次の3つから指定できます。デフォルトではAWS所有のキーが使用されます。

4章 データ保護

- AWS所有のキー
- AWSマネージドキー
- カスタマーマネージドキー

また、キーの変更はDynamoDBテーブル作成後も可能です。

図4-15　DynamoDB暗号化キー設定画面

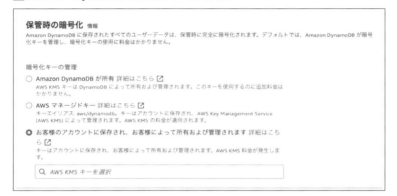

4-5-3 DynamoDB Accelerator（DAX）の暗号化

DynamoDB Accelerator（DAX）という、DynamoDB用のインメモリキャッシュサービスがあります。こちらは強制的に暗号化される訳ではないため、DAXクラスター作成時にユーザー側で暗号化を有効にする必要があります。作成後は、暗号化の有効/無効の変更はできません。

4-5-4 DynamoDBデータ伝送中の暗号化

DynamoDBへのDBアクセスはデフォルトでHTTPSを使用したAPI経由で行われるため、ネットワークは暗号化されることになります。ユーザーはAWSが用意したAPIを使用するだけでよく、こういった接続の管理が少ないのはマネージドサービスの利点になります。

外部ユーザー利用時のデータ送信前や、アプリケーション内でデータを使用する際に暗号化を行う必要がある場合は、クライアントサイド暗号化を使用してデータを保護します。

AWSでは **AWS Database Encryption SDK** という暗号化のSDKも用意しており、これを使用してより簡単にクライアントサイド暗号化を実装できます。

4-5-5 DynamoDBへのアクセス認証

DynamoDBのデータアクセスは、AWSのAPIを使用して実行するため、認証・認可はIAMが前提となります。RDSのようにユーザー名およびパスワードを使用した接続といった概念はありません。

たとえばデータの読み込み権限だけ与えたい場合は、IAMポリシーのActionにDescribeTable,Query,Scanといった権限のみを与えて、IAMユーザーまたはIAMロールに設定します。

その他、細かいIAMの権限管理については2章の「IDおよびアクセス管理」を確認してください。

■ 図4-16　IAMによるDynamoDBアクセス制御

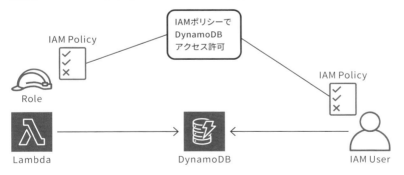

4-5-6 DynamoDBの有効期限（TTL）設定

DynamoDBには不要になった項目を自動削除する有効期限（TTL）という設定があります。TTLはテーブル単位で有効にでき、有効期限時刻の判断に使用される属性名を設定します。時刻の形式はUnixエポック時間形式（1970年1月1日00:00:00からの経過秒数）で保存されている必要があります。

4章　データ保護

4-6 Amazon S3

▶▶ 確認問題

1. S3のアクセスコントロールはIAMとバケットポリシーの2種類で行う
2. 一時的にS3内のオブジェクトへアクセスを許可するには署名付URLを使用する
3. S3の暗号化にはKMS以外にユーザー管理のキーも使用できる

1. ×　　2. ○　　3. ○

ここは▶必ずマスター!

S3のアクセス制御

バケットポリシーとACL
の2種類を使用してバケッ
トとオブジェクトの制御が
でき、それぞれ特性がある

**S3で使用できる
暗号化キー**

KMSキーやユーザ独自の
キーなど、暗号化で使用で
きるキーは複数ある

S3 Glacier

オブジェクトのアーカイ
ブ 保 存 に は Amazon S3
Glacierを使用する、ボー
ルトロックを使用して変更
不可にすることもできる

4-6-1 S3とセキュリティ

Amazon Simple Storage Service（以下、S3）は、AWSが提供するインターネットスト
レージサービスです。単純にデータを格納する用途で使用することもありますが、ほかの多
くのAWSサービスのデータ保存部分として使用されることも多く、認定試験にもよく出て
くるサービスです。

本書ではS3の基本は知っているという前提で、セキュリティに関連するアクセス制御と
データの暗号化について説明します。

188

Amazon S3

S3のアクセス制御

S3バケットへのアクセス制御は、基本的に次の3種類の方法で実装できます。なお、アクセスコントロールリスト（ACL）は現在非推奨となっており、新規作成されるバケットはデフォルトで無効となります。

- **ユーザーポリシー（IAMポリシー）**
- **バケットポリシー**
- **アクセスコントロールリスト（ACL）**

ユーザーポリシーはS3を利用する側を対象に設定するのに対し、バケットポリシーとACLはユーザーから利用されるS3バケットまたはオブジェクトを対象に設定します。

ユーザーポリシー（IAMポリシー）

S3専用のアクセス制御ではなく、IAMを使用したアクセス制御になります。許可または拒否するAPIをIAMポリシーに記載して、IAMユーザーまたはIAMロールにアタッチします。たとえばバケットやオブジェクトの読み込みのみをユーザーに許可したい場合は、GetObjectやListBucketを許可します。

バケットポリシー

バケットに対し、JSON形式でアクセス権を設定します。バケットの所有者のみがこの設定を行うことができます。特定のIAMユーザーや、他のAWSアカウントへのアクセス許可も設定できます。設定はバケット単位で行いますが、Resource属性にオブジェクト名や正規表現を指定することで、オブジェクト単位のアクセス制御も可能です。たとえばlogs* で始まるファイルのみ操作可能といった設定もできます。ただし、バケットポリシーは20KBまでという制限があるため、多くのオブジェクトのひとつひとつにアクセス制御を行う場合は、次に説明するACLやアクセスポイントを使用したほうがよいでしょう。

デフォルトではバケットポリシーは空の状態ですが、この状態ではバケットが存在するAWSアカウント（＝バケット所有者）内のIAMユーザーやIAMロールがバケットへアクセスできます。ただしIAMポリシーでのS3バケットに対するアクセス許可は必要です。

一例として、HTTPSアクセスを強制する（＝HTTPアクセスを許可しない）バケットポリシーは次のようになります。

4章　データ保護

```
{
  "Version":"2012-10-17",
  "Statement":[{
    "Sid":"RestrictToTLSRequestsOnly",
    "Action":"s3:*",
    "Effect":"Deny",
    "Resource":[
      "arn:aws:s3:::s3-bucket-name",
      "arn:aws:s3:::s3-bucket-name/*"
    ],
    "Condition":{
      "Bool":{
        "aws:SecureTransport":"false"
      }
    },
    "Principal":"*"
  }]
}
```

アクセスコントロールリスト（ACL）

　ACLは現在非推奨となっているアクセス制御方法です。**バケットACL**と**オブジェクトACL**の2種類あります。バケットACLを使用するケースはあまりなく、Amazon CloudFrontのアクセスログをS3バケットに保存する場合に使用します。バケット単位でのアクセス制御は、基本的にバケットポリシーでよいでしょう。オブジェクトACLはいくつか活用できるケースがあります。たとえば、バケットの所有者とそのバケットにあるオブジェクトの所有者が異なる場合、オブジェクトの所有者がオブジェクトACLを使用してそのオブジェクトのアクセスを制御する必要があります。バケットの所有者にアップロードしたオブジェクトのアクセス許可をするには、オブジェクトの所有者がバケット所有者に対してオブジェクトACLを設定します。ACLを無効にしている場合は、自動的にすべてのオブジェクトの所有者がバケットの所有者（＝バケットを作成したAWSアカウント）となるため、所有者が異なるといった状況は発生しません。別の活用例として、バケットポリシーでも説明したとおり、多数のオブジェクトに対してオブジェクト単位でアクセス制御を行う場

合は、オブジェクトACLが有効な手段となります。

歴史的な背景もありACLは非推奨となりました。元々S3バケットのアクセス制御はACLしか無かったのですが、その後IAM、バケットポリシーが登場しました。IAMやバケットポリシーでより柔軟な制御ができ、ACLを使用すべきユースケースが減ったことから、2021年に無効化が推奨されることになりました。

アクセスポイント

アクセスポイントは直接バケットのアクセスを制御する機能というよりも、アクセスポイントというバケットへの接続先を追加して、そこでアクセス制御を行う機能です。ACLが無効となった場合、S3バケット側はバケットポリシーのみでバケットやオブジェクトのアクセス制御を行います。バケットポリシーは1バケットに対し1つのため、複雑なアクセス要件が出た場合はポリシー内容が複雑になり管理しにくくなります。

具体的な例を見ていきましょう。たとえば以下の要件があったとします。

- **IAMユーザーAはaフォルダのオブジェクトを閲覧したい**
- **IAMユーザーBはbフォルダのオブジェクトを閲覧したい**

これを実現する場合は以下のようなポリシーを作成します。

```
{
  "Version": "2012-10-17",
  "Statement": [
    {
      "Effect": "Allow",
      "Principal": {
        "AWS": "arn:aws:iam::123412341234:user/A"
      },
      "Action": [
        "s3:GetObject"
      ],
      "Resource": "arn:aws:s3:::s3-bucket-name/a/*"
```

4章 データ保護

```
    },
    {
      "Effect":"Allow",
      "Principal":{
        "AWS":"arn:aws:iam::123412341234:user/B"
      },
      "Action":[
        "s3:GetObject"
      ],
      "Resource":"arn:aws:s3:::s3-bucket-name/b/*"
    }
  ]
}
```

ユーザーが2名であれば問題ないですが、10名、20名と増えた場合や、IPアドレス制限など他の要件も加わった場合、管理が難しくなります。

■ 図4-17　バケットポリシーによるアクセス制御

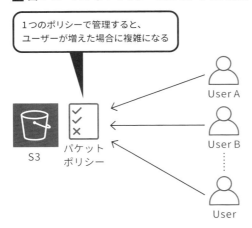

アクセスポイントを作成することで、個々のポリシーが小さくなり管理しやすくなります。

■ 図4-18　バケットポリシーによるアクセス制御

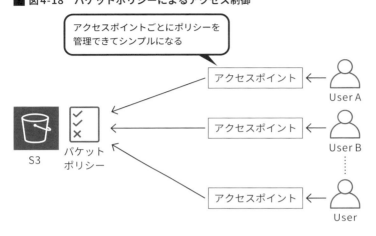

アクセスポイントを作成するとアクセスポイントごとに以下のようなARNが発行されます。

arn:aws:s3:ap-northeast-1:123412341234:accesspoint/access-point-name

アクセスポイントごとにポリシーを設定します。文法はバケットポリシーと同様です。ユーザーは、アクセスポイントのARN経由でアクセスすることでS3バケットへアクセスできます。アクセス制御はアクセスポイントに設定したポリシーが適用されます。ただし、S3バケットのARNを使用したアクセスも引き続き可能なため、アクセスポイントでのアクセスを強制する場合はバケットポリシーでアクセスを拒否しておく必要があります。以下はアクセスポイント**access-point-name**以外からのアクセスを拒否するバケットポリシーです。

```
{
  "Version":"2012-10-17",
  "Statement":[
    {
      "Effect":"Deny",
      "Principal":"*",
```

4章　データ保護

```
    "Action": [
      "s3:GetObject"
    ],
    "Resource": "arn:aws:s3:::s3-bucket-name/*",
    "Condition": {
      "StringNotEquals": {
        "s3:DataAccessPointArn": "arn:aws:s3:ap-northeast-1:12341234
1234:accesspoint/access-point-name"
      }
    }
  }
 ]
}
```

アクセスポイントのポリシー最大サイズはバケットポリシーと同じく20KBです。AWS
アカウントあたり最大10,000個作成可能です（上限緩和可能）。バケットポリシー管理が複
雑になる場合は、アクセスポイントの利用も検討しましょう。

4-6-2 署名付きURLを使用したS3へのアクセス

署名付きURLを使用すると、指定した有効期限の間、生成したURLからのみオブジェク
トにアクセスを許可できます。通常のURLに長い文字列の認証情報が付与された署名付き
URLが生成され、そのURLを使用することで一定期間誰でもアクセスができます。

URLのみでアクセスできるため、IAMユーザーは不要です。課金を行った限定ユーザー
に対するアクセスなどに使用できます。URLが漏れると誰でもアクセスができる点に注意
が必要です。

URLはマネジメントコンソールやAWS CLI、各種AWS用SDKを使用して発行できます。
発行時に有効期限を合わせて設定します。通常URLと署名付きURLの例は次の通りで、署
名付きURLは推測してアクセスできるものでもないので、URL情報が漏れない限りは不正
アクセスはないと見てよいでしょう。

Amazon S3

・**通常のURL**

https://bucket-name.s3.ap-northeast-1.amazonaws.com/sample.txt

・**署名付きURL**

https://bucket-name.s3.ap-northeast-1.amazonaws.com/sample.txt?AWSAccessK
eyId=ABCDxxxxxxxxxxxxEFGH&Expires=1474442560&Signature=ABCDxxxxxxxxxxxxxxxxxxxxxxxxxxxx
xxE%FG

　ダウンロード用のURLだけでなく、アップロード用の署名付きURLも生成できます。こ
れを使用することで、外部のユーザーにS3上にファイルをアップロードしてもらうことが
可能です。

4-6-3　S3データ格納時の暗号化

　EBSやRDSなどの他サービスと同様に、S3でもKMSキーを使用して、S3に保存される
データを暗号化できます。S3のサーバーサイド暗号化を使用して、保管時にデータを暗号
化できます。設定はとても簡単で、一度暗号化を設定しておくとユーザーは暗号化を意識せ
ずにデータへアクセスすることが可能です。

サーバーサイド暗号化で使用できるキー

　以下4種類のキーをサーバーサイド暗号化に使用することが可能です。なお、デフォルト
ではSSE-S3による暗号化が設定されます。

・**Amazon S3 マネージドキー（SSE-S3）**
・**カスタマーマネージド KMSキー（SSE-KMS）**
・**カスタマーマネージド KMSキーによる二層式暗号化（DSSE-KMS）**
・**ユーザー指定のキー（SSE-C）**

　SSE-KMSとSSE-S3は、KMSで生成キーであり、使用方法は「KMSキーのタイプ」で説
明しているため、ここでは割愛します。

　DSSE-KMSは二層の暗号化が適用された、SSE-KMSよりも強固な暗号化方式です。
FIPS（Federal Information Processing Standards: 連邦情報処理標準）準拠のための
CNSSP 15（Committee on National Security Systems Policy No. 15）といった高いコ

195

4章　データ保護

ンプライアンスにもこの方式で準拠が可能です。

SSE-Cはユーザーが用意するキーで、KMSは使用しません。キーをユーザー側（アプリケーションやデータベースなど）に保存しておき、S3へのAPIリクエスト時にパラメータとしてキー情報を指定することで、暗号化/復号の処理を行います。AWS上にキー情報は保存されないので、AWS環境とキー情報の保存場所を分けてセキュリティを高めたい場合はSSE-Cを使用します。

S3バケットキー

KMSキーでS3バケット内のデータを暗号化していた場合、データのアップロードや取得のたびに暗号化の処理が発生します。KMSではリクエストに対しても課金が発生するため、S3へ大量の処理を行う場合はこのKMSの料金が課題になってくる場合があります。そこで使用できるのが**S3バケットキー**です。一時的にS3バケット専用のキーを作成し、そのキーをKMSキーの代わりに暗号化の処理に使用します。こうすることで、最大99%のKMSリクエストコストを削減できます。使用できるのはSSE-KMSのみです。

4-6-4　S3クライアントサイド暗号化

保管時だけでなく、データ伝送時も暗号化したい場合や、特定のアプリケーションのみで復号したい場合などはクライアントサイド暗号化を使用します。パスワードや個人情報など重要な情報を扱う場合はクライアントサイド暗号化を検討したほうがよいでしょう。

データ暗号の流れは「4-1-3 Envelope Encryption」で説明したとおりで、暗号化の処理をアプリケーションで実装し、データを暗号化します。KMSキーを使用する場合はAWSのSDKを使用して暗号化処理を実装します。ユーザー独自のキーを使用する場合は、暗号化の処理やキーの管理もユーザーが実装する必要があります。

Amazon S3

4-6-5 Amazon S3 Glacier

Amazon S3 Glacier（以下、S3 Glacier）はデータのバックアップやアーカイブ用途で、S3よりも低コストで利用できるストレージサービスです。S3バケットにライフサイクルルールを設定し、自動的にS3 Glacierに移行することも可能です。また、通常のS3にもストレージクラスという形で複数のクラスが用意されています。S3およびGlacierの各ストレージクラスを整理すると次の表のとおりとなります。料金はすべて本書執筆時点、東京リージョンの情報です。

ストレージクラス名	データ取り出し時間	保存料金	データ取り出し料金
S3 Standard	ミリ秒	0.025USD （最初の50TBまで）	無料
S3 Standard IA（低頻度）	ミリ秒	0.0138USD/GB	0.01USD/GB
S3 Glacier Instant Retrieval	ミリ秒	0.005USD/GB	0.03USD/GB
S3 Glacier Flexible Retrieval	5-12時間 （迅速の場合1-5分）	0.0045USD/GB	0.011USD/GB （迅速の場合0.033USD、大容量は無料）
S3 Glacier Deep Archive	12時間以内	0.002USD/GB	0.022USD/GB （大容量は0.005USD）

ここで紹介したストレージクラス以外にも、アクセス数を分析してストレージクラスを自動分類して保存してくれる**S3 Intelligent-Tiering**や、**S3 1ゾーン IA**という1AZのみに保存されるものも存在します。

表で紹介したクラスの下にいくほど保存コストが安くなるため、コンプライアンス要件などで大量の過去分ログファイルやデータを保存する必要がある場合に最適です。データの保存コストは安くなりますが、S3 Standard以外はデータ取り出しに料金が発生するため注意が必要です。S3 Glacier Flexible RetrievalとS3 Glacier Deep Archiveについてはデータ取り出しの時間もかかります。通常の取り出し以外に、迅速に取り出せるがコストが高くなるオプションと、大容量のデータを一気に取得して安くなるオプション（バルク）が存在します。

いくつかセキュリティに関するS3 Glacierの機能も見ていきます。

197

4章　データ保護

保存データの暗号化

S3 Glacier（Instant Retrieval、Flexible Retrieval、Deep Archive）に保存されるデータは、自動的にAWSが管理するキーで暗号化されます。これはユーザー側で変更することができません。もし独自のキーでデータを暗号化したい場合は、クライアントサイド暗号化を使用します。

ボールトロック（Vault Lock）

S3 Glacierでは、保存するデータを**アーカイブ**（Archive）、アーカイブを格納する箱（コンテナ）のことを**ボールト**（Vault）と呼びます。**ボールトロック**（Vault Lock）という機能を使用することで、ボールトに保存されたデータをロックして修正できないよう設定できます。たとえば、ユーザーの操作ログなど、監査上の理由で修正が許されないデータに対してこの機能を使用します。修正だけでなくデータの削除を防ぐことも可能です。**ボールトロックポリシー**で削除を拒否するといった制御内容を記載し、そのポリシーでロック完了（Complete）まで行うとポリシーの変更ができなくなります（ポリシーもロックされる）。ボールトロックの開始（Initiate）後、完了までの間は中止（Abort）を実行してロックを中止することが可能です。開始から完了までは24時間以内に実施する必要があります。ボールトロックポリシー以外にも**ボールトアクセスポリシー**という設定も存在し、こちらはロックという概念はなく定常的にボールトへのアクセスを制御するために使用されます。

図4-19　ボールトロック

Amazon S3

ライフサイクルルールによるオブジェクト削除

　ライフサイクルポリシーによるGlacierへの自動移行も可能と説明しましたが、自動削除の設定も可能です。S3バケットのバージョニングがOFFになっている場合、ライフサイクルルールで有効期限を設定すると、期限後のオブジェクトは自動削除されます。バージョニングがONになっている場合、削除マーカーが付与されます。削除前のオブジェクトは非現行のオブジェクトとして管理されますが、この非現行オブジェクトを自動削除する設定もライフサイクルルールで設定可能です。

■ **図4-20　ライフサイクルルールによる削除設定**

4-6-6 S3オブジェクトロック

　S3 Glacierのボールトロック機能について紹介しましたが、Glacierに移行せず、S3上にあるオブジェクトをロックすることも可能です。参照回数がほとんどないオブジェクトに関しては、S3 Glacierのボールトロック機能を使い、監査要件などで定期的にファイルの確認が必要なのであれば、S3オブジェクトロックの機能を使用するとよいでしょう。一度書き込むと読み込みしかできなくなることから、Write Once Read Many（WORM）モデルと呼ばれます。

199

4章　データ保護

オブジェクトロックの設定方法

　オブジェクトロックの設定はまずバケット単位で行う必要があり、バケット作成時のみ有効にできます。バージョニング機能を合わせて有効にする必要があります。

■ 図4-21　S3オブジェクトロックの設定（バケット作成時）

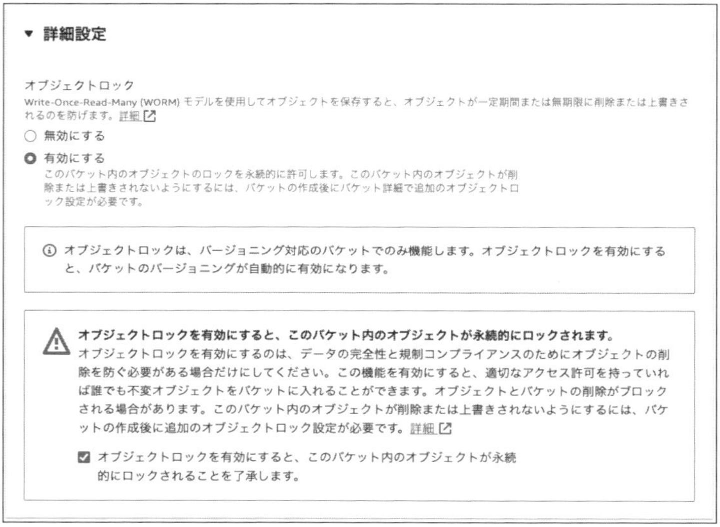

　この設定でバケットを作成してもデフォルトでオブジェクトがロックされる訳ではありません。アップロード後にオブジェクト単位でロックの設定を行うか、デフォルトのロックの設定を行う必要があります。ロック時は以下の設定を行います。

・リテンションモード

　「ガバナンスモード」と「コンプライアンスモード」の2種類から選択します。ロックの解除などを一部のユーザーに許可する場合はガバナンスモード、rootユーザーを含めたすべてのユーザーに対して変更を拒否する場合はコンプライアンスモードを選択します。あわせてロックされる保持期間を設定します。

・リーガルホールド（法的保有）

　リテンションモードを上書きする形で、期限なしのオブジェクトロックが可能です。**s3:PutObjectLegalHold**権限を持つIAMユーザーによって、この設定の有効と解除が可能です。

図4-22　S3オブジェクトロックの設定（オブジェクト）

4章 データ保護

AWS Secrets Managerと Parameter Store

▶▶ 確認問題

1. Secrets Managerには保存情報の自動更新機能がある
2. Parameter Storeは認証情報などの機密情報の保存のみに使用する

1. ○　　2. ×

ここは▶必ずマスター！

Secrets Managerの利用用途
RDSなどのAWSサービスの認証情報や、DB認証情報などの保存を目的に使用する

Parameter Storeの利用用途
認証情報に加え、一般的なパラメータ情報の保存用途としても使用できる

4-7-1　AWS Secrets Manager

　データ保護の観点でデータそのものを暗号化して保護することも重要ですが、データへアクセスする人を限定するための認証情報を管理することも重要です。RDSなどのデータベースへ接続する際はユーザー名とパスワードを認証情報として使用します。アプリケーション内で接続情報を管理している場合は、アプリケーションが外に漏れた際にパスワードも合わせて漏れてしまうので、セキュリティが高いとは言えません。暗号化に使用する鍵を別で管理する必要がありますが、これには準備や運用のコストがかかります。また、定期的にパスワードを更新することでセキュリティを高めることもできますが、これにも大きな手間がかかります。

　前置きが長くなりましたが、AWSには**Secrets Manager**というパスワードなどの認証情報を管理するサービスがあります。KMSを使用してパスワードとキーを別で管理してもよいのですが、Secrets Managerを使用すると簡単にパスワードを秘匿化でき、アプリケーションとは別の環境で管理できます。

AWS Secrets ManagerとParameter Store

利用の流れ

SecretsManagerと統合されたAWSサービスで使う場合は作成時に簡単にSecrets Managerで設定が可能です。たとえばAmazon RDSでは次のように作成時にチェックを入れるだけでSecrets Managerで認証情報が管理されるようになります。

■ 図4-23　SecretsManager利用の流れ

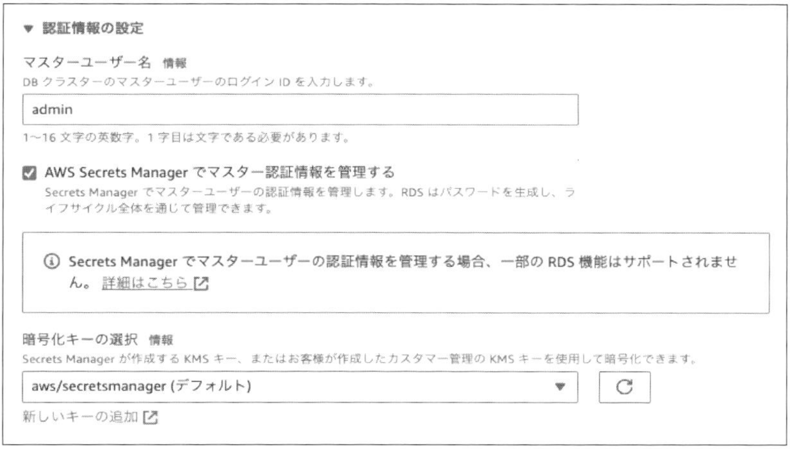

▼ 認証情報の設定

マスターユーザー名　情報
DB クラスターのマスターユーザーのログイン ID を入力します。

```
admin
```

1～16 文字の英数字。1 字目は文字である必要があります。

☑ AWS Secrets Manager でマスター認証情報を管理する
Secrets Manager でマスターユーザーの認証情報を管理します。RDS はパスワードを生成し、ライフサイクル全体を通じて管理できます。

ⓘ Secrets Manager でマスターユーザーの認証情報を管理する場合、一部の RDS 機能はサポートされません。詳細はこちら 🗗

暗号化キーの選択　情報
Secrets Manager が作成する KMS キー、またはお客様が作成したカスタマー管理の KMS キーを使用して暗号化できます。

```
aws/secretsmanager (デフォルト)                              ▼        ⟳
```

新しいキーの追加 🗗

AWSサービスでの利用

シークレットを作成する際は、AWSのサービスを含め、以下のタイプから選択できます。

・RDSの認証情報
・Amazon Redshiftクラスターの認証情報
・Amazon DocumentDBの認証情報
・その他データベースの認証情報
・その他シークレット（APIキーなど、DB認証情報以外の情報）

4章　データ保護

自動更新（ローテーション）

　アプリケーション内でパスワードを管理している場合、パスワードを変更する場合はアプリケーションも合わせて変更することになり大変ですが、Secrets Managerには自動ローテーション機能が備わっています。アプリケーションはSecrets ManagerのAPIを呼んで認証情報を使用しているだけなので、アプリケーションの変更なくパスワードの自動変更（ローテーション）が可能です。変更処理はLambdaで行われ、DB側とSecrets Managerの両方を更新することになります。Lambdaの権限不足などによるエラーでSecrets Manager側の更新が失敗した場合はアプリケーションからDB接続できなくなるので注意が必要です。RDSでは**マネージドローテーション**という仕組みが用意されており、この方法ではLambda関数は使用されません。

Secrets Managerの料金

　Secrets Managerの利用には以下の料金が発生します。

- ・シークレット1件あたり0.40USD/月
- ・10,000回のAPIコールあたり0.05USD

　大量のシークレットを管理したり、大量のアクセスが発生する場合は注意が必要です。

　また、シークレットの暗号にKMSを使用しているため、KMS APIの料金もわずかですが発生します。

AWS Secrets Manager と Parameter Store

4-7-2 AWS Systems Manager Parameter Store

Secrets Managerととても似た機能で、**Systems Manager**の**Parameter Store**という機能があります。Secrets Managerと同じく、パスワードなどの文字列情報をParameter Store上に保存管理できます。Secrets Managerは暗号化前提でセキュアな認証情報を保存することが目的でしたが、Parameter Storeでは暗号化されないプレーンなデータと暗号テキストの両方を保存できます。Systems Managerにはほかにも多くの機能がありますが、詳細は「6-2 Systems Manager」で説明します。

パブリックパラメータ

一部のAWSのサービスが提供する**パブリックパラメータ**というものが存在します。代表的なもので言うとEC2のAMI情報があり、これを使用してamazon-linuxやWindowsの最新AMIの情報を取得できます。CloudFormation等で自動的に最新のAMIイメージを使用したい場合はこのパブリックパラメータを使用します。

その他、AWSのサービス、リージョン、アベイラビリティーゾーンなどの情報一覧もこのパブリックパラメータから取得が可能です。

スタンダードパラメータとアドバンスドパラメータ

Parameter Storeには、スタンダードパラメータとアドバンスドパラメータの2種類が存在します。スタンダードパラメータは、最大10,000個で、最大サイズは4KBとなっていますが、**アドバンスドパラメータ**を使用すると、最大数が100,000個、最大サイズが8KBになります。また、アドバンスドパラメータではパラメータポリシーという形で有効期限の設定ができます。ただし、アドバンスドパラメータは有料となります。

Secrets Manager と Parameter Store の違い

利用用途や利用方法は基本的に同じになりますが、Secrets Managerと比べ、Parameter Storeには以下のような違いがあります。

- 自動ローテーション機能はありません。ユーザー側で更新処理を行う必要があります。
- CloudFormationなど、数多くのAWSサービスと連携が可能です。
- 基本的に利用料金は**無料**です。（ただし、後述の上限セットやアドバンスドパラメータでは追加料金が発生し、暗号化している場合はKMSの利用料がかかります。）
- Parameter Storeは1秒あたりの最大リクエスト数は上限セットで最大10,000で、

205

4章　データ保護

SecretsManagerはデフォルトで10,000になります。

　最大リクエスト数について、デフォルト値ではスタンダードとアドバンスドのどちらも1秒あたり40となっていますが、**上限セット**という追加の設定を行うことで、GetParameterというパラメータ値を取得するAPIについて10,000まで引き上げ可能です。この設定を行った場合は、通常無料であるスタンダードパラメータについて、1万リクエストあたり0.05USDの料金が発生します。

　Secrets ManagerとParameter Store、どちらを使えばよいのかという疑問が出てきますが、基本的にはParameter Storeで十分です。コンプライアンス要件などでパスワードの自動ローテーションが必要な場合や、RDSのパスワード管理を楽に行いたい場合はSecrets Managerが有力な選択肢になるでしょう。

　差分の比較は以下のとおりです。

項目	Secrets Manager	Parameter Store（スタンダード）	Parameter Store（アドバンスド）
自動ローテーション	有り	なし	なし
対応サービス	データベースやAPIキー	多くのAWSサービス	多くのAWSサービス
利用料金	1シークレットあたり0.40USD、10,000回呼び出しあたり0.05USD	無料	1パラメータあたり0.05USD、10,000回呼び出しあたり0.05USD
秒間最大リクエスト	10,000	10,000（上限セット時）	10,000（上限セット時）

4-8 データ保護に関するアーキテクチャ、実例

4-8-1 S3バケットのレベル別暗号化

以下のような要件でS3バケットを格納するファイルに応じて重要度：中、重要度：高に分ける必要があるとします。

・暗号化に使用するキーは90日間でローテーションする
・重要度：高のバケットはMFAを強制する

バケットにカスタマーマネージドキーを使用してS3のサーバーサイド暗号化とKMSの自動ローテーションを有効にし、重要度：高のバケットにはキーポリシーまたはバケットポリシーでMFAを強制することで実現可能です。

■ 図4-24 　S3バケットのレベル別暗号化

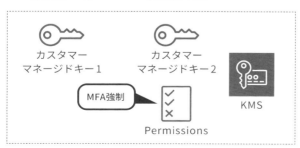

4-8-2 複数サービスからSecrets Manager使用

EC2、LambdaそれぞれでRDSに接続するアプリケーションを実装しているとします。DB認証情報をアプリケーション内に保存するのはセキュリティリスクがあるため、Secrets Manager上に共通の情報として保存しておくことでセキュリティを高めることが可能です。EC2、LambdaそれぞれにSecrets Managerへアクセスが可能なIAM Roleの付与が必要となります。

■ 図4-25　複数サービスからSecrets Manager使用

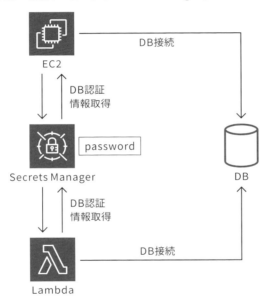

マルチリージョンでのKMSキー使用

暗号化したEC2のEBSのリージョン間コピーや、暗号化したRDSのリードレプリカを別リージョンに作成する場合は、コピー元のリージョンとは異なるKMSキーを指定する必要があります。マルチリージョンキーを作成し、レプリカキーをコピー先のリージョンで指定します。

図4-26 マルチリージョンでのKMSキー使用

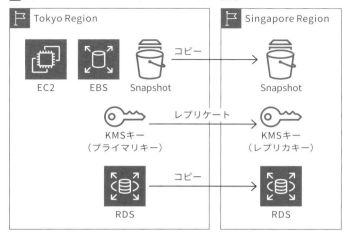

4-8-3 IAMポリシー、キーポリシー、バケットポリシー

　EC2上でアプリケーションを実装し、そのアプリケーションから暗号化が有効になっているS3バケットにデータの書き込み/読み込みがある場合を考えます。データの暗号化にはKMSのカスタマーマネージドキーを使用します。以下3つのポリシーについて正しく権限を設定する必要があります。

・EC2のIAM Role（インスタンスプロファイル）に付与するIAMポリシー
　S3にデータを読み書きするポリシーと、暗号化に使用するKMSのポリシーが必要になります（ただし、キーポリシー側に個別の許可がある場合は不要）。

・KMSのキーポリシー
　IAMポリシーを有効にするデフォルトキーポリシーを設定するか、EC2のアプリケーションからキーに対するアクセスを許可するようにポリシーを設定する必要があります。

・S3バケットポリシー
　EC2からデータへのアクセスを許可する必要があります。

　これら3つのポリシーの内容を理解して正しく設定する必要があります。

4章 データ保護

■ 図4-27　IAMポリシー、キーポリシー、バケットポリシー

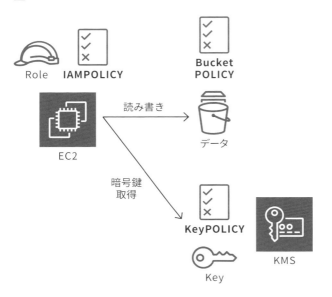

4-8-4　S3オブジェクトロックを使用した監査ログ対応

S3のオブジェクトロック機能を使用して、各種システムログやアクセスログを変更不可とし、ログファイルの改ざん対策が可能です。

■ 図4-28　S3オブジェクトロックを使用した監査ログ対応

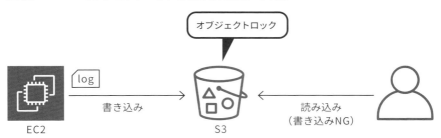

データ保護　まとめ

4-9 データ保護 まとめ

　データ保護に関連するサービスの内容を本章で説明しました。最初に紹介したKMSは特に重要であり、セキュリティ認定試験にも多く出てきます。一度読んでよくわからなかった場合は、繰り返し読んだり、実際にAWSマネジメントコンソールからKMSを触ってみたり、公式ドキュメントを読むとよいでしょう。単なる使い方だけではなく、制約事項も合わせて理解しておく必要があります。

　その他のサービスについて、サービスごとに色々と説明をしましたが、基本的には格納時にどう暗号化するか、通信上（または送る前にクライアント側）でどう暗号化するか、方式を理解していけばよいでしょう。データへのアクセス制御についても合わせて学習しておきましょう。

本章の内容が関連する練習問題
　4-1 → 問題3,22,32,36
　4-3 → 問題38
　4-5 → 問題41
　4-6 → 問題20,23,41,55,56
　4-7 → 問題43,44

5章

ログと監視

5章　ログと監視

　日々新しい脆弱性は発見されており、また攻撃の方法も進化しています。また、人為的な
ミスなどもあり、どんなにセキュリティ対策を行ってもセキュリティ上の脅威はなくなりま
せん。そのため、日々の状態を監視しておくことや各種データを記録しておくことは、問題
の早期発見や有事の際のリカバリーに役立ちます。

　AWSは多数のサービスが存在し、設定内容もそこから出力される情報も多種多様です。
AWSではそういった情報を簡単に収集し、管理するためのサービスも充実しています。

　本章ではAWSから得られるログの種類や、それらを有効利用するためのサービスについ
て説明します。

Amazon CloudWatch

5-1 Amazon CloudWatch

▶▶ 確認問題

1. CloudWatchではAWSサービスからデータが自動で登録される
2. CloudWatchに任意のデータを登録することはできない
3. CloudWatchにオンプレミスサーバーからデータを登録することができる

1.○ 2.× 3.○

ここは▶ 必ずマスター！

各種データをメトリクス として収集

サーバーのリソース情報や 動作状況を収集し、時系列 で統計したものを可視化す るサービス

オンプレミス環境の データを収集できる

カスタムメトリクスとして データを登録することで、 オンプレミス環境のデータ も扱うことができる

ログを収集し、 管理することも可能

CloudWatch Logsでは、 ログデータを収集して監 視、保存することができる

5-1-1 概要

Amazon CloudWatch（以下、CloudWatch）はAWSのサービスのメトリクス、ログ、 イベントといったデータを収集し、可視化するサービスです。また、CloudWatchエージェ ントやAPIを利用することにより、オンプレミスリソースの監視を行うことも可能です。

CloudWatchには、事前に設定したしきい値超過、または機械学習アルゴリズムによる メトリクスからの異常検知を検出する**CloudWatchアラーム**という機能があります。こ のアラームが反応した際にSNSによる通知を行ったり、事前に設定したアクションを実行 させることができます。

CloudWatchで取得したメトリクスは最大15ヵ月保持することができます。

215

5章 ログと監視

アラームやイベントはインシデント対応に利用されます。こちらの機能については、6章のインシデント対応で説明します。

■ 図5-1　CloudWatchトップ画面

5-1-2 メトリクス

メトリクスとは、CloudWatchに登録された時間ごとのデータ集合を指します。メトリクスは、AWSのサービスから自動で登録されたり、APIからの操作により登録されたりして、CloudWatchに蓄積されます。CloudWatchはそれらのデータを時系列で統計し、可視化します。

具体的なメトリクスの種類としては、EC2インスタンスのCPU使用率、ELBのリクエスト受信数、RDSのディスク使用量などが挙げられます。AWSのサービスはデフォルトで決められたメトリクスを登録するようになっており、AWSの利用を始めるだけで、利用しているサービスの稼働状況をメトリクスとしてCloudWatchから確認できるようになります。

デフォルトで登録されるメトリクスは一般的に標準メトリクスと呼ばれています。

次の画像はEC2のCPU使用率メトリクスを画面で表示したものになります。

■ 図5-2　CPU使用率メトリクス

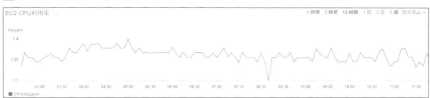

Amazon CloudWatch

AWS CLIやAPIを用いることで、デフォルトで用意されているもの以外の任意のデータを
メトリクスとしCloudWatchに登録し、統計・可視化することも可能です。

たとえば、アプリケーションの特定の処理が実行されるたびに実行回数をメトリクスとし
て登録するようにしておくことで、CloudWatchからその処理の呼び出し頻度をグラフ化
して確認することが可能です。

デフォルトのもの以外に登録されるメトリクスをカスタムメトリクスといいます。カスタ
ムメトリクスはAWS環外からも登録することができるので、オンプレミスのシステムの稼
働状況をCloudWatchで把握することも可能です。

5-1-3 CloudWatchエージェント

EC2インスタンスにおいても、標準メトリクスは自動的に収集されますが、CloudWatch
エージェントをインストールすることで、追加のデータをカスタムメトリクスとして登録し
たり、インスタンス内で出力されるログの内容をCloudWatchに登録したりできます。

CloudWatch エージェントはLinux、Windows、macOSのEC2インスタンス上で動作
するほか、OS がLinux、Windows、macOS であればオンプレミスのサーバーにもイン
ストール可能です。CloudWatchエージェントをインストールすることで、オンプレミス
サーバーのリソースもカスタムメトリクスとしてCloudWatchで管理することができます。

5-1-4 ログ

CloudWatchにはメトリクスだけでなく、ログの内容を文字列として登録できます。登録
されたログはCloudWatch Logsという機能で一元管理されます。

前述したCloudWatchエージェントにより登録されるサーバーログのほか、AWS
CloudTrail、Route 53、Lambdaなどのログを登録できます。

登録されたログは、CloudWatch Logsによって表示、検索、フィルターできます。また、
文字列を検知してユーザーに通知するための機能や、ログデータをファイルとしてS3に出力
する機能も備えています。独自のクエリ言語を実行してより柔軟な検索を行うCloudWatch
Logs Insightsという機能もあります。

5章 ログと監視

次の画像は、EC2のシステムログをCloudWatch Logsに転送して表示したものです。

■ 図5-3　CloudWatch Logsサンプル

CloudWatchの各機能とその関連をまとめると以下のようになります。

■ 図5-4　メトリクスの収集

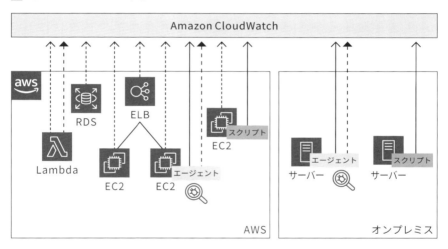

Amazon CloudWatch

5-1-5 さまざまな要素のモニタリング

　古くからある基本的なCloudWatchの機能はこれまでに挙げたメトリクスの収集とログの収集です。現在は、特定のリソースに対するインターネット接続の状態を可視化するAmazon CloudWatch Internet Monitor、WebアプリケーションやAPIエンドポイントをモニタリングするAmazon CloudWatch Synthetics、AWSとオンプレミス環境の間の接続状況を可視化するCloudWatch Network Monitorといった、さまざまな要素のモニタリング機能が追加されています。

5-1-6 データ収集における注意点

　CloudWatchにメトリクスおよびログを登録するには、IAMのアクセス許可が必要です。具体的には、PutMetricDataやPutLogEventsといったものが挙げられます。また、CloudWatchエンドポイントへのネットワーク到達性も確保する必要があります。パブリックサブネットのインスタンスやインターネットに接続できるオンプレミスサーバーであれば問題となりにくいですが、プライベートサブネットのインスタンスの場合はVPCエンドポイントやNATゲートウェイを設置する必要があります。

　CloudWatchエージェントをインストールしたもののメトリクスが表示されない場合はIAM権限とネットワーク到達性を確認してみるとよいでしょう。

5章　ログと監視

5-2 AWS Config

▶▶ 確認問題

1. AWS ConfigではAWSの全リソースの変更履歴が自動収集される
2. AWS Configはオンプレミスサーバーの設定変更履歴を収集できる
3. AWS Configを用いることで特定の時点の設定状況を把握できる

1. ×　2. ○　3. ○

ここは▶必ずマスター！

設定内容の変更履歴を保存する

AWSリソースおよび管理対象のサーバーの設定変更を検知し、設定内容の履歴を保存する

対象サーバーの管理は、AWS Systems Manager

AWS Systems Managerにマネージドインスタンスとして登録されたサーバーを対象としてモニタリングする

オンプレミス環境のサーバー設定も収集できる

マネージドインスタンスとしてサーバーを登録することで、オンプレミス環境のサーバーも扱うことができる

5-2-1 概要

　AWS ConfigはAWSリソースやEC2インスタンス、オンプレミスサーバーの設定の変更管理、変更履歴のモニタリングを行うためのサービスです。

　設定内容が継続的にモニタリングされ、**Configルール**と呼ばれる事前に定義した「あるべき設定」との乖離を評価できます。また、変更の発生時にCloudWatch Eventsをトリガーしたり、SNSを用いてユーザーに通知を送ることも可能です。変更のたびに履歴が記録される**連続的な記録**と変更があった場合のみ24時間ごとに1回履歴が記録される**定期的な記録**が選択でき、定期的な記録の場合はコストを抑えることができます。

　変更の履歴は保存されるため、コンプライアンス監査やセキュリティ分析のための資料として利用することも可能です。変更履歴と設定のスナップショットはS3に保存されます。

220

5-2-2 設定履歴の保存

　AWS Configに記録できるものは、AWSリソースの設定内容の履歴とEC2インスタンス、オンプレミスサーバーのオペレーションシステム設定やアプリケーション設定です。

　AWSリソースの設定をモニタリングしたい場合は、AWS Configの設定画面で対象とするリソースを指定することで設定変更が記録され始めます。EC2インスタンス、オンプレミスサーバーの設定をモニタリングしたい場合は、AWS Systems Managerに対象のサーバーをマネージドインスタンスとして登録し、そのうえでソフトウェアインベントリの収集を開始するとAWS Configに設定変更が記録されます。

■ 図5-5　設定の収集

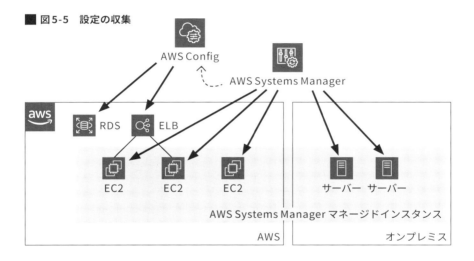

5-2-3 トラブルシューティング

連続的な記録を選択している場合、AWS Configには設定変更の発生ごとに履歴が残るので、運用上でトラブルが発生した場合にAWS Configから設定の変更履歴を追うことができます。具体的には、「いつの時点でどういう設定となっていたか」が確認できます。

この情報と次節にて紹介するAWS CloudTrail（AWSアカウントに対するAPIコールに関連するイベントを記録するサービス）にて得られる、「誰が、いつ、どういった変更要求を呼び出したのか」という情報を関連付けることで、「いつの作業で、どういった設定内容に変わったか」が把握でき、トラブルの根本原因の特定に役立ちます。

たとえば以下の例では、セキュリティグループの設定履歴を表示しており、どのような設定を行ったか確認することが可能です。設定内容だけではなく、設定変更を行ったIAMユーザー（CloudTrailイベントとして表示）や、関係するリソース（セキュリティグループであればアタッチされているネットワークインターフェースとVPC）も合わせて確認できます。

図5-6　Configの設定履歴参照

5-2-4 高度なクエリ

AWSアカウント内の設定情報に対して、SQLを実行して状況を確認できる高度なクエリという機能もあります。たとえば以下のSQLクエリをConfigの高度なクエリから実行することで、インスタンスタイプ別のEC2の数を確認することができます。

SELECTconfiguration.instanceType, COUNT(*)
WHEREresourceType = 'AWS::EC2::Instance'
GROUP BYconfiguration.instanceType

5-2-5 Configのその他の機能について

Configには、設定履歴を残す機能だけではなく、インシデント対応に役立つConfig ルールや修復アクションといった機能もあります。詳細は6章で紹介します。

5章 ログと監視

5-3 AWS CloudTrail

▶▶ 確認問題

1. AWS CloudTrailは自動的に一定期間のAWS操作ログを収集・保管している
2. AWS CloudTrailはログをS3またはEC2インスタンスに出力できる
3. AWS CloudTrailからS3に出力したログは削除できない

1.○　2.×　3.×

ここは 必ずマスター！

AWSの全操作ログを自動的に収集・保管する
AWSアカウント作成時点から全操作のログを、利用可能な形で自動的に90日間保管する

過去90日以前のログを保管するには設定が必要
S3バケットを指定し、ログファイルを出力することで、操作ログの90日以上の保管も可能

別AWSアカウントのS3への証跡出力が可能
CloudTrailログファイルは権限設定に問題がなければ別のAWSアカウントのS3にも証跡を出力可能

5-3-1 概要

　AWS CloudTrail（以下、CloudTrail）はAWSアカウントに対する操作のイベントログを記録するサービスです。

　マネジメントコンソールからの操作やコマンドラインツール、SDKからのAPIコールの発生、AWSサービスにより実行されるアクションなどすべてを記録し蓄積します。これらの情報を用いることで、どのユーザーが、どのリソースに、いつ、何をしたかを詳細に追うことができます。

　取得したログはS3にファイルとして出力したり、CloudWatch Logsに連携したりすることができます。ファイルとして出力しておけば監査証跡として利用することができ、CloudWatch Logsに連携すれば、CloudWatch Logsの機能で検索したり、特定のイベン

トの検知を行うことができます。

また、AWS Configと同様に特定のイベントが検出されたときに、CloudWatch Eventsをトリガしたり SNSを用いてユーザーに通知を送ったりすることも可能です。

■ 図5-7　操作の記録

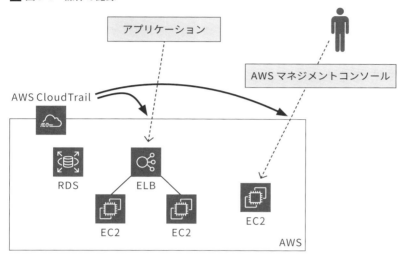

5-3-2　AWSの全操作を保存する

CloudTrailは、AWSアカウントの作成時点から自動ですべての操作を記録します。デフォルトでは対象のサービスで**過去90日間**に行った作成、変更、削除といった操作（管理イベント）をコンソールやCLIにて表示、検索できるようになっています。

CloudTrailで取得できる操作記録は、**管理イベント**、**データイベント**、**インサイトイベント**の3種類があります。

・**管理イベント**
　マネジメントコンソールへのログインと、EC2インスタンス、S3バケットといったAWSリソースの作成、変更、削除といった操作（管理オペレーション）
・**データイベント**
　S3バケット上のデータ操作、Lambda関数の実行など、リソースオペレーションに関す

5章　ログと監視

るもの（データプレーンオペレーション）

・**インサイトイベント**

　AWSアカウント内で検知された異常なアクティビティ

　デフォルトで有効になっているのはこのうちの管理イベントのみで、CloudTrailのログといえば一般的に管理イベントのことを指すことが多いです。データイベントとインサイトイベントを取得するには明示的に有効化する必要があります。

5-3-3 S3への証跡の保存

　過去90日以前の操作履歴を保存するためには、S3へCloudTrailログファイルを出力する設定を行う必要があります。ログファイルはサーバーサイド暗号化（SSE-S3）を使用して、暗号化された状態でS3に保存されます。このログファイルは**証跡（Trail）** と呼ばれます。

　また、ユーザーがコントロール可能な形で暗号化したい場合は、AWS Key Management Service（以下、KMS）を利用してログファイルを暗号化をすることも可能です。

　KMSのキーを使ったログの暗号化は、S3の暗号化と同様の手順で行います。CloudTrailのログの保存先のS3バケットに対してKMSでキーを生成し、そのキーを使って保存するログを暗号化します。KMSを使った場合、KMSへのアクセス権限をIAMによって制御することにより、権限を持っているユーザーのみがログを参照可能な構成にできるというメリットがあります。より厳格な管理が必要な場合は、KMSの利用を検討しましょう。

　S3へ保存されたログファイルは、AWSアカウントへの全操作を記録した重要な証跡ファイルとなります。そのため、改変や削除を防ぐための対策をしておくことが望ましいです。

　具体的な例としては、IAMやS3バケットポリシーを利用してユーザーのアクセスを制御したり、S3の機能である**Multi Factor Authentication Delete**を設定して不用意にログファイルを削除できないようにするといった方法があります。

　また、ログを保管するための専用のAWSアカウントを別に作成し、そのアカウントのS3にログファイルを出力するという方法もあります。この方法であれば、システム開発者の利用するAWSアカウントとログ管理者の利用するAWSアカウントが完全に分離されるため、よりセキュリティが高くなります。

　注意点として、証跡の新規作成や変更時には保存先への書き込み権限がチェックされ、書き込み権限がない場合は設定に失敗します。たとえば、バケットポリシーの設定を厳格にし

ている場合、保存先のプレフィックスを変更する際は変更先のプレフィックスに書き込み権限がないと変更に失敗します。変更前に書き込み先の権限を確認しておくようにしましょう。

S3へのCloudTrailログファイル保存設定は、全リージョンに一括で指定する方法と、個別のリージョンごとに設定する方法があります。全リージョンに一括で指定した場合は、今後AWSにリージョンが追加された場合も、自動的に新しいリージョンのCloudTrailログファイルがS3に保存されるようになります。

5-3-4 ダイジェストファイルを使ったログの整合性確認

監査上で暗号化以外に重要な要素として、保存されたログの整合性が確認できることが挙げられます。すなわち、「保存されたログが改ざんされていないことを証明できるか」ということです。

CloudTrailは整合性の検証機能を持ち、これを有効にすると配信するすべてのログファイルに対してハッシュが作成されます。そして、1時間ごとに過去1時間のログファイルを参照し、それぞれのハッシュを含むファイル(ダイジェストファイル)を作成して配信するようになります。ダイジェストファイルには、ログファイルの名前とそのハッシュ値、前のダイジェストファイルのデジタル署名などが含まれています。

これを利用して、ログの整合性を確認することができます。CLIコマンドとしてCloudTrail validate-logsコマンドが用意されているほか、独自に検証ツールを作成することも可能です。

■ 図5-8 ダイジェストファイルの配信と検証

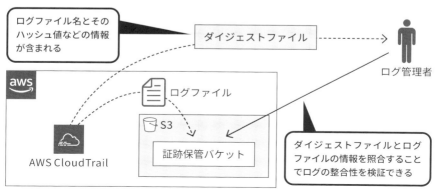

5章　ログと監視

5-3-5 CloudTrail Lake

　CloudTrailでは標準のダッシュボードから利用中のリージョンの過去90日間の管理イベントに対して検索を行うことができますが、ClodTrail Lakeを有効化することで最大2555日間（7年間）のイベントに対してSQLベースの柔軟なクエリ検索が実行できるようになります。また、検索対象を複数リージョンや他のアカウントとすることも可能です。

　料金はイベントデータの取り込みサイズと検索時の対象データサイズにかかり、クエリ実行結果は最大7日間表示できます。検索対象のデータサイズに対して課金されるため、eventTime句を利用して対象データを絞るとコストを抑えることができます。

AWS X-Ray

5-4 AWS X-Ray

▶▶ 確認問題

1. AWS X-Rayはオンプレミス環境で動作するアプリケーションもトレースできる
2. AWS X-Rayによってアプリケーションを構成するサービスが可視化される
3. AWS X-Rayを利用すると各サービスのレスポンス速度などが把握できる

1.○　　2.○　　3.○

ここは ▶ 必ずマスター！

AWS X-Rayはサービス間リクエストを収集する

アプリケーションと各サービス間のリクエストをエンドツーポイントで収集し、分析するためのサービス

アプリケーションが利用するサービスを可視化

アプリケーションを構成するサービスのマップが作成され、サービス間の関係が可視化できる

アプリケーションの問題箇所特定に役立つ

各サービスのリクエストの関係や障害発生率、レイテンシーなどから問題箇所を把握しやすくなる

5-4-1 概要

　AWS X-Rayはアプリケーション内で発生するサービス間リクエストを収集し、分析するためのサービスです。

　どのサービス間でリクエストのやり取りが行われたかを可視化したり、それらのレイテンシーや障害発生率を検出したりできるため、パフォーマンスのボトルネック調査のような内部処理を細かく追う必要がある場合に便利です。

　対応しているアプリケーションは、Amazon EC2、Amazon ECS、AWS Lambda、AWS Elastic Beanstalk、オンプレミスで実行しているNode.js、Java、.NET、Python、Goアプリケーションです。対象のアプリケーションにX-Ray SDKを統合し、X-Rayデーモンをインストールすることで、X-Rayがデータをキャプチャできるようになります。

229

5章　ログと監視

　X-Ray SDKでは、RDS や Aurora、DynamoDB、またはオンプレミスで動作する MySQL や PostgreSQL に対するアプリケーションからのリクエストのメタデータをキャプチャできます。また、SQSやSNSに対するリクエストのメタデータもキャプチャできます。

5-4-2 リクエストのトレーシング

　AWS X-Rayを用いることで、サービス全体でアプリケーションに対して行われたリクエストをエンドツーエンドで表示することができます。個々のリクエストがどのように各サービスに転送されているのかを確認することができ、問題発生箇所の特定に役立ちます。

　AWS X-Rayではアプリケーションで使用されるサービスのマップが作成されます。また、特定のサービスや問題について詳しく調査するために使用するためのトレースデータが提供されます。トレースデータには、リクエストの応答コードやエラー、各サービスで集計された障害発生率やレイテンシーといった情報が含まれています。

　これにより、サービス間のつながりが把握しづらい分散アプリケーションにおいても、リクエストの実行状況が確認しやすくなります。どの処理でパフォーマンスが落ちているのかを把握することができ、どのリソースを増強することでサービスの応答速度や可用性を向上させられるかを判断できるようになります。

230

Amazon Inspector

5-5 Amazon Inspector

▶▶ 確認問題

1. Amazon Inspectorではオンプレミスのサーバーのセキュリティ評価は実施できない
2. Amazon InspectorはEC2インスタンスおよびECSタスクのセキュリティを評価する
3. Amazon Inspectorで発見されたセキュリティリスクは自動的に修正される

1.○　　2.×　　3.×

ここは ▶ 必ずマスター!

ソフトウェアとネットワークのセキュリティを評価	評価のルールはAWSが用意したものから選択する	設定した内容に従い、自動的にチェックを実行
EC2インスタンス、コンテナ、Lambdaのセキュリティ評価やネットワークの露出がないかを検出する	評価ルールは用意されたものから選択し、ユーザーが独自に定義することはできない	ルールパッケージ、評価実行期間などを評価テンプレートに設定しておけば、自動でチェックが行われる

5-5-1 概要

　Amazon Inspector（以下、Inspector）はセキュリティ評価のためのサービスです。EC2インスタンス、ECRに登録されたコンテナイメージ、Lambda関数の脆弱性を検知します。また、EC2インスタンスについてはネットワークアクセスの問題を検出することもできます。なお、現在のInspectorはバージョン2と呼ばれるもので、以前のバージョンはInspector Classicと呼ばれます。機能が少し異なるのでInspector Classicについては最後に説明します。

　Inspectorでは、AWSによってあらかじめ用意された項目がチェックされます。パッケージ脆弱性、コード脆弱性、ネットワーク到達性と大きく3種類のチェック項目があり、検知対象のサービスによって対応する項目は下記のようになります。Inspectorの有効化はサー

231

5章 ログと監視

ビスごとに設定できますが、有効化したサービスに対しては基本的にすべてのリソースが検知対象となります。（個別の除外設定は可能です。）

- **EC2**
    - パッケージ脆弱性
    - ネットワーク到達性
- **ECR**
    - パッケージ脆弱性
- **Lambda**
    - パッケージ脆弱性
    - コード脆弱性

■ 図5-9　Inspectorの設定

Security HubやOrganizationとも統合されているので、アカウント内やアカウント間での脆弱性情報の一括管理にも役立ちます。

5-5-2　EC2

EC2に対しては、稼働中のインスタンスのパッケージ脆弱性とネットワーク到達性の検知が行われます。

ネットワーク到達性については稼働中のインスタンスに対して実行され、ネットワークへの露出がないかがチェックされます。ネットワーク到達性のスキャンは24時間ごとに行われます。

パッケージ脆弱性についてはAWS Systems Manager（SSM）エージェントがインストールされ、かつアクティブ化されているインスタンスが対象となり、共通脆弱性識別子（CVE）に該当する脆弱性がないかがチェックされます。SSMエージェントの有効化にはエージェント自体のインストールだけでなく、インスタンスがSSMと通信する必要があるため、ネットワークの通信要件やインスタンスへのIAMロールの付与が必要であることに注意しましょう。

パッケージ脆弱性の検知は、OSに関するCVE情報をもとにスキャンされますが、ディープインスペクションを有効化することで、Linuxベースのインスタンス内のプログラミング言語パッケージのパッケージ脆弱性を検出できます。パッケージ脆弱性のスキャンはLinuxベースのインスタンスではソフトウェアのインストール時やCVE情報が新たに追加されたタイミングといったほぼリアルタイムのタイミングで、Windowsベースのインスタンスでは6時間ごとに行われます。ディープインスペクションはOSに関わらず6時間ごとに行われます。

また、InspectorEc2Exclusionというキー名を持つタグ（値は任意）を付与することで特定のインスタンスをInspectorの検知対象外とすることが可能です。

5-5-3 ECR

ECRに対しては、対象として設定したリポジトリに保存されているコンテナイメージのパッケージ脆弱性がチェックされます。ECRにはオープンソースソフトウェアであるClairを利用したベーシックスキャンという機能が提供されていますが、Inspectorを利用した拡張スキャンを有効化することで、OSだけでなくプログラミング言語パッケージのパッケージ脆弱性を検知できるようになります。また、CVE情報が新たに追加されたタイミングで都度スキャンが行われるため、早期に脆弱性に気付くことができます。

ECRの監視対象リポジトリの設定はInspectorコンソールではなく、ECRコンソールのスキャン設定から行います。

5章　ログと監視

5-5-4 Lambda

　Lambdaに対しては、Lambda関数コードやLambda Layerで使用されているアプリケーションパッケージの脆弱性検知（標準スキャン）が行われます。関数の更新時やCVE情報が新たに追加されたタイミングでスキャンが行われます。

　さらにLambdaではコード脆弱性のスキャン（コードスキャン）も可能です。Amazon CodeGuru Reviewer Detector Libraryをベースとした、セキュリティベストプラクティスに基づいたコードの脆弱性を検知することができます。

　また、InspectorCodeExclusionというキー名を持つタグを付与することで特定の関数をInspectorの検知対象外とすることが可能です。キーの値は標準スキャンの除外の場合はLambdaStandardScanning、コードスキャンの除外の場合はLambdaCodeScanningを指定します。

5-5-5 Inspector Classic

　旧バージョンにあたるInspector Classicは、EC2インスタンスに限定されたセキュリティ評価サービスでした。評価対象はネットワーク到達性とホスト評価の2種類で、ホスト評価はあらかじめAWSによって用意されたルールパッケージと呼ばれるセキュリティチェックのコレクションを選択して適用する方式でした。ルールパッケージとしては、CVEのほかにCenter for Internet Security（CIS）やAWSの用意したセキュリティのベストプラクティスと言ったものが用意されていました。また、ホスト評価にはSSMエージェントではなく、専用のエージェントをインストールする必要がありました。

　これまでにInspector Classicを利用していた場合は継続利用ができますが、新規にInspectorを利用する場合はバージョン2が有効化されます。よって、従来から利用していた場合以外では気にする必要はないでしょう。

234

S3に保存されるAWSサービスのログ

5-6 S3に保存される AWSサービスのログ

▶▶ 確認問題

1. Elastic Load BalancingにはS3にログ出力する機能がある
2. S3上に出力されたログファイルは通常可視性が低い

1.◯　　2.◯

ここは ▶ 必ずマスター!

S3にログ出力される主要サービス
Elastic Load Balancing や VPC Flow
LogsなどのAWSサービスのログファイル
がS3バケットに出力される

ログの運用方法
大量ではない限り引き落としは不要、確認
業務がある場合はAthenaなどで可視化を
行う必要がある

5-6-1 概要

　AWSのさまざまなサービスでログ機能が備わっており、ログファイルや結果ファイルが
S3バケットにファイルとして保存されるものが多くあります。たとえば以下のようなもの
があります。

- **CloudTrailの証跡**
- **Elastic Load Balancingのアクセスログ**
- **Amazon CloudFrontのアクセスログ**
- **Amazon GuardDuty 結果ファイル**
- **AWS WAF のログ**
- **VPC Flow Logs（フローログ）**

235

5章　ログと監視

　S3バケットだけではなく、CloudWatch Logsにログを送信できるサービスもいくつか
あります。ログの利用状況に応じてCloudWatch LogsかS3バケットか使い分ければよい
ですが、ログファイルの監視要件や特別な要件がない限りは、料金の安いS3バケットがよ
い選択肢となるでしょう。

5-6-2 AWSサービスのログの設定例

　サービスの設定方法を見ていきましょう。

　本書ではElastic Load Balancingの1つである、Application Load Balancerを例に見
ていきます。対象のロードバランサーを選択し、属性の編集からアクセスログの有効化に
チェックを入れればOKです。有効化と合わせて格納先のバケット名を指定する必要があり
ます。なお、Application Load Balancerではアクセスログと接続ログの2種類設定が可
能です。

■ 図5-10　ELBのアクセスログ設定

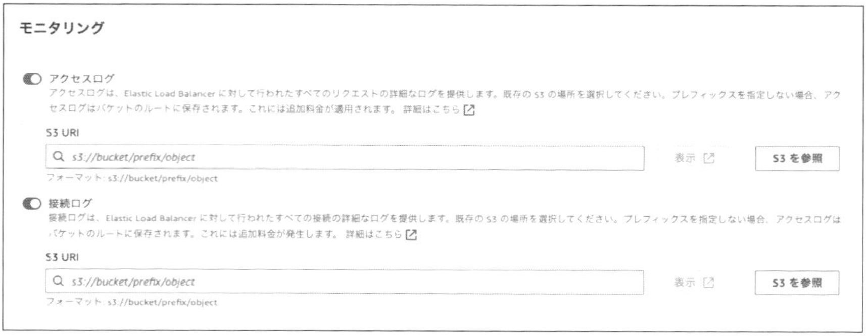

　設定が完了すると、設定したS3バケットにログファイルが順次格納されていきます。ロ
グファイルはリアルタイムに転送されるわけではなく、サービスごとに決まった間隔ごとに
転送されます。Application Load Balancerでは5分ごとにアクセスログが転送されます。
サービスごとに間隔は異なるため、詳細はサービスの公式ドキュメントを確認しましょう。

　他のAWSサービスも基本的にはログの有効化と対象のバケットを指定することでログ出
力が可能です。

S3に保存される**AWSサービスのログ**

5-6-3 ログファイルの運用について

　S3の料金は安いため、よほど大量のログを出力しない限り、過去すべてのログを格納しておいても問題ないでしょう。ログが大量になる可能性がある場合は、ライフサイクルポリシーを使用した失効処理やGlacierへの移行を検討します。詳細は4-6で紹介したGlacierやライフサイクルポリシーの説明のとおりです。

　また、ログファイルの確認を行う場合、S3に格納しただけでは、都度ファイルをダウンロード、圧縮されている場合は解凍して確認するといった手順を行う必要があります。確認の都度この手順を行うのは手間であるため、次に説明するAthenaなどを使用して可視化したほうがよいでしょう。監査の要件などで保存のみしておけばよい場合は、可視化の対応は不要です。

5章　ログと監視

5-7　Amazon Athena

▶▶ 確認問題

1. Athenaで使用するテーブルなどのスキーマ情報はS3に登録される
2. Athenaを使用してS3上のデータにSQLを実行できる

1. ×　　2. ○

ここは▶ 必ずマスター！

S3上のデータにSQLクエリを実行できる
アドホックにSQLクエリをS3上のデータに実行できるというサービスの概要を理解しておく

Athenaの仕組み
テーブルなどのスキーマ情報はAWS Glue上に格納される

5-7-1　概要

　Amazon Athena（以下、Athena）は、S3に格納されているデータに対しSQLで分析ができるサービスです。ユーザーが任意のタイミングでアドホックにクエリを実行できます。

　CSV形式、JSON形式、列データ形式（Apache ParquetやApache ORCなど）に対応しています。GZIPなどの圧縮形式のデータにも対応しており、データ量を削減しながら分析を行うことも可能です。

238

5-7-2 Athenaの仕組み

AthenaではSQLを実行するため、通常のデータベースと同様にテーブルや列名などのスキーマ情報をメタデータとして持つ必要があります。これらのメタデータは、**AWS Glue**（以下、Glue）というサービスのデータカタログというところに格納されます。Athenaではそこに格納されたスキーマ情報をもとに、S3上にあるファイルに対してSQLを実行できます。

■ 図5-11　AthenaとGlueの連携

AthenaからCREATE TABLE文を使用して、データカタログに登録することも可能ですが、AWS Glueのクローラーという機能を使用して、テキストデータの内容から自動的にスキーマ情報を検知してデータカタログとして登録することも可能です。AWS Glueの詳細な部分がセキュリティ認定試験に出ることはおそらくないため、参考程度に覚えておくとよいでしょう。

■ 図5-12　Glueのクローラー機能

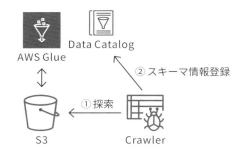

5章　ログと監視

5-7-3 AWSサービスログのクエリ

「S3に保存されるAWSサービスのログ」で紹介した各種AWSサービスのログについては、Athenaの公式ドキュメントにテーブル情報を作成するサンプルのSQL文が公開されています。

作成したテーブルに対するサンプルのSELECT文も合わせて公開されています。

参考：AWS サービスログのクエリ

https://docs.aws.amazon.com/ja_jp/athena/latest/ug/querying-aws-service-logs.html

たとえばGuardDutyの結果ファイルをAthenaのテーブルとして作成するSQL文は次の通りです。バケット名などを環境に合わせて一部変更する必要があります。

```
CREATE EXTERNAL TABLE `gd_logs` (
  `schemaversion` string,
  `accountid` string,
  `region` string,
  `partition` string,
  `id` string,
  `arn` string,
  `type` string,
  `resource` string,
  `service` string,
  `severity` string,
  `createdat` string,
  `updatedat` string,
  `title` string,
  `description` string)
ROW FORMAT SERDE 'org.openx.data.jsonserde.JsonSerDe'
LOCATION 's3://findings-bucket-name/AWSLogs/account-id/GuardDuty/'
TBLPROPERTIES ('has_encrypted_data'='true')
```

CloudTrailでは、CloudTrailのイベント履歴の画面からAthenaのテーブル作成画面に自動的に遷移して簡単にAthenaテーブルの作成、SELECT文の実行まで行うことが可能です。

図5-13　CloudTrailのAthena有効化

5-7-4　SQLクエリの実行

AWSマネジメントコンソール、Amazon Athena API、AWS CLIを使用してAthenaへのアクセスおよびSQLクエリの実行が可能です。ここではわかりやすいAWSマネジメントコンソールの例を紹介します。

先ほどのCloudTrailの画面からAthenaを有効化すると、下記の画像のようにCloudTrail証跡のテーブルが作成されます。

図5-14　CloudTrail証跡のテーブル確認

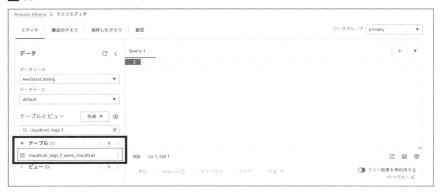

右側のQuery 1にSELECT文を記載し、実行を押下することで、S3上のファイルに対してSQLを実行できます。ここでは次の通り入力して、サンプル10件（すべての列）を表示してみます。

5章 ログと監視

```
SELECT * FROM "default"."cloudtrail_logs_xxx_cloudtrail" limit 10;
```

defaultはデータベース名で、cloudtrail_logs_xxx_cloudtrailはテーブル名です。環境によってデータベース名やテーブル名は変更になるため注意してください。

実行がうまくいくと、実行ボタンの下にSELECTの結果が表示されます。次のサンプルの画像では一部の列しか表示されていませんが、スクロールすることですべての列を表示することが可能です。SELECT文で特定の列を指定して出力することも可能です。

図5-15　Athena実行結果

実行結果は結果格納用のS3バケットに保存されるため、過去の結果は後から確認、ダウンロードすることもできます。

S3上にあるAWSサービスのログファイルを可視化したい場合は、まずこのAthenaを検討するとよいでしょう。

VPC Flow Logs

5-8 VPC Flow Logs

▶▶ 確認問題

1. VPC Flow Logsを使用して、HTTPヘッダ情報などパケットの詳細情報を確認できる

1. ×

ここは▶ 必ずマスター！

VPC Flow Logsで取得できる内容
送信元IP、送信先IP、通信許可/遮断といったネットワークの基本情報がVPC Flow Logs
に含まれている

5-8-1 概要

VPC Flow Logs（以下、フローログ）は、VPC内のIPトラフィック状況をログとして
保存できるVPCの機能です。CloudWatch LogsまたはS3に保存できます。後に説明する
Data Firehoseへも出力が可能です。監視要件がある場合はCloudWatch Logsを、必要な
ときに確認できればよい程度であればS3を選ぶとよいでしょう。フローログはネットワー
クインターフェイス単位で出力され、EC2だけでなくELBやRDS、RedshiftなどVPC上で
稼働するサービスのログがすべて出力されます。CloudFrontのようなVPC外のサービスは
アクセスログなど個別に出力されるログを確認する必要があります。

なお、通信パケットの詳細な情報はフローログでは確認できないため、パケット確認が必
要な場合はキャプチャツールを導入する必要があります。

243

5章　ログと監視

5-8-2 フローログに含まれる情報

以下の情報が含まれます。

フィールド	説明
version	フローログバージョン、デフォルトでは2
account-id	フローログのAWSアカウントID
interface-id	トラフィックが記録されるネットワークインターフェイスのID
srcaddr	受信トラフィックの送信元IPアドレス
dstaddr	送信トラフィックの送信先IPアドレス
srcport	トラフィック送信元ポート
dstport	トラフィック送信先ポート
protocol	トラフィックのプロトコル番号
packets	フロー中に転送されたパケットの数
bytes	フロー中に転送されたバイト数
start	フローの開始時刻（Unix時間）
end	フローの終了時刻（Unix時間）
action	ACCEPTまたはREJECT
log-status	OK（正常）、NODATA（ネットワークトラフィックなし）、SKIPDATA（エラーにより一部のログレコードがスキップ）の3種いずれか

　デフォルトではこの情報となりますが、**カスタムフィールド**という形で追加の情報も出力可能です。カスタムフィールドはversionに3以上の値が設定されており、複数カスタムフィールドが設定された場合はversionフィールドに最大値が出力されます。たとえばカスタムフィールドでversion 3,4の値を設定した場合は4が出力されます。カスタムフィールドはリージョンやAZ情報、ECSのクラスター情報などさまざまです。ここでは紹介しきれないため、詳細は公式ドキュメントを参照してください。

参考：フローログレコード

https://docs.aws.amazon.com/ja_jp/vpc/latest/userguide/flow-logs.html#flow-log-records

244

VPC Flow Logs

5-8-3 フローログサンプル

　AWSアカウント「123456789012」のネットワークインターフェイス「eni-1235abcd 12345abcd」へのSSHトラフィック（22ポート）が許可されており、通信が発生した場合は以下のように出力されます。

　セキュリティグループまたはNetwork ACLで拒否された場合はACCEPTの部分がREJECTになります。

---

　2 123456789012 eni-1235abcd12345abcd 172.18.10.111 172.18.20.211 20641 22 6 20 4249 1418530010 1418530070 ACCEPT OK

5-8-4 Network ACLとセキュリティグループ

　「3-10-2 AWS VPCのネットワーク制御について」でも説明したとおり、Network ACLはステートレスであるため、特定の通信を拒否する場合はインバウンドとアウトバウンドを分けて考える必要があります。セキュリティグループはステートフルであるため、片側の通信許可を行っていれば戻りの通信は自動的に許可されます。

　ある自宅PC(IP:11.22.33.44)からEC2(IP:172.18.20.211)へping通信を行う場合に、セキュリティグループがインバウンド許可、Network ACLがインバウンドのみ許可されていた場合、以下のように1件のACCEPTと1件のREJECTが出力されます。Network ACLはインバウンドとアウトバウンドの許可両方を許可する必要があり、アウトバウンド通信が拒否されているためこのような結果となります。

---

　2 123456789012 eni-1235abcd12345abcd 11.22.33.44 172.18.20.211 0 0 1 4 336 1645968071 1645968131 ACCEPT OK

　2 123456789012 eni-1235abcd12345abcd 172.18.20.211 11.22.33.44 0 0 1 4 336 1645968131 1645968191 REJECT OK

5章 ログと監視

5-8-5 Athenaを使用したフローログの確認

　S3にフローログを出力している場合は、Athenaを使用することでSQLを使用したログ確認が可能です。S3のファイルをダウンロードして確認するには手間がかかるため、必要な情報のみを抜き出して確認する場合はAthenaを使用することで効率的にログを確認できます。

■ 図5-16　Athenaを使用したフローログの確認

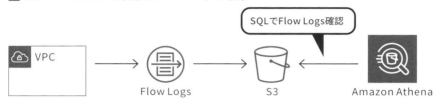

5-8-6 CloudWatch Logsを使用したフローログ監視

　CloudWatchのアラーム機能を使用することで、フローログを使用したVPCへの不正通信を監視できます。たとえば、特定EC2へのSSH接続の試み（REJECT）が1時間以内に5回以上あった場合に通知するといったことや、アクセス回数が多い通信をDDos攻撃として検知することが可能です。
　後に説明するGuardDutyでも同様の処理が裏側で行われており、フローログをインプットとして、VPCへの不正通信を自動検知してくれます。

■ 図5-17　CloudWatch Logsを使用したフローログ監視

VPC Flow Logs

　S3にフローログを出力した場合も、AWS内部ではCloudWatchの**Vended Logs**とい
う機能が使われています。このVended Logs経由のS3出力は1GBあたり**0.38USD**か
かります。CloudWatch Logsへ出力した場合は1GBあたり**0.78USD**かかり、S3の約2
倍の費用です。CloudWatch Logsの場合も、機能が制限される**低頻度アクセス**を選択す
ればS3と同じ0.38USDになります。ログの大量出力により予定外の課金が発生してしま
うこともあるため、出力方法は慎重に選択しましょう。なおこれらの料金は収集時（出力
時）の料金であり、保存には別途料金がかかります。S3が0.025USD/GB（〜10TB）で、
CloudWatch Logsが0.033USD/GBになります。いずれも東京リージョンでの料金です。

5章　ログと監視

5-9 Amazon QuickSight

▶▶ 確認問題

1. QuickSightのデータソースに対応しているのはRDSやDynamoDBといったデータベースのみである
2. QuickSightを使用してGUIの操作でグラフ化が行える

1. ×　　2. ○

ここは▶ 必ずマスター!

AthenaやS3上のファイルを可視化できる

RDSなどのデータベースに加え、S3上に格納されたJSONやCSVなどのテキストデータも可視化することができる

S3、Athena、QuickSightの連携

AWSの各種サービスがS3に出力するログなどのデータをAthena、QuickSightを通じて可視化できる

5-9-1 概要

Amazon QuickSight（以下、QuickSight）はAWSが提供するマネージド型のビジネス分析（BI）サービスです。AWSのさまざまなサービス上に存在するデータを、QuickSightのインメモリであるSPICEというところに取り込み、棒グラフや折れ線グラフ、テーブルや散布図といったさまざまな形で可視化が可能です。

Amazon QuickSight

■ 図5-18　QuickSightのサンプル

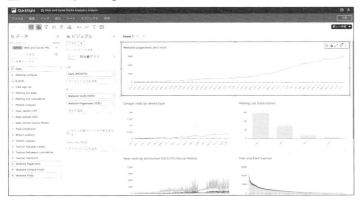

5-9-2　サポートされるデータソース

QuickSightのインプットとなるデータソースは次のものがサポートされています（一部）。

- Amazon Athena
- Amazon Redshift
- MySQL（オンプレミスも可）
- Amazon Aurora
- Amazon S3
- PostgreSQL（オンプレミスも可）

その他、SalesforceなどのSaaSにも接続が可能です。

5-9-3　QuickSightの実装例

Athenaの説明では、CloudTrailの証跡に対してSQLを実行できることを確認しました。このAthenaの実行結果をQuickSightで可視化できます。各サービスの関連図は次のとおりです。

■ 図5-19　QuickSightによるCloudTrail証跡の可視化

5章 ログと監視

データソースとしてAthenaの説明で紹介したCloudTrailのテーブルを指定します。環境によりデータベース名とテーブル名は異なります。ここではデータベース名：default、テーブル名：cloudtrail_logs_xxx_cloudtrailとして説明していきます。

データソースを選択してVisualizeボタンを押下すると以下のような画面になります。
画面左のフィールドリストから可視化したいデータ項目を選択し、ビジュアルタイプを選択することで可視化ができます。

■ 図5-20　CloudTrailテーブルの選択後画面

たとえば、フィールドリストからeventsource（対象のAWSサービス）を選択し、ビジュアルタイプで垂直棒グラフを選択すると次のように棒グラフが表示されます。これにより、どのサービスに対してどれくらいの回数のAPIが実行されたかという状況を可視化できます。

■ 図5-21　QuickSightグラフ作成後画面

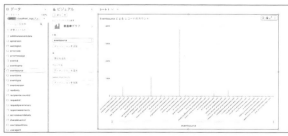

このように、対象のデータを選択し、グラフ化するという流れをGUIを通じて実装できました。ツールのセットアップなどの事前準備は不要なため、データの可視化を行う場合はQuickSightで検討してみるとよいでしょう。

Amazon Kinesis

5-10 Amazon Kinesis

▶▶ 確認問題

1. Kinesis Data Streamsはストリームデータを収集し、永続的に保管する
2. Data Firehoseを使うとストリームデータを容易にS3にロードできる
3. Amazon Managed Service for Apache FlinkではSQLを使ったストリームデータの分析ができる

1. ×　　2. ○　　3. ○

ここは 必ずマスター！

多数の送信元からのデータを収集し、配信する

数十万規模の送信元からの大量のデータを収集し、リアルタイムに配信することができる

数クリックでデータロードの設定が完了

Kinesis Data Firehoseを使えばコンソールから数クリックでデータレイクへのロード設定が完了する

ストリームデータをリアルタイムで分析できる

受信したストリームデータをSQLやJavaアプリケーションを用いてリアルタイムに分析できる

5-10-1 概要

Amazon Kinesisは、ストリームデータ（継続的に生成されるデータ）を高速に取り込み、集約するためのサービスです。大きく下記4つのサービスからなり、それらをまとめてKinesis Familyとも呼ばれます。

Kineis Data FirehoseおよびKinesis Data Analyticsは名称変更され、現在はサービス名に「Kinesis」が付かなくなっています。

5章　ログと監視

・**Kinesis Data Streams**

大量のストリームデータをリアルタイム処理するためのサービスです。

・**Data Firehose（旧 Kineis Data Firehose）**

ストリームデータをAWSのデータストアにロードするためのサービスです。

・**Amazon Managed Service for Apache Flink（旧 Kinesis Data Analytics）**

ストリームデータをリアルタイムでSQL処理するためのサービスです。

・**Kinesis Video Streams**

動画データをAWSへストリーミングするためのサービスです。

Kinesisの扱うストリームデータはデバイスの操作データやセンサーのデータ、システムログやカメラの動画など多岐に渡ります。本節ではセキュリティに関する利用シーンとしてシステムログをストリームデータとして処理することを想定し、Kinesisについて解説します。よって上記サービスのうち、Kinesis Video Streamsを除く3つのサービスについて説明します。

5-10-2 Kinesis Data Streams

Kinesis Data Streamsは、多数のソースから送信されるストリームデータを収集し、処理を行うプログラムなどに配信するためのサービスです。ストリームデータの送信元をプロデューサ、取り込まれたデータを取得して処理を行うものをコンシューマと呼びます。プロデューサにはセンサーやログの出力元、カメラなどが該当します。コンシューマはデータを処理するEC2やLambdaなどが該当します。

Kinesis Data Streamsは処理性能に優れており、数十万規模のプロデューサから受け取ったデータを数秒でコンシューマへ配信可能な状態にすることができます。これによりストリームデータのリアルタイム処理が可能となります。

追加されたデータはデフォルトで24時間、設定により最大8760時間（1年間）保持されます。1レコードの最大サイズは1メガバイトです。Kinesis Data Streamsは複数のシャードと呼ばれる処理機構によって構成され、1つのシャードは1メガバイト/秒の速度で、秒間1000PUTレコードを処理することができます。シャードの数を増やすことでより多くのデータを処理することができるようになります。

252

■ 図5-22　Kinesis Data Streams

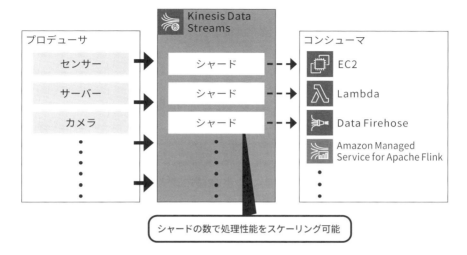

5-10-3 Data Firehose（旧 Kinesis Data Firehose）

　Data Firehoseは、ストリームデータをデータレイクやデータストア、分析ツールにロードするためのシンプルなサービスです。AWSマネジメントコンソールからわずか数回のクリックで、簡単にストリーミングデータをキャプチャ、変換、ロードするための設定ができます。Data FirehoseはAmazon S3、Amazon Redshift、Amazon OpenSearch Serviceと統合されており、これらのサービスに簡単にストリームデータをロードすることができます。

　Kinesis Data Streamsほどではありませんが処理速度は速く、新しいデータがData Firehoseに送信されると60秒以内にデータがロードされ、ほぼリアルタイムでの処理を行うことが可能です。

　また、データをロードする前にデータを処理し、送信先で必要となるフォーマットにあらかじめデータを変換することも可能です。

5章 ログと監視

■ 図5-23 Data Firehose

5-10-4 Amazon Managed Service for Apache Flink（旧 Kinesis Data Analytics）

Amazon Managed Service for Apache Flinkは、SQLやJavaアプリケーション（Apache Flink）を使ってストリームデータをリアルタイム分析するためのサービスです。

Kinesis Data StreamsもしくはData Firehoseからストリームデータを取得し、そのデータをあらかじめ作成したSQLアプリケーションやJavaアプリケーションに渡します。データの処理結果は、Kinesis Data Streams、Data Firehose、Amazon DynamoDB、Amazon S3といったAWSサービスに配信することができます。

■ 図5-24 Amazon Managed Service for Apache Flink

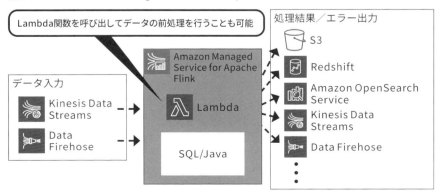

Amazon OpenSearch Service

5-11 Amazon OpenSearch Service

▶▶ 確認問題

1. Amazon OpenSearch Serviceは検索エンジンの実行環境を提供する
2. Amazon OpenSearch ServiceはDynamoDBのデータを直接検索できる
3. Amazon OpenSearch Serviceのノードは自動的にスケーリングする

1.○　　2.×　　3.×

ここは ▶ 必ずマスター！

**ロードしたデータを
検索可能な状態にする**

OpenSearchの機能により、データを検索できる状態にし、リクエストに応じた検索結果を提供する

**AWSの様々なサービスか
らのデータロードが可能**

S3、DynamoDBなどにデータを出力すればOpenSearchへ取り込み、検索可能な状態にすることができる

**障害復旧やパッチ適用
といった管理は不要**

完全マネージドサービスであり、自動での障害復旧やパッチ適用、バックアップなどが行われる

5-11-1 概要

Amazon OpenSearch Service（以下、OpenSearch Service）は、**OpenSearch**というオープンソースのRESTful分散検索/分析エンジンのクラスターをAWSクラウド上にデプロイして利用できるようにするマネージド型サービスです。

OpenSearch Service上のOpenSearchにおけるクラスターはドメインと呼ばれます。ドメインには作成時に設定したインスタンスタイプ、インスタンス数、ストレージリソースといった設定内容が含まれます。

ドメイン内のノードに障害が発生した場合、自動的に障害が検出されて異常のあるノードが正常なノードに置き換えられます。また、スケーリングを行いたい場合はAPI呼び出しにて設定するか、マネジメントコンソールからの設定で簡単にスケーリングすることが可能です。

255

5章　ログと監視

　本サービスのリソース管理が不要となるサーバーレス版としてAmazon OpenSearch Serverlessというものもあります。OpenSearch Serviceとは一部違いがあるので、本節の最後で説明します。

　OpenSearchはオープンソースのソフトウェアであり、オンプレミスのサーバーやEC2インスタンスにデプロイして実行することもできます。しかし、その場合はインストールから細かな設定、クラスターの管理などを自身で行わなければなりません。

　OpenSearch Serviceでは、ハードウェアのプロビジョニング、ソフトウェアのパッチ適用、障害復旧、バックアップ、モニタリングといった管理がすべてAWS側で実施されるため、運用コストが削減できます。

5-11-2　OpenSearchとは

　OpenSearchとはオープンソースのRESTful分散検索/分析エンジンです。Apache Luceneを基盤として構築されており、ログ分析、フルテキスト検索、ビジネス分析などに幅広く利用されています。なお、Elasticsearchというソフトウェアがベースになっており、Elasticsearchのライセンス変更に伴ってAWSが独自開発をすすめるようになりました。もともとは本サービスでもElasticsearchが利用されており、サービス名称は2021/09/08まではAmazon Elasticsearch Serviceでした。

　APIやData Firehoseのようなツールからデータを取り込むことができ、取り込んだデータに対して検索インデックスを作成します。検索インデックスが作成されると、APIを通してドキュメントの検索と取得ができるようになります。

5-11-3　OpenSearch Dashboardsの利用

　OpenSearch DashboardsはOpenSearchで稼働するように設計された、オープンソースの可視化ツールです。OpenSearch上の検索インデックスが作成されたデータを可視化し、Web画面にて表示することができます。

　すべてのドメインにてOpenSearch Dashboardsのインストールが提供されており、取り込んだデータをOpenSearch Dashboardsで可視化するといった環境が完全マネージドで利用可能です。OpenSearch Dashboardsへのアクセス制御にはAmazon Cognito認証を利用することができます。なお、すでに利用しているOpenSearch Dashboardsが存在する場

合はそこからドメインに接続することもできます。

セキュリティの観点では、システムのログをData FirehoseなどからOpenSearch Serviceに集約し、OpenSearch Dashboardsを利用して問題のあるログを検索するといった環境を構築することができます。

5-11-4 ほかのAWSサービスとの連携

OpenSearch Serviceには他のAWSサービスを利用してデータを取り込むことが可能です。たとえば、前節で紹介したとおり、Data Firehoseを利用することで容易に多数の送信元からOpenSearch Serviceにストリームデータを集約して取り込むことができるようになります。

また、Lambdaを利用することでS3、DynamoDB、Kinesis Data Streamsなどからデータを取り込むことも可能です。AWSではそのためのLambdaサンプルコードが提供されています。

■図5-25 OpenSearch Serviceへのデータ取り込み

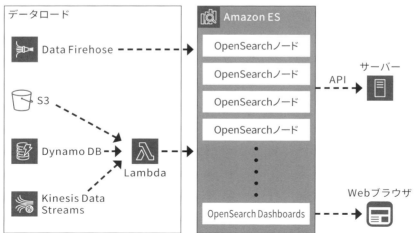

検索/分析エンジンというサービスの特性上、OpenSearch Serviceには機密性の高いデータが含まれることも多いです。OpenSearch ServiceはIAMでのアクセス制御に対応しており、適切なポリシーを設定することでデータを保護することができます。

5章　ログと監視

5-11-5 Amazon OpenSearch Serverless

OpenSearch Serviceのリソース管理が不要となるAmazon OpenSearch Serverless（以下、OpenSearch Serverless）というサービスも存在します。

OpenSearch Serverlessではリソースの管理が不要であるため、ドメインという概念はありません。代わりに検索インデックスのグループを「コレクション」という単位で管理します。OpenSearch Serverlessの主な構成要素は、インデックス作成のためのコンピューティングリソース、検索のためのコンピューティングリソース、ストレージの3つです。コンピューティングリソースは、OpenSearch Compute Unit（OCU）という単位で扱われ、ストレージはS3が採用されています。

コレクションには下記3つのタイプが用意されています。

OpenSearch Serverlessは、主に次の3つのコレクションタイプをサポートしています。

- **Time series（時系列）**：時系列データのログ分析用途
- **Search（検索）**：全文検索エンジンの用途
- **Vector search（ベクトル検索）**：ベクトル埋め込みデータのセマンティック検索

SearchおよびVector searchでは迅速なクエリレスポンスタイム確保のため、すべてのデータがhotストレージに保存され、Time seriesでは頻繁にアクセスされるデータはhotストレージ、それ以外はwarmストレージに保存されるなど用途に応じた動作を提供します。

OpenSearch ServerlessはOpenSearch Serviceと完全互換ではなく、一部のOpenSearch APIが利用不可であったり、クロスリージョンやクロスアカウントがサポートされていないなどいくつかの制約があるため、導入には注意が必要です。

5-12 ログと監視に関するアーキテクチャ、実例

5-12-1 リソース状況・ログ・設定の一元管理

　CloudWatch、Configでは設定によりオンプレミスサーバーのデータを収集することが可能となります。AWSとオンプレミスの両方を利用したハイブリッドなシステムであれば、この機能でサーバー情報をAWSコンソール上で一元管理することは運用の簡素化につながります。

　また、CloudWatchアラームやConfigルールを用いてAWSのサーバーとオンプレミスのサーバーを同じレベルで監視することができるようになります。

■図5-26　リソース状況・ログ・設定の一元管理

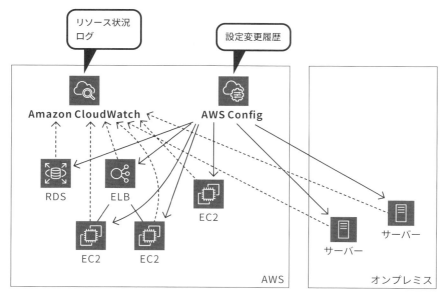

5-12-2 ログのリアルタイム管理、分析

CloudWatchエージェントによりサーバーやコンテナのログを監視することができるようになります。ログの内容はCloudWatch Logsに転送されますが、KinesisやOpenSearchと連携することで、リアルタイム管理や分析を行うことが可能になります。

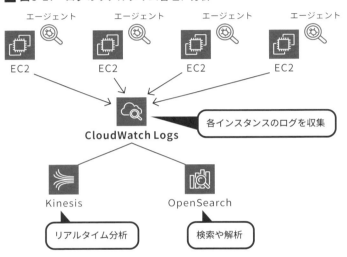

図5-27 ログのリアルタイム管理、分析

5-12-3 別アカウントへのCloudTrailログ転送

Cloudtrailのログ（証跡）は別のAWSアカウントのS3バケットへ出力することも可能です。ログの保管専用のAWSアカウントを用意し、そこにログを保管することで実際の操作対象と操作ログを完全に分離することができるため、ログのセキュリティが高まります。

また、組織で複数のアカウントを利用している場合、ログ保管専用アカウントにログを集約させることで一元管理することができ、管理者がログを運用しやすくなります。

こういった構成にする場合、各アカウントにてCloudtrailの証跡を設定し、証跡の配信先S3バケットにログを受信するための適切なバケットポリシーを設定する必要があります。

証跡の配信設定にてプレフィックスを指定することで、複数のアカウントの証跡を一つのS3バケットに集約することも可能です。

■ 図5-28　証跡の集約

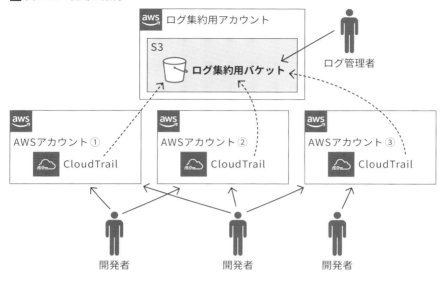

5-12-4 脆弱性管理

　EC2インスタンスの脆弱性はInspectorを用いることで容易に管理することができます。また、SystemsManagerを組み合わせることで対策の適用を自動化することができます。

■ 図5-29　脆弱性管理

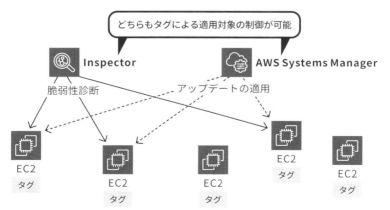

5章 ログと監視

5-12-5 S3へ出力したログの定期的な監査

　S3にはAWSのさまざまなログを出力することができます。また、Athenaを利用することでS3へ保管されたログに対してSQLによる検索を実行することができます。たとえばCloudTrailの証跡において注視したい特定の操作を検索するためのSQLを用意しておけば、そのSQLを実行することで簡単にその操作の実行状況を把握することができます。これを利用することでAWSの利用状況についての監査を行うことができます。

　さらに、AthanaのSQL実行はAWSマネジメントコンソールだけでなく、APIやAWS CLIからも呼び出せることを利用して、SQLを実行するLambdaなどを定期的に実行させることで、監査のためのログを自動的に取得することが可能です。

■ 図5-30　監査ログの定期取得

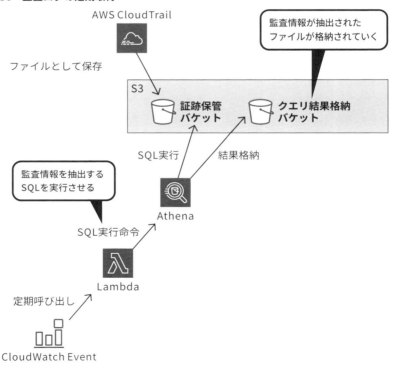

ログと監視　まとめ

5-13 ログと監視 まとめ

　本章ではAWSにおける、ログの取得と監視のためのサービスについて説明しました。

　システムのセキュリティにおいて攻撃を未然に防ぐことは重要ではありますが、完全に攻撃を防ぐことは非常に困難です。そこで、問題が発生したときに気付くための監視や、当時の状況を追うためのログ保管がより重要となります。

　特に、改ざんされない形でログを保管しておくことは、被害を受けた場合の法的措置の際に状況証拠となるため、「どういったログがどこで取得でき、どのように保管されるか」ということや「問題が発生したとき、どのようにログをたどればよいか」ということをしっかり押さえておきましょう。

本章の内容が関連する練習問題

　5-3 → 問題6, 10, 50, 57

　5-5 → 問題13, 48, 65

　5-10 → 問題16, 37

　5-11 → 問題16

6章 インシデント対応

6章　インシデント対応

　インシデントとは出来事や事件という意味になりますが、システムでいうと障害、損失になり得る出来事、緊急事態、その一歩手前の状況を意味します。その中でもセキュリティに関するインシデントをセキュリティインシデントと言います。どんなに対策を行っても、残念ながらセキュリティインシデントをゼロにはできません。人間の設定ミスや新しい脅威など、さまざまな要因でインシデントは発生します。そのため、インシデントが発生する前提で、対策と対応の訓練を行うことが重要です。

　AWSではインシデントを管理者に通知するアラート機能や、発生時の状況診断を行うためのさまざまなサービス、機能が提供されています。内容は多岐に渡るため、この章で順に確認して覚えていきましょう。

AWS Config

6-1 AWS Config

▶▶ 確認問題

1. Configルールを使用することで、AWSの設定履歴を保存できる
2. 修復アクションを使用することで、簡単に自動修復の設定ができる

1.×　　2.○

ここは▶ 必ずマスター！

マネージドルールの概要と種類
AWSから提供されるチェックルールで、暗号化やタグのチェックができる

修復アクションの概要と種類
Automationドキュメントから選択でき、AWSからCloudTrailの証跡有効化など、多くのアクションが用意されている

6-1-1 Configルール（Config Rules）

AWS Configを使用することで、AWSの設定履歴を保存できるということを5章で説明しました。AWS Configには履歴を残すだけでなく、**Configルール**という機能を使用することで、AWSアカウント内の各設定がルールに準拠しているかチェックできます。たとえば、以下のようなルールが設定できます。

・EBSが暗号化されているか
・CloudTrailの証跡が有効になっているか
・S3バケットがパブリック読み書き可能になっていないか
・Security GroupでSSHポート（22）がパブリック公開されていないか
・指定したタグがリソースに設定されているか
・指定されたAMIが使用されているか

267

6章　インシデント対応

　S3バケットに関するルールであれば、Configルールの画面上にAWSアカウント内のS3バケットが一覧で表示され、それぞれルールに準拠か非準拠かが表示されます。ルールの評価タイミングはリソースの設定変更時と定期的（24時間ごとなど）の2種類あり、ルールに応じてタイミングを設定します。非準拠のリソースがあった場合、Amazon EventBridgeによる運用担当者への通知や、次に説明する修復アクションを使用することですべてのリソースが準拠状態になるよう運用していくことが大切です。

■ 図6-1　Config ルール 準拠状況一覧

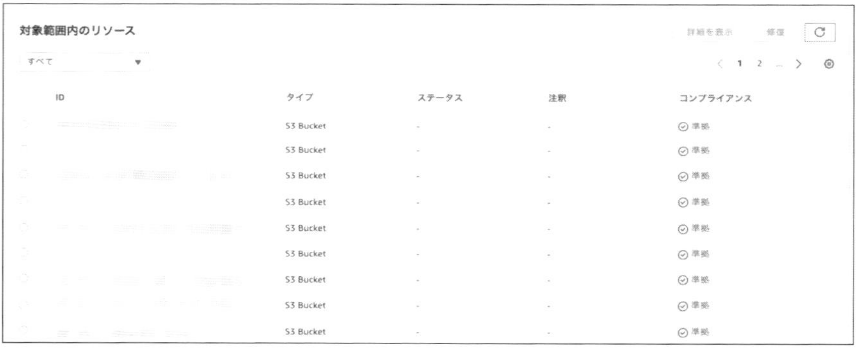

マネージドルールとカスタムルール

　Configルールには**マネージドルール**と**カスタムルール**の2種類があります。マネージドルールはAWS側であらかじめ準備されており、先ほど例示したルールはすべてマネージドルールです。本書執筆時点でマネージドルールは300個以上あり、AWSアカウントで基本的なセキュリティチェックを行いたい場合は、まずマネージドルールを検討するとよいでしょう。カスタムルールはLambda関数または**Guard**と呼ばれるポリシーをコード化する言語を使用します。チェックロジックは利用者が実装するため、さまざまなルールを作成できます。ただし、実装の手間がかかるため、基本はマネージドルールを検討し、より具体的なチェックや個別の要件が出てきた場合はカスタムルールの実装を検討するとよいでしょう。

　主要なマネージドルールを次の表にまとめておきます。

268

AWS Config

ルール名	内容
approved-amis-by-id	実行中のインスタンスが指定したAMI IDになっているか
ec2-instance-no-public-ip	インスタンスにパブリックIPが関連付けされていないか
encrypted-volumes	EBSボリュームが暗号化されているか
restricted-ssh	セキュリティグループのインバウンドSSHのIP アドレスが制限されているか
rds-instance-public-access-check	RDSパブリックアクセスが無効になっているか
cloudtrail-enabled	CloudTrailの証跡が有効になっているか
required-tags	指定したタグがリソースに設定されているか
vpc-flow-logs-enabled	VPC FLow Logsが有効になっているか
guardduty-enabled-centralized	GuardDutyが有効になっているか
iam-password-policy	IAMパスワードポリシーが文字数、記号などの要件を満たしているか
iam-root-access-key-check	rootユーザーのアクセスキーがないか
iam-user-mfa-enabled	IAMユーザーのMFAが有効になっているか
s3-bucket-public-read-prohibited	S3のパブリック読み込みが禁止されているか
s3-bucket-public-write-prohibited	S3のパブリック書き込みが禁止されているか
s3-bucket-server-side-encryption-enabled	S3のサーバーサイド暗号化が有効になっているか

参考：AWS Config マネージドルールのリスト

https://docs.aws.amazon.com/ja_jp/config/latest/developerguide/managed-rules-by-aws-config.html

6-1-2 適合パック（コンフォーマンスパック）

適合パックは複数のConfigルールの集合で、YAML形式のテンプレートで複数のConfigルールを記載しAWSアカウントへ適用できます。Configルールを複数設定する場合はこの適合パックを使用すると便利です。AWSからサンプルのテンプレートも用意されています。次に紹介する修復アクションも同じテンプレートに含めることが可能です。

参考：コンフォーマンスパックテンプレート

https://docs.aws.amazon.com/ja_jp/config/latest/developerguide/conformancepack-sample-templates.html

6章 インシデント対応

6-1-3 Configルールの自動修復

Configルールで非準拠となったリソースに対し、検知したタイミングで自動修復を行うことができます。たとえばCloudTrailの証跡が無効化されたら有効化したり、S3バケットがパブリック公開されたら自動的にプライベートに戻すといった制御が可能です。

Configの自動修復機能

修復アクションという機能を使用してConfigのコンソール画面で自動修復の設定が可能です。自動修復を行いたいConfigルールの画面で、「修復の管理」から対象の修復アクションを選択します。修復アクションは**Systems Manager Automationドキュメント**から選択できます。Automationドキュメントには、修復アクションに使用できるものがAWSから多く提供されています。

たとえばCloudTrailを有効化する「AWS-EnableCloudTrail」や、S3のパブリック公開を無効化する「AWS-DisableS3BucketPublicReadWrite」といったものが用意されています。ユーザー独自のAutomationドキュメントも作成可能です。

■ 図6-2　Config修復アクション設定画面

修復アクションの実行タイミングは自動または手動を選択できます。手動を選んだ場合は、ユーザーがConfigの画面から非準拠のリソースに対して任意のタイミングで修復アクションを実行できます。

■ 図6-3　Config自動修復

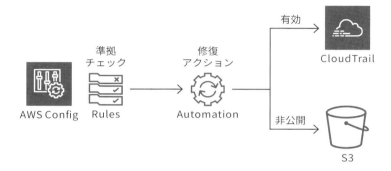

6章 インシデント対応

6-2 AWS Systems Manager

▶▶ 確認問題

1. Systems ManagerはEC2だけでなく、オンプレミスのサーバーにも使用できる
2. Run Commandを使用して、多くのサーバーに対して共通の処理を同時実行できる

1.○　2.○

ここは▶ 必ずマスター！

Systems Managerの主要機能
Run Command、Inventory、Patch Managerなど多くの機能が含まれている

複数サーバーの管理に向いている
EC2、オンプレミスのサーバー、数十台以上のサーバーを管理するために使用することが多いサービスである

6-2-1 概要

　AWS Systems Manager（以下、Systems Manager）は、AWS上のリソースやオンプレミス上のサーバーを管理するためのサービスです。

　元々はAmazon EC2 Simple Systems ManagerというEC2の一機能でした。そのため当初はサーバー管理のためのサービスという位置付けでしたが、現在は幅広い機能を持ちAWS上のさまざまなリソースの運用管理に役立つサービスになっています。Systems ManagerのことをSSMと呼ぶことがありますが、このSSMはSimple Systems Managerの略です。

Systems Managerの機能

　Systems Managerは複数の機能から構成されており、それらを総称してSystems Managerというサービスになります。提供される機能と概要は次のとおりです。ここでは分類と合わせて機能名と概要を記載しておきます。いくつかの機能の詳細は別途説明します。

272

アプリケーション管理

・AWS AppConfig

　アプリケーションの設定情報やデプロイを管理する機能です。アプリケーションデプロイ時にアラート設定や、デプロイするインスタンタンス比率（20％のインスタンスからデプロイするなど）を設定できます。

・Application Manager

　複数のAWSリソースをCloudFormationスタックやECSクラスターごとにアプリケーションとしてグループ化し、グループごとのCloudWatchアラーム状況やコスト情報、Configルールの準拠状況などをまとめて確認できます。

・Parameter Store

　4章で説明した通り、パスワードなどの文字列情報を保存管理できる機能です。

変更管理

・Change Calendar

　カレンダーの特定の日時を指定して、定期処理を実行拒否したり実行許可したりできます。たとえば平日にEC2の停止・起動を行っている場合に、祝日の場合は例外的に実施しないといったことが可能になります。ただし、日本の祝日を自動取得してくれる機能はないので、例外の日付は手動登録するか、Google CalendarやMicrosoft Outlook Calendarなどの外部のカレンダー情報をインポートして利用します。

・Change Manager

　変更管理のフローを実装できる機能です。Automationなどの処理に加え、承認者の設定もできるため、人の承認が必要な厳密なワークフローを実現できます。

・Automation

　複数の処理をAutomation Document（JSONまたはyaml形式で記載）という形でステップで記載し、それを自動実行できます。

・Maintenance Windows

　毎日23:00〜24:00など、メンテナンス時間帯をCron形式で設定できます。この機能単体では利用せず、ここで設定した時間帯にAutomationなどのタスクと実行対象のサーバー（ターゲット）を登録してメンテナンス作業を実行できます。

ノード管理

・Session Manager

　Security Groupの許可不要、SSHキーも不要でサーバーにシェルアクセスができます。AWSマネジメントコンソールまたはAWS CLIで利用可能です。

6章　インシデント対応

・**Run Command**

複数のサーバーに一括でコマンドを実行できます。

・**State Manager**

サーバーをあらかじめ定義された状態（State）に保つための機能です。たとえば特定の
ソフトウェアがインストールされているか定期的にチェックを行い、インストールを行うと
いったことが可能です。

・**Inventory**

サーバー上で稼働するソフトウェアの一覧を表示できます。

・**Patch Manager**

パッチの適用状況の確認および自動適用を行います。

・**Compliance**

Patch ManagerやState Managerの準拠状況（コンプライアンスステータス）を確認で
きます。取得したデータは後ほど説明するAWS Security Hubに送信可能です。

・**Fleet Manager**

EC2やオンプレミス上のサーバーを管理するための機能です。インスタンスの状態やファ
イルシステム情報、ログの確認などサーバー管理の基本機能をマネジメントコンソールから
実行できます。

・**Distributor**

ソフトウェアをパッケージ化し、複数のサーバーへ一気にインストール / アンインストー
ルできる機能です。パッケージにはAWS提供のものやサードパーティのものがあり、独自
のパッケージも作成できます。

オペレーション管理

・**OpsCenter**

運用（Ops）のための機能です。AWS上で発生したイベントを管理できます。運用作業の
項目（OpsItem）に対して各種対応やクロージングを行いながら管理が可能です。

・**Explorer**

インスタンス数やパッチ適用状況、OpsCenterのイベント状況をダッシュボードで確認
できます。Systems Managerは基本単一リージョン、単一アカウント向けのサービスです
が、この機能に関してはマルチリージョンおよびマルチアカウントに対応しています。

・**Incident Manager**

発生したインシデントを管理できる機能です。インシデント発生時の連絡先管理、自動対
応、履歴管理や分析機能など管理に必要な幅広い機能を持っています。

共有リソース

・Document

Run CommandやState Managerから実行する内容を、このDocumentに保存できます。AWS提供のDocumentも保存されています。

Systems Managerノード管理の動作の仕組み

Systems Managerノード管理で紹介した機能を利用する場合、サーバー上に**SSM Agent**をインストールする必要があります。インストールしたSSM AgentがAWS上にあるSystems Manager APIと通信を行います。ユーザーから利用する場合もこのSystems Manager APIへ通信を行うため、ユーザー、サーバー間で直接通信を行わずにサーバーの操作が実行できます。

■ 図6-4　SystemsManager接続概要

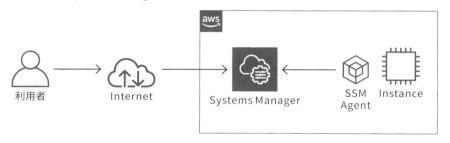

VPNまたはDirectConnect経由でSystems Managerを使用したい場合は、VPC Endpointを使用することで接続できます。

■ 図6-5　SystemsManager接続概要（閉域ネットワーク）

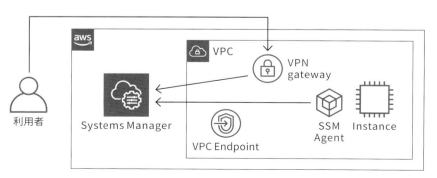

6-2-2 Session Manager

Session Managerは、EC2やオンプレミスのサーバーへシェルアクセスができる機能です。サーバー側は下記を満たしていれば使用可能です。

- OSがLinux、macOS、Windowsのいずれかである
- SSM Agentがインストールされている
- SystemsManager APIへ通信できる（Internet Gateway,NAT Gateway経由またはVPC Endpoint経由）
- SystemsManager接続に必要なIAM Roleが設定されている

Security Groupの通信許可や、SSHキーの作成は不要です。プライベートサブネットにいるインスタンスへも接続できます。ブラウザからも利用でき、AWS CLIを使用してコマンド経由でも接続できます。Systems Managerの画面またはEC2画面の「接続」から使用できます。

■ 図6-6　SessionManager画面（ブラウザ）

操作ログ保存機能

Session Managerでは、操作ログの保存機能があります。S3またはCloudWatch Logsに保存が可能です。監査などの要件で操作ログが必要な場合はこの機能を使用します。CloudWatch Logsとアラート機能を組み合わせることで、特定の操作をした際に通知も可能です。

Session Managerが登場する前はパブリックサブネットに踏み台サーバー（Bastion、要塞サーバーとも呼ばれます）を用意し、操作ログが必要な場合はログ取得の仕組みを実装する必要がありました。この機能によりそういった手間が大きく省けるようになりました。

AWS Systems Manager

接続ユーザー

デフォルトでは、Session Managerを使用すると「ssm-user」というOSユーザーで接続が行われます。このユーザーはroot権限でsudoコマンドが実行できるなど、権限が強いため、本番運用で使用する際はRun Asという設定を使用して権限が絞られたユーザーで接続するようにしましょう。

6-2-3 Run Command

Run Commandは、複数のサーバーに対し、同時に同じ処理を実行できる機能です。処理内容はDocumentに保存されているものから選択できます。たとえばLinuxサーバーでシェルコマンドを実行したい場合は「AWS-RunShellScript」というDocumentを選択し、コマンド欄に実行したいコマンドを入力し、実行対象のサーバー（ターゲット）を選択して実行します。

ほかにはWindowsサーバーに特定の.msiアプリケーションをインストールする「AWS-InstallApplication」や、SSM Agentを更新する「AWS-UpdateSSMAgent」といったものがAWSから提供されています。ユーザー独自のDocumentを作成して実行も可能です。

レート制御

処理を同時に実行するサーバー台数を指定することが可能です。台数または割合で指定します。たとえば対象が20台で25％とした場合は5台ずつ実行されます。また、エラーのしきい値（台数）も指定することが可能で、指定した台数または割合のサーバーでエラーが発生した場合に処理が停止されます。

出力オプション

実行結果はS3またはCloudWatch Logsに出力が可能です。Run Commandのコンソールでも実行結果は確認できますが、文字数は最初の24,000文字となります。大規模なログが出力される可能性がある場合は、どちらかの出力を有効にして実行したほうがよいでしょう。

通知

Run Commandの成功や失敗、タイムアウト等のイベントをSNSまたはCloudWatchアラームを使用して通知できます。

277

6章 インシデント対応

AWS CLIコマンドの生成

Run Commandでは対象Document、パラメータ、対象サーバーなど各種パラメータの設定をして処理実行しますが、これらの設定はRun Commandを実行する都度指定する必要があり、情報は保存されず再利用ができません。最初からAWS CLIで実行している場合はそのコマンドを再実行すればよいのですが、マネジメントコンソール上で再実行しようとすると最初からやり直すことになります。

マネジメントコンソール上で実行時もAWS CLIコマンド（aws ssm send-command[各種オプション]）が出力されるので、これをCLIで再使用することで、同様のRun Commandを再実行できます。

Run Commandのユースケースについて

数台程度のサーバーであれば、サーバーにログインして直接処理を実行したほうが楽かもしれません。100台を超えるような大量のサーバーで同様の処理を実行する場合はRun Commandを使用することになります。オンプレミスのサーバーも同時に管理ができます。実際の運用で大規模にサーバーを管理したことがない方も多いかもしれませんが、認定試験ではこういった大規模環境もよく出てきますので想定していくとよいでしょう。また、同じ処理を実行することにより手作業のミスを減らし、操作ログを残すことで監査要件を満たすといった利点もあります。

メンテナンスウィンドウやEventBridge経由でも実行が可能なため、定期的に実行する場合やアラート検知時に実行するといった使用も可能です。

6-2-4 Automation

Automationは、Run Commandと同じく複数のサーバーに対し、同時に同じ処理を実行できる機能ですが、複数の処理をステップで実行できるという点でRun Commandとは少々異なります。また、EC2を起動する「AWS-StartEC2Instance」、S3バケットのデフォルト暗号化を有効にする「AWS-EnableS3BucketEncryption」といった、サーバー内の処理ではなくAWSリソースを変更する処理も多く用意されています。手動承認というステップも含めることができ、承認がされた場合のみ処理を実行するといった制御も可能です。

ユーザー独自のAutomationもDocumentという形で作成、保存することができるので、前後関係のある複数処理をメンテナンスウィンドウやEventBridge、Configなどの他サービスから実行する場合に活用できます。

6-2-5 State Manager

State Managerは、サーバーをあらかじめ定義された状態（State）に保つための機能ですが、実行方法はこれまで紹介してきた機能の組み合わせとなります。Run CommandまたはAutomationにDocumentとして保存されている処理内容を、定期的に実行することでサーバーの状態を定期更新できます。

図6-7　State Manager

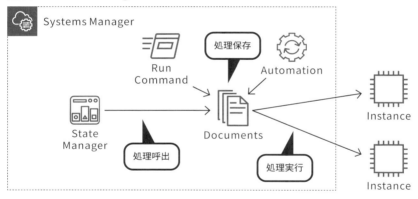

たとえば以下のようなことを実現できます。

- 定期的に任意のコマンドを実行する（cronのような使い方）
- 定期的にWindows Updateを実行する
- SSM Agentなどのエージェントソフトを定期的にアップデートする

6章　インシデント対応

6-2-6 Inventory

Inventoryは、サーバーにインストールされているソフトウェアを一覧で表示できる機能です。SSM Agentがサーバーにインストールされて、必要なIAM Roleが付与されていれば自動的にInventoryの画面にソフトウェアの情報が表示されます。サーバーごとにインストールされているソフトウェア一覧を確認できるだけでなく、対象サーバーのうちTOP5のOSバージョンやアプリケーションもデフォルトで表示できます。

Excelなどで設計書としてソフトウェアの一覧を管理していると、実際のサーバに導入されているソフトウェアと差分が発生してしまうことがあります。このInventoryを使うことで、実際のソフトウェア状況がリアルタイムで更新されるため、そういった情報更新の漏れを防ぐことができます。

■ 図6-8　Inventory画面

名前	バージョン	公開者	アプリケーションタイプ	インストール時刻 (UTC)	アーキテクチャ	URL
acl	2.2.51	Amazon Linux	System Environment/Base	Tue, 07 Apr 2020 01:50:45 GMT	x86_64	http://acl.bestbits.at/
acpid	2.0.19	Amazon Linux	System Environment/Daemons	Tue, 07 Apr 2020 01:51:21 GMT	x86_64	http://sourceforge.net/projects/acpid2/
amazon-linux-extras	1.6.10	Amazon Linux	Unspecified	Tue, 07 Apr 2020 01:50:56 GMT	noarch	https://aws.amazon.com/amazon-linux-2/
amazon-linux-extras-yum-plugin	1.6.10	Amazon Linux	Unspecified	Tue, 07 Apr 2020 01:51:38 GMT	noarch	https://aws.amazon.com/amazon-linux-2/
amazon-ssm-agent	2.3.714.0	Amazon.com	Amazon/Tools	Tue, 07 Apr 2020 01:51:29 GMT	x86_64	http://docs.aws.amazon.com/ssm/latest/APIR
at	3.1.13	Amazon Linux	System Environment/Daemons	Tue, 07 Apr 2020 01:51:36 GMT	x86_64	http://ftp.debian.org/debian/pool/main/a/at
attr	2.4.46	Amazon Linux	System Environment/Base	Tue, 07 Apr 2020 01:50:45 GMT	x86_64	http://acl.bestbits.at/
audit	2.8.1	Amazon	System	Tue, 07 Apr 2020	x86_64	http://people.redhat.com/sgrubb/audit/

S3へのリソース同期

InventoryにはS3にソフトウェア情報を送るリソースデータの同期機能があります。S3上に情報を保存することで、AthenaでSQLとして情報を抽出できたり、それをQuickSightでユーザー特有の可視化（グラフ化、一覧化）を行うことができます。

ConfigのBlackList機能

Configには「ec2-managedinstance-inventory-blacklisted」というルールがAWSから用意されており、これを使用することで特定のソフトウェアがインストールされた際に検知できます。禁止ソフトウェアを定義してインストール時に検知や何かしらのアクション

AWS Systems Manager

を実行したい場合に使用します。

6-2-7 Patch Manager

Patch Managerは、サーバーにインストールされているOSやソフトウェアをチェックして、自動的にパッチをインストールできる機能です。最初にpatch baselineを作成し、ここで対象OSのバージョンや適用対象のパッチの重要度、パッチが公開されてから適用する日数などを設定します。次にMaintenance Windowsを作成し、パッチを適用する時間帯と対象のサーバーを設定します。設定が完了すると、Maintenance Windowsで設定した時間帯にパッチが自動適用されます。

baselineでは、パッチをインストールまたはチェックのみの設定ができるので、本番環境など即時インストールで影響がありそうな環境についてはチェックのみや適用までの日数を設定し、事前に開発環境などで確認後に適用するのがよいでしょう。インストールを行わない除外パッチも設定できるため、必要に応じて設定しましょう。

SSM Agentがインストールされていれば、オンプレミスのサーバーも適用可能なため、AWSとオンプレミスのハイブリッド環境でもPatch Managerを活用できます。

6-2-8 Documents

これまで紹介したRun CommandやAutomationから実行される各処理内容がこの**Documents**に保存されています。各ドキュメントはJSONまたはYAML形式で記載されています。AWSが提供するドキュメントが多く保存されており、それをSystems Managerの機能や一部の別サービスから呼び出しが可能です。ユーザー独自のドキュメントも作成できます。ユーザー独自で作成したドキュメントは、ほかのAWSアカウントに公開も可能です。

281

6章 インシデント対応

6-2-9 Incident Manager

Incident Manager は、文字通りインシデントを管理するためのサービスです。「インシデントを管理する」とは具体的にどういうことでしょうか？実際の例を見てみましょう。アプリケーションでエラーが発生したと想定し、それをインシデントとして管理することを考えてみます。次のような流れになります。

1. アプリケーションでエラーが発生、ログにエラー文字列が出力
2. 監視サービスがエラー文字列を検知する
3. 監視サービスが運用者へメールまたは電話で自動連絡
4. 運用者はエラー内容を確認し、必要に応じてアプリケーション修正やプロセス再起動など対応を行う
5. エラーの内容や原因、対応内容を記録し、再発防止に努める
6. エラーがその後も定期的に続くようであれば、分析を行う

■ 図6-9　インシデント管理の例

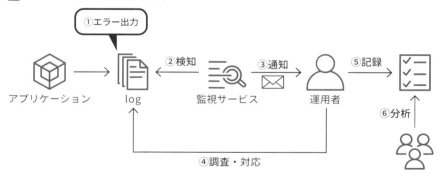

この例で言うと、3～6までの機能をIncident Managerが提供してくれます。1,2のエラー検知については、後述するCloudWatch AlarmやAmazon EventBridgeによって実装可能です。AWSサービスや機能で先ほどの図を置き換えると次のようになります。

AWS Systems Manager

■ 図6-10　Incident Managerを活用したインシデント管理の例

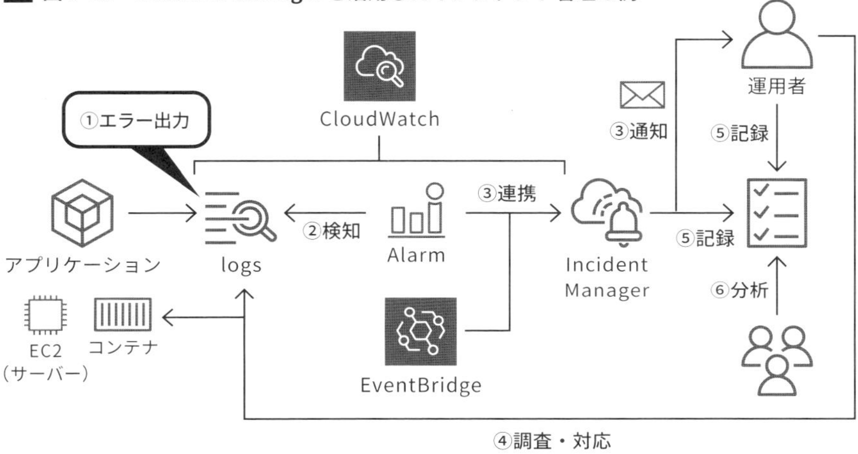

Incident Managerはインシデントの通知管理や記録、分析機能を提供します。Incident Managerが持つ機能をそれぞれ見ていきます。

Incident Manager 通知機能

Incident Managerではメール、ショートメッセージ（SMS）、電話の3種類の通知方法に対応しています。電話については後述するAmazon SNSでは対応していない通知機能となります。3種類いずれかの連絡方法を**コンタクト**という形で登録します。さらに複数のコンタクトを**エスカレーションプラン**という形で登録可能です。たとえば最初はAさんに電話連絡、出なければ10分後にBさんへ電話連絡といった設定が可能です。

■ 図6-11　エスカレーションプラン

283

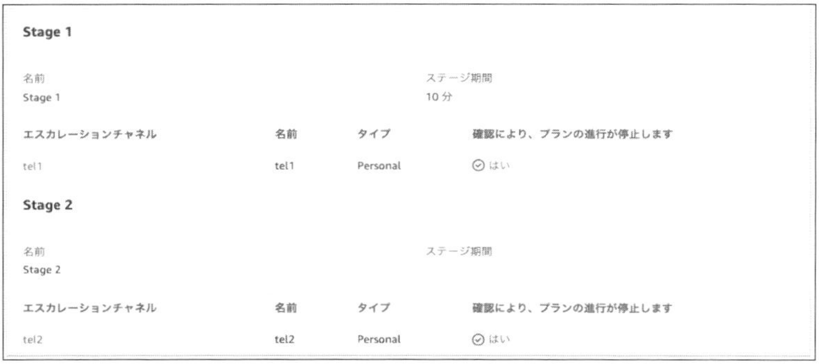

6章　インシデント対応

オンコールスケジュールという設定も可能で、たとえば平日はAチームのメンバー、土日や夜間はBチームのメンバーに連絡するといったことができます。

インシデントの登録と管理機能

今回の例で提示したCloudWatch Alarmは、Incident Managerとの連携機能が付いており、Alarmが発生した時点で自動的にIncident Managerへインシデントを登録できます。手動によるインシデント登録も可能です。

登録されたインシデントの情報はIncident Managerの画面で確認できます。インシデントのステータスや影響レベル、時系列で発生したイベントを表示するタイムライン、応答者など関わった人を表示するエンゲージメントなど、さまざまな情報を表示できます。

■ 図6-12　インシデントのタイムライン

インシデントの分析機能もあり、インシデント原因の深掘り、改善方法の記録と管理も可能です。

対応タスク自動化機能

インシデントが登録された時に自動実行するタスクを、Systems Manager Automationから選択して設定可能です。たとえばインシデントが発生したら外部のサービスへ情報登録したり、サーバーの再起動、削除された設定の再設定など、さまざまな対応を自動化できます。

Amazon CloudWatch

6-3　Amazon CloudWatch

▶▶ 確認問題

1. CloudWatchの機能を使用してログ監視を実装できる
2. AWSサービスの機能を使用してCronのような定期処理実行はできない

1.○　　2.×

ここは　▶ 必ずマスター！

CloudWatch アラーム設定機能

収集したメトリクスの値に応じて通知を行うことができ、CloudWatch Logsに送信されたログ内容に応じた通知も設定することができる

Amazon EventBridgeによる処理実行

時刻指定の定期実行、またはAWS上のイベントを契機にSNS通知やLambda処理を呼び出すことができる

6-3-1　CloudWatch アラーム

5章で説明したとおり、CloudWatchではサーバーなどから取得したメトリクスの値をグラフとして可視化が可能です。**アラーム**機能を使用して、メトリクスの値が指定の数値になった際に通知やアクション実行ができます。

たとえば、EC2のCPU使用率が高くなったらSNSを呼び出して通知を行うといったことが可能です。SNSにはLambda処理も設定できるため、EBSの使用容量が増えてきたら、Lambda経由でAWSのAPIを実行し、EBSの容量を拡張するといった自動対応も可能になります。

285

6章 インシデント対応

アラームの設定手順

1. CloudWatchアラームの画面からアラームを作成します。
2. アラーム設定を行いたいメトリクス（グラフ）を選択します。

■ 図6-13　CloudWatch アラーム メトリクス選択

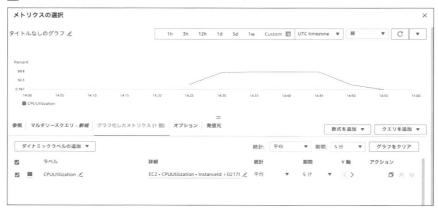

3. アラームの条件を設定します。基本的にはしきい値（アラームを行いたい値）としきい値より大きいまたは小さいを選択します。次の例では値が70より大きいときにアラームを実行する設定となります。

■ 図6-14　CloudWatch アラーム条件

4. アクションの設定を行います。3.で設定した条件発生時に通知を行いたい場合は、通知からSNSを選択すればOKです。SNS経由でLambdaの実行も可能です。SNSのほかにはAuto Scalingアクション、EC2アクション（停止、削除、再起動）を選択できます。

■ 図6-15　CloudWatch アラームアクション

5. アラーム名と説明を追加します。
6. これまで設定した内容を確認してアラームを作成します。

■ 図6-16　CloudWatch アラーム

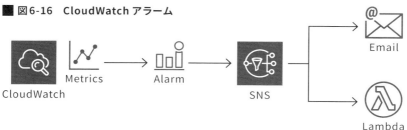

6章 インシデント対応

アラームの詳細設定

設定手順では基本的なアラーム設定を紹介しましたが、より複雑な設定も可能です。いくつかのパターンをここで紹介するので覚えておくとよいでしょう。

・しきい値の条件回数設定

5分間隔で値を取得している場合は、1回ごとに値を確認し、しきい値を超えた場合にアラームが発動することになります。

■ 図6-17　デフォルトの検知条件

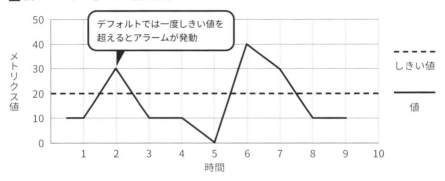

この1回という単位を変更し、2回連続でしきい値を超えた場合に発動するといった設定も可能です。評価期間も同時に設定でき、過去3回のうち2回超えた場合に発動することも可能です。

■ 図6-18　検知条件の変更（2回しきい値超え）

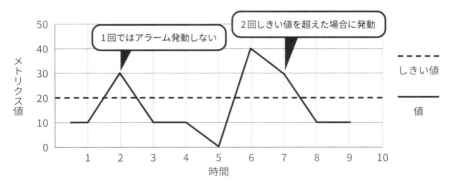

・異常検出機能

通常はアラーム発動の契機となるしきい値を数値で決定しますが、過去の傾向から大きなずれがないかという判断を行う「異常検出」の設定も可能です。過去の値から通常と考えられる値の幅を機械学習を使用してAWS側で決定します。その幅（期待値）から外れた場合にアラームが発動することになります。

■ 図6-19　異常検出設定時のグラフ

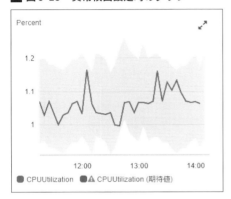

■ 図6-20　異常検出設定

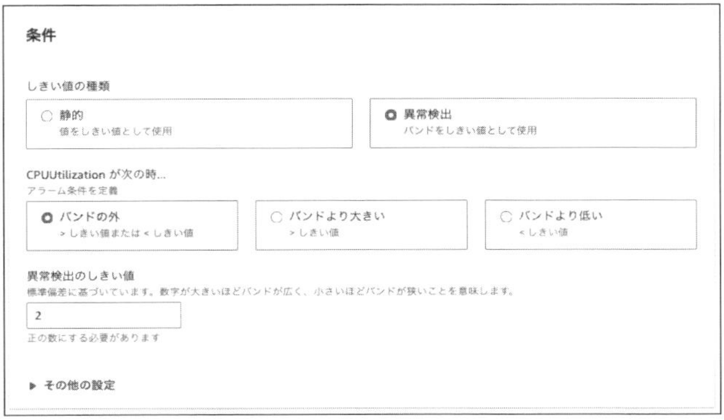

・複合アラーム

複数のアラームを組み合わせて、複合アラームとして設定可能です。たとえばCPU使用率アラームとメモリ使用率アラームの両方（AND条件）が発動した場合に複合アラームを発動できます。複合の条件はOR、ANDが使用可能です。複数のメトリクスでアラームを設定

6章 インシデント対応

したい場合はこの機能を使用します。アクションの設定はSNSまたはSystems ManagerのOpsCenter、Incident Managerに連携可能です。Auto Scalingアクション、EC2アクションは設定できません。

■ 図6-21　復号アラームの設定

6-3-2 CloudWatch Logsの監視

CloudWatchにさまざまなAWSサービスのログを送信して確認できることはすでに紹介済みですが、そのログの内容に応じて通知や処理を実行するアラーム機能も存在します。

Logsアラームの設定手順

監視したい文字列の検知数をCloudWatchのメトリクスとして設定でき、そのメトリクス値（検知件数）に対してアラームを設定します。メトリクスを作成してしまえば、先ほど説明した通常のCloudWatchアラームと設定方法は同じになります。

1. アラームを設定したいロググループの詳細画面を表示し、メトリクスフィルターを作成します。

■ 図6-22　CloudWatch Logsフィルター追加

Amazon CloudWatch

2. フィルターしたい文字列を設定します。たとえば「ERROR」という文字列が含まれる
場合に検知したい場合はそのままERRORという文字列を入力すればOKです。複数文
字列のOR条件や、特定文字列の除外（ERRORがあっても、NORMALが同時にあった
ら検知しないなど）といった設定もできます。

■ 図6-23　CloudWatch Logs フィルター設定

3. メトリクスフィルターの設定が完了すると、EC2のCPU使用率などが表示されてい
るCloudWatchの画面上に2.で設定したメトリクスが表示されます。検知した行数が
グラフとなって表示されることになります。以降のアラーム設定は、すでに説明した
CloudWatchアラームの設定手順と同様です

4. CloudWatchアラームからアラームを作成し、3.で設定したメトリクスを選択します。

5. 条件を指定します。単純に2.で設定したERRORという文字列が1件あった場合に検知
したい場合は「1より大きい」という条件を指定すればOKです。

291

6. アクション（SNS）を指定します。

■ 図6-24　CloudWatch Logs アラーム

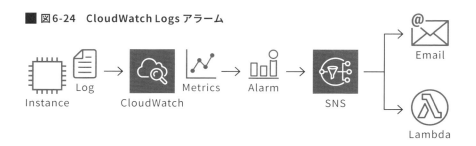

初めてやる場合は操作が慣れないかもしれませんが、一度やれば簡単に監視サーバーなしでログ監視を実装できますので、積極的に使用していくとよいでしょう。

6-3-3 CloudWatch Synthetics

CloudWatch Syntheticsは、Synthetic Monitoring（合成監視）を実現する機能です。これまでに紹介したメトリクスやLogsについては、システム（AWS）側に記録されたデータを取得して監視する仕組みになりますが、Synthetic Monitoringは、ユーザー側から能動的に対象システムにアクセスして可用性や性能に関するデータを取得する仕組みになります。

CloudWatch Syntheticsでは**Canary**という単位で監視用のスクリプトを作成します。単純なURLアクセスだけではなく、クリックや入力値の送信といったより高度な機能が提供されています。Canaryの実態はNode.jsまたはPythonのLambda関数であり、Canaryを作成するとLambda関数も作成されます。

Blueprint（設計図）という形で次の表にあるテンプレートが提供されており、利用者はそこから選択してCanaryを作成できます。

Amazon CloudWatch

Blueprint名	概要
ハートビートモニタリング	指定したURLのページのスクリーンショットとHTTPアーカイブファイル（HAR）を保存する
API Canary	URL、HTTPメソッドを指定してAPI呼び出しを行う
リンク切れチェッカー	テスト対象URLのリンク状態をチェックする
ビジュアルモニタリング	ベースラインのスクリーンショットとCanary実行時のスクリーンショットを比較する
Canary Recorder	ウェブサイトでクリックおよび入力のアクションを記録し、同じ操作を実行するスクリプトを生成する
GUIワークフロービルダー	クリック操作や検知するテキストを指定してスクリプトを生成する

6-3-4 Amazon EventBridge

CloudWatchアラームはすでに取得しているメトリクス（グラフ）の数値を対象に処理を設定しますが、**Amazon EventBridge**（以下、EventBridge）ではAWS上で発生するイベントまたはスケジュール形式（Cron形式）で処理を設定できます。さまざまな処理をさまざまな契機で実行でき、イベント駆動のアプリケーション実装にも使われるサービスですが、本書ではセキュリティに関連する部分を中心に説明します。

なお2019年7月にEventBridgeが登場するまでは、CloudWatchイベントという形でEventBridgeよりもシンプルな形で存在していました。

ルールの作成

イベントを実行するために**ルール**を作成します。ルールには処理の発生源を指定する**イベントパターン**と処理内容を指定する**ターゲット**を指定します。スケジュール形式の場合は**スケジュールパターン**と呼びます。たとえば、次のようなルールを作成することが可能です。

- イベントパターンで「SecurityHub」や「GuardDuty」を設定し、ターゲットに「SNS」を設定することで、AWSのセキュリティイベントをメールなどで通知をする。
- イベントパターンで「CloudTrail」のIAMアクセスキー作成といった特定操作を設定し、ターゲットに「Lambda」を設定することで強制的にIAMアクセスキーを削除する。（アクセスキー使用禁止の環境とした場合などに活用）
- スケジュールパターンを作成し、ターゲットに「Lambda」を設定することで定期的に

293

6章　インシデント対応

Lambda処理を実行する。たとえばEC2に特定のタグが付いているかチェックするなどの処理をLambdaに実装することで定期チェックが可能。

イベントパターンはJSON形式で指定するため、JSONを編集することでより詳細なイベントソースを指定することもできます。パターンフォームという機能もあるため、GUIで項目を選択してより簡単にイベントパターンを生成することも可能です。たとえばSecurityHubの検知の場合は、重要度の高い検知のみ設定できます。

■ 図6-25　イベントパターン設定

正確にはルールの前に**イベントバス**という各ルールへ発生したイベントを振り分ける機能が存在しますが、AWSイベントを契機に処理を実行するだけであればデフォルトのイベントバスを使用すればよいためあまり意識しなくても問題ありません。EventBridgeではAWSアカウント内に発生したイベントだけでなく、ユーザー独自のアプリケーションや外部のSaaSアプリケーションもイベント元として登録できます。

Amazon CloudWatch

GuardDutyやSecurityHubの検知の通知はEventBridgeが必須となります。セキュリティサービスは有効にするだけでなく通知も含めて必ず設定しましょう。

S3イベントのEventBridge送信

S3バケット上でのオブジェクト作成など、バケット内のイベントについてもEventBridgeに送信されます。ただし、S3バケット側でEventBridgeに送信する設定をONにする必要があります。バケット側でこの設定をONにしたあと、EventBridge側のイベントパターンでAmazon S3イベント通知を使用することで、オブジェクトの作成や削除といったイベントをトリガーに設定した処理を設定できます。

■ 図6-26　S3バケットのEventBridge設定

EventBridge Scheduler

先ほど紹介したスケジュールパターンですが、2022年11月により高度な**EventBridge Scheduler**という機能が追加されています。シンプルなスケジュールであれば以前からあったルールのスケジュールパターンで問題ありませんが、次のような違いがあります。

	EventBridge Scheduler	スケジュールパターン （ルール）
アカウントあたりの数	100万	300
イベント呼出性能	1,000回/秒	5回/秒
1回きりの実行	○	×

今後は、より高度なEventBridge Schedulerに移行されていく可能性があります。

6章　インシデント対応

6-3-5 Amazon SNS

Amazon SNS（以下、SNS）はマネージド型pub/subメッセージングサービスで、CloudWatchとは異なるサービスですが、CloudWatchの通知用途として必ず使うサービスとなるため、ここで説明します。

基本的な通知ではEmailかSNSを使用し、自動修復などの処理をAWS内で実行させたい場合はLambdaを使用します。SNSではトピックという論理的な1つの単位でアクセスポイントを作成し、1トピックに対して複数のエンドポイント（EmailやLambda）をサブスクリプションとして設定できます。たとえば、CloudWatchの監視でSNSを呼び出す際、1つのSNS呼び出しでメール通知とLambda実行を同時に行うことができます。

本書執筆時点で、SNSでは以下のエンドポイントに対応しています。

- **HTTP/HTTPS**
- **Email**
- **Email-JSON**
- **Amazon SQS**
- **AWS Lambda**
- **Amazon Data Firehose**
- **SMS**
- **プラットフォームアプリケーションエンドポイント（モバイルプッシュ通知）**

Emailの通知（エンドポイント）については、メールを受け取ったユーザー側で通知登録（サブスクリプション）を解除できるため、通知が行われなくなった場合は、解除されてないか確認する必要があります。

AWS Chatbot

AWS Chatbotは、SNSと組み合わせてSlackなどのチャットツールでAWSの情報を通知できるサービスです。SNSトピックのエンドポイントとして登録する訳ではありませんが、SNSトピックに紐付けて使用することになります。

たとえば次の画像はGuardDutyの通知をEventBridge経由でChatbot（Slack）に通知したものです。SNSのEmailにそのまま設定した場合は本文がJSON形式となるため少し

296

見にくくなりますが、Chatbotの場合は自動的に表示形式もキレイに設定してくれます。

■ 図6-27　AWS Chatbotサンプル

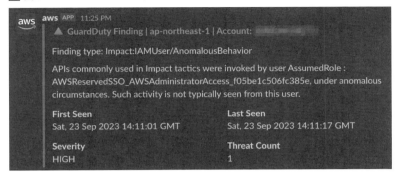

　本書執筆時点で対応しているチャットツールはSlack、Amazon Chime、Teamsとなります。通知がメインとして本書では紹介しましたが、AWSサポートへの問い合わせ実行やLambda関数の実行など、AWS Chatbot経由でAWS内の操作を実行することも可能です。

6章　インシデント対応

6-4 AWS Trusted Advisor

▶▶ 確認問題

1. Trusted AdvisorはAWSアカウント内の状況を6つの観点でチェックしてくれるサービスである
2. Trusted Advisorには状況をリアルタイムに通知する機能がサービス内にある

1.○　2.×

ここは▶ 必ずマスター！

Trusted Advisorのチェックポイント
コスト、パフォーマンス、セキュリティ、フォールトトレランス、サービス制限、オペレーショナル・エクセレンスの6つの観点からチェックを行ってくれるサービスである

Trusted Advisorの通知機能
Trusted Advisorには週次で状況をメール通知する機能が備わっており、リアルタイム検知を行いたい場合はEventBridgeを併用する

6-4-1 概要

AWS Trusted Advisor（以下、Trusted Advisor）を使用すると、AWSが推奨するベストプラクティスに従い、以下6点の観点でアドバイスを受けることができます。各観点に複数のチェック項目があり、チェック項目ごとにRed、Yellow、Greenの3段階で結果が表示されます。Redの場合は注意が必要です。

・コスト
・パフォーマンス
・セキュリティ
・フォールトトレランス（耐障害性）
・サービス制限
・オペレーショナルエクセレンス（運用上の優秀性）

298

なお、すべてのチェック結果を確認するためには**ビジネスサポート**以上のサポートプランが必要です。セキュリティなど一部のチェック項目はサポートプランにかかわらず確認できます。Trusted Advisorの画面に行くだけで状況を確認できますので、見たことがない方はぜひ一度見てみてください。

■ 図6-28　Trusted Advisor レコメンデーション画面

セキュリティのチェック項目

一部ではありますが次のような項目をチェックできます。特に追加設定は不要で画面に行くだけで確認が可能です。

- セキュリティグループに無制限アクセス（0.0.0.0/0）を許可するルールがないか
- CloudTrailの証跡が有効になっているか
- ルートアカウントのMFAが設定されているか
- IAMパスワードポリシーが適切に設定されているか
- IAMアクセスキーがローテーションされているか

6章　インシデント対応

6-4-2 Trusted Advisor の通知

　Trusted Advisorには通知機能がついており、これを使用することで週1回メールを送信できます。有効にすることで、AWSアカウント設定で行う代替の連絡先にメールが送信されます。

　リアルタイムで検知を行いたい場合はEventBridgeを使用します。イベントパターンで「Trusted Advisor」を設定することで、SNS通知やLambda処理を実行できます。結果のレベルやチェック項目を指定してイベントパターンを設定可能です。

　1点注意が必要なのは、EventBridgeの画面でリージョンをバージニア北部（us-east1）を設定する点です。Trust AdvisorやIAMなど、一部のグローバルサービスとEventBridgeのようなリージョンサービスと連携する場合、バージニア北部リージョンを選択しないと表示されないことがあります。

300

6-5 AWS CloudTrail

▶▶ 確認問題

1. CloudTrailの監視を行い、AWS操作状況に応じて通知を行う場合はEventBridgeか CloudWatch Logsのアラーム機能を使用する

1.○

ここは▶ 必ずマスター！

CloudTrailの監視

特定操作に応じて通知やLambda処理を実行する場合はEventBridge、柔軟な監視をする 場合はCloudWatch Logsのアラーム機能を使用する

6-5-1 CloudTrailを使用したインシデント対応

CloudTrail上にはAWS上での操作履歴がすべて保存されるため、その操作状況に応じて 検知や修復などのインシデント対応を行うことで、リアルタイムでAWS環境をセキュアな 状態に保つことができます。

たとえばIAMユーザーの作成やアクセスキー発行といった特定の操作時に検知を行った り、特定IAMユーザーの操作実行件数による検知も実装可能です。

対応方法は2種類あります。

6章 インシデント対応

EventBridge と CloudTrail

　EventBridgeのイベントパターンで、検知したいサービス名を選択し、イベントタイプに「AWS API Call via CloudTrail」を設定し、ターゲットにSNS通知やLambda関数を設定します。すべてのオペレーションを指定することもできますが、全オペレーションに対して何か処理を実行することはほぼありませんので、特定のオペレーションを指定することになるでしょう。検知や処理を実行したい対象のオペレーションが少なく明確になっている場合はこちらで設定するとよいでしょう。Trusted Advisorでも説明のとおり、IAMなどグローバルサービスのアクションを指定する場合はリージョンにバージニア北部（us-east1）を指定する必要があります。

CloudWatch Logs と CloudTrail

　もう1つはCloudWatch Logsのアラーム機能を使用して検知や処理を実行する方法です。CloudTrailの証跡はS3またはCloudWatch Logsに出力できますが、証跡の出力内容に応じて通知を行いたい場合はS3ではなくCloudWatch Logsへの出力が必須となります。

　ログ出力の使用にあたっては、S3よりも料金が高くなるため注意が必要です。ログ監視としてアラームが設定できるので、たとえば特定のユーザーのオペレーションを件数に応じて検知したいといった柔軟な設定も可能です。すでにCloudWatch LogsにCloudTrailの証跡が出力されている場合や、特定オペレーションではなく柔軟な設定をしたい場合はこちらで設定するとよいでしょう。

■ 図6-29　CloudTrail監視

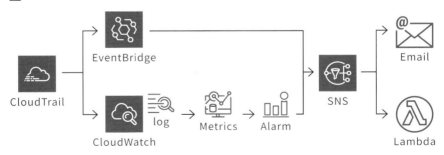

AWS CloudFormation

6-6 AWS CloudFormation

▶▶ 確認問題

1. CloudFormationにはリソースの変更を検出するチェンジ検出という機能がある
2. CloudFormationには更新時に稼働中のサービスへの影響を減らすためのロールバック設定機能がある

1.×　　2.○

ここは ▶ 必ずマスター！

**インシデント対応時の
CloudFormation活用**

CloudFormationを使用して環境再現を容易に行うことができ、インシデント発生時の調査に活用することができる

**CloudFormationの
インシデント対応**

リソース変更時のドリフト検出機能やロールバック設定といった、CloudFormation実行時のインシデントを想定した機能がある

6-6-1 概要

AWS CloudFormation（以下、CloudFormation）はJSONまたはYAML形式でAWSリソースをテンプレートファイル化し、構築を自動化することができる機能です。

インシデントが発生した際、CloudFormationを調査に活用できます。本番環境でインシデントや障害などが発生した場合、サービス提供している環境を直接操作するとその操作により更なる障害を発生させるリスクがあります。

本番環境をCloudFormationテンプレートで構築している場合は、すぐにその環境を別の環境としたコピーを作成できるため、インシデントの再現や詳細調査を行うことができます。こういった環境再現のためにも、CloudFormationでテンプレート化を行っておくという考え方が重要です。

303

6章 インシデント対応

■ 図6-30 CloudFormationによる環境再現

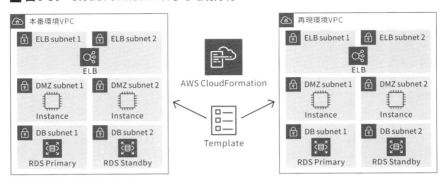

6-6-2 CloudFormationテンプレートの事前チェック

CloudFormationはテンプレートとして記載するその特性上、スペルミスなど少しでもミスがあると反映に失敗します。また、セキュリティグループなどセキュリティに関する部分も公開設定など危険な設定があっても気づきにくい場合があります。次のようなツールが公開されているため、積極的に使用しましょう。

CloudFormation Guard

CloudFormationのテンプレートファイルに対し、ポリシーに準拠しているかチェックするコマンドライン（CLI）ツールです。ポリシーもテンプレートと同様にコードとして記載するため、policy as codeとも呼ばれます。たとえばテンプレート内のS3バケット内に暗号化が設定されているか、パブリックになっていないかといったチェックが可能です。リソース名が命名ルールにしたがっているかなど、幅広いチェックが可能です。

参考：AWS CloudFormation Guard
https://docs.aws.amazon.com/ja_jp/cfn-guard/latest/ug/what-is-guard.html

cfn-nag

テンプレートの内容からセキュリティ的に問題がある部分を見つけ出して警告できるツールです。cfn-nagコマンドを実行すると、たとえばセキュリティグループがインターネット公開されている設定を見つけて警告を表示してくれます。CloudFormation Guardに比べ、よりセキュリティチェックに特化しています。

参考：cfn-nag GitHubサイト

https://github.com/stelligent/cfn_nag

cfn-lint

　スペルミスなどCloudFormation反映時にエラーとなってしまう簡単なミスを見つけてくれるツールです。cfn-lintコマンドを実行すると、作成したテンプレートのおかしな部分を表示してくれます。VS Codeといった各IDE向けのプラグインも存在します。

参考：cfn-lint GitHubサイト

https://github.com/aws-cloudformation/cfn-lint

6-6-3 CloudFormation ドリフト検出

　CloudFormation利用時に発生する可能性があるインシデントについて見ていきます。

　テンプレートファイルを記載して、CloudFormationからAWSリソースの構築を行いますが、構築したAWSリソースは直接変更できます。たとえばセキュリティグループをCloudFormation経由で作成したあと、セキュリティグループのルールを手動変更することが可能です。このとき、変更したセキュリティグループの内容は元のテンプレートには反映されません。これにより、テンプレートと実環境で差分が発生してしまうことになります。このまま放置しておくと、次回のCloudFormation変更時に元の状態に戻ってしまったり意図しない変更が発生する可能性があります。

　そのため定期的にテンプレートを更新する場合は、テンプレートの状態と実際のAWSリソースの状態の差分を把握しておく必要があります。この差分検出を行える機能が**ドリフト検出**です。

6章 インシデント対応

■ 図6-31　ドリフト検出概要

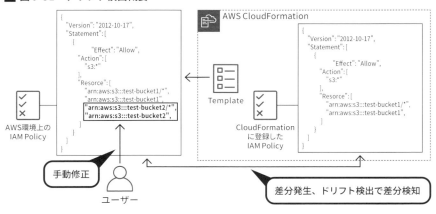

ドリフト検出の実施方法

　ドリフト検出はマネジメントコンソールまたはAWS CLIを使用して実行できます。CloudFormationでは構築する1つのまとまりをスタックと呼びますが、ドリフトの検出もこのスタック単位で実行します。マネジメントコンソールから実行する場合は、CloudFormationの画面から対象のスタックを選択し、スタックアクション＞ドリフトの検出を選択することで実行できます。実行後しばらくすると、テンプレートの記載状態と実際のAWSリソース状態の差分がリソース単位で表示されます。差分を自動で修正してくれるような機能は現時点でないため、手動修正を行う必要があります。

■ 図6-32　CloudFormationドリフトの検出

306

AWS CloudFormation

■ 図6-33 CloudFormationドリフト検出結果

Configを使用したドリフト自動検出

ConfigルールのAWS提供マネージドルールに、ドリフト検出を行う「cloudformation-stack-drift-detection-check」というルールが存在します。これを使用することで、ユーザーが設定した間隔（1時間〜24時間）でドリフト検出を実行してくれます。修復アクションを設定することで、ドリフト検出時に通知やAutomationタスクを実行することも可能です。

インポートオペレーションによるドリフト解決

通常ドリフトが発生した場合、テンプレートを修正してCloudFormationスタックを更新すればドリフトは解決されます。ただし、一部の変更ではリソースが再作成される場合があります。既存のリソースを再作成せずに保持する場合は、リソースのインポート機能を使って次の手順を行います。

1. 対象リソースのDeletion Policy属性をRetainに変更する。こうすることでリソースがCloudFormationテンプレートから削除されてもAWSアカウント上はリソースが保持される。
2. テンプレートから対象リソースを削除して、スタックを更新する。
3. スタックへのリソースのインポート機能を使用して、テンプレートへ実際のリソースをインポートする。必要に応じて残っているドリフト状態を解決するためにテンプレートを修正する。

以上の手順で、再作成が必要になってしまう場合のドリフトも解決できます。

307

6章　インシデント対応

6-6-4 CloudFormation ロールバック設定

CloudFormation テンプレートの更新や作成時に、意図しない更新によって本番稼働中のアプリケーション動作に影響を与える可能性があります。こういった影響のある動作があった場合に更新作業をロールバックする設定を CloudFormation で行うことができます。

設定方法は以下の通りです。

1. ロールバックのきっかけとなる CloudWatch アラームを作成する。たとえば本番アプリケーションの稼働状況を確認するアラームを設定する。
2. CloudFormation のスタック作成時、スタックオプションの設定画面でロールバック設定に1で作成したアラームを設定する。必要に応じて「モニタリング時間」を設定する。

■ 図6-34　CloudFormation ロールバック設定

この設定を行うことで、スタックの作成、更新中に CloudWatch アラームが作動した場合はすべての作成更新作業をロールバックします。モニタリング時間を設定した場合は、スタックの更新完了後、この時間中にアラームが発生したときはロールバックが行われます。

本番環境稼働中の環境で CloudFormation を利用する際など、細心の注意を払って CloudFormation スタックの更新を行う場合に活用するとよいでしょう。

AWS CloudFormation

6-6-5 CloudFormationの削除保護機能

CloudFormationはスタックという単位でリソースを管理しますが、このスタックが削除されるとリソースも合わせて削除されます。誤って削除されるのを防ぐために、**スタックの削除保護**が存在します。

設定方法は簡単で、スタックのメニューから削除保護を有効にするだけです。有効にした場合、対象のスタックを削除しようとするとエラーになります。

6-6-6 スタックポリシーによるリソースの保護

スタック全体ではなく、スタック内で指定した特定のリソースに対して更新操作を拒否するといった細かい制御も**スタックポリシー**で可能です。

たとえば、以下のスタックポリシーを設定するとProductionDatabaseという名前のリソース更新が拒否されます。

```
{
  "Statement":[
    {
      "Effect":"Allow",
      "Action":"Update:*",
      "Principal":"*",
      "Resource":"*"
    },
    {
      "Effect":"Deny",
      "Action":"Update:*",
      "Principal":"*",
      "Resource":"LogicalResourceId/ProductionDatabase"
    }
  ]
}
```

スタックポリシーを設定すると、デフォルト状態ではすべてのリソースが保護されるため、明示的にまずAllowを記載しています。

6-7 Amazon Macie

▶▶ 確認問題

1. Macieを使用してS3バケット上の個人情報の有無をチェックできる

1.○

 必ずマスター！

Macieの基本機能
S3バケット上にある個人情報や機密情報をチェックし、その利用状況を合わせて監視する

6-7-1 概要

　Amazon Macie（以下、Macie）は、S3バケット上にある個人情報などの機密データを自動的に発見し、通知や保護処理を実行できるサービスです。**Macie**と書いてメイシーと読みます。機密データの発見には機械学習の自然言語処理（NLP）が使われています。またデータだけではなく、S3バケットのセキュリティまたはプライバシーに関する問題も検出してくれます。

Macieで検知する情報について

　AWSから提供されるのは個人情報（PII）、保護対象保健情報（PHI）、Financial information、Credentials and secretsの4タイプです。米国や海外の情報が多く、日本語の情報検知にはまだ対応していません。

　たとえば次のような情報を検知できます。

Amazon Macie

- 氏名フルネーム
- クレジットカード番号、有効期限
- 生年月日
- OpenSSHプライベートキー
- メールアドレス
- 運転免許証ID（米国）
- AWSシークレットキー

「カスタムデータ識別子」という設定で、正規表現を使用した独自の情報検知も可能です。

S3バケットのポリシーチェック

　Macieではデータだけではなく次のようなセキュリティリスクのあるS3バケットの設定も検知します。

- パブリックアクセスブロック設定の無効化
- KMSによるデフォルト暗号化の無効化（S3マネージドキーへの変更）
- S3バケットのパブリック公開
- 組織外へのバケット公開、またはオブジェクトレプリケーション

自動検出と検出ジョブ

　機密データの検出について、Macieでは**自動検出**と**検出ジョブ**の2種類の検出方法が提供されています。

　自動検出は検出ジョブよりも後に提供された新しい機能です。自動検出を有効にした場合、Macieは自動的かつ定期的にS3バケットおよびデータを確認し機密データを検出します。分析が毎日進行するにつれて、過去の検知データも含めた統計情報をMacieが出力してくれます。機密データの検出にはサンプリング手法が取られており、すべてのオブジェクトを検査対象にせず代表的なオブジェクトを対象としています。

　検出ジョブは、対象とするバケットやジョブ実行の頻度（毎日、毎週、毎月から選択）などの設定項目を利用者が手動で設定する方式です。1回だけ実行することも可能です。より詳細に対象を絞って手動実行したい場合はこちらの方法が推奨です。

Macieのアラート機能

　Macieで検知した結果はEventBridgeに送信されます。イベントルールでMacie、ターゲットにSNSを指定することでリスク検知時に通知が可能です。また、ターゲットにLambdaなどの処理を指定することで、リスクを検知したバケットを非公開状態にするといった自動処理も可能になります。

6章　インシデント対応

6-8 Amazon GuardDuty

▶▶ 確認問題

1. GuardDutyのインプット情報はS3、IAM、CloudTrailの3つである

1. ×

ここは ▶ 必ずマスター!

GuardDutyの基本機能
AWS上で発生する不正やセキュリティイベントなどの脅威を検出することができる

6-8-1 概要

Amazon GuardDuty (以下、GuardDuty) は、AWS上で発生する不正やセキュリティイベントなどの脅威を検出するサービスです。サービスをワンクリックで有効化でき、すぐにAWSアカウント内のセキュリティ状況を分析できますので、AWSアカウントを作成したらすぐに有効化するとよいでしょう。

GuardDutyには**基礎データソース**と呼ばれるログ等のリソースを分析および処理する機能と、有効化して使用する**機能**と呼ばれる大きく2種類が存在します。

基礎データソースは次の4種類です。

- **CloudTrailイベントログ**
- **VPC Flow Logs (フローログ)**
- **CloudTrail管理イベント**
- **DNSログ**

Amazon GuardDuty

基礎データソースの分析から、たとえば次のような検知が行われます。

- rootアカウントの使用
- IAMアクセスキーの作成
- EC2がDoS攻撃の踏み台にされている可能性

追加で有効化できる機能については、本書執筆時点で次の機能がサポートされています。

- EKS Protection
- Lambda Protection
- Malware Protection
- RDS Protection
- S3 Protection
- Runtime Monitoring

それぞれ簡単に説明します。

EKS Protection

Amazon Elastic Kubernetes Service（以下、EKS）内のEKSクラスターの疑わしいアクティビティの可能性を検出します。EKSはAWS内で使用できるKubernetesのマネージドサービスです。EKSクラスターから出力されるKubernetes監査ログをモニタリングして疑わしいアクティビティを検出します。たとえば認証のないユーザーのAPI呼出や、悪意のあるIPアドレスからのAPI呼出を検出します。

Lambda Protection

Lambda関数が呼び出されたときに潜在的なセキュリティ脅威を検出します。ネットワークのアクティビティログを元に脅威を検出します。Lambda関数はVPC外でも実行されるため、VPC Flow Logsだけでは検出できない脅威も検出できます。たとえば悪意のあるIPアドレスへの通信などを検出します。

Malware Protection

EC2インスタンスまたはコンテナにアタッチされたEBSをスキャンし、悪意のあるまたは疑わしいファイルを検出します。スキャンの実行タイミングは、EC2インスタンス、コンテナで悪意のあるアクティビティをGuardDutyが検出した時か、オンデマンドで好きな時の2種類になります。GuardDutyがEBSのスナップショットを取得してデータを確認する仕組みになっており、既存のEBSボリュームにはスキャンの影響はありません。

313

6章 インシデント対応

RDS Protection
Amazon Auroraデータベースへのログイン履歴を確認し、疑わしいログイン等のアクセス脅威がないか検出します。Aurora以外のデータベースエンジンは本書執筆時点ではサポートしていません。

S3 Protection
S3バケット内のデータに関する潜在的なセキュリティリスクを検出します。GetObjectなど、S3バケット内のデータアクセスに関するデータを元に脅威を検出します。たとえば機械学習モデルを使用して異常と判断されたデータへのアクセス等が検出されます。

Runtime Monitoring
実行環境(Runtime)を監視し、オペレーティングシステム(OS)内の脅威を検出します。Amazon EKS、Amazon ECS、Amazon EC2をサポートしています。この機能が登場する前はネットワークログなどOS外で出力された情報を元に脅威を検出していましたが、OS内の脅威も検出できるようになりました。たとえばOS内で新規に作成されたバイナリファイルの実行等を検出できます。

各機能の紹介は以上です。

サンプルイベントの発行
GuardDutyにはサンプルイベントを発行する機能があるので、どういったものが検出されるか確認したい場合は一度発行してみるとよいでしょう。

■ 図6-35 GuardDutyサンプルイベント結果

GuardDutyの結果タイプ

GuardDutyで検出された各結果には、**結果タイプ**と呼ばれる名前が付いています。代表的なものを本書で紹介します。

結果タイプ	リソースタイプ	データソースまたは機能	重要度	概要
Policy:S3/BucketAnonymousAccessGranted	S3	CloudTrail管理イベント	高	S3バケットがパブリックにアクセス可能になった
Stealth:IAMUser/CloudTrailLoggingDisabled	IAM	CloudTrail管理イベント	低	CloudTrailの証跡が無効になった
Policy:IAMUser/RootCredentialUsage	IAM	CloudTrail管理イベントまたはCloudTrailデータイベント	低	rootユーザーの使用があった
CryptoCurrency:EC2/BitcoinTool.B!DNS	EC2	DNSログ	高	暗号通貨関連のドメイン名をクエリしている
Execution:EC2/MaliciousFile	EC2	Malware Protection (EBS)	検出状況により変化	悪意のあるファイルをEC2で検出
Policy:Kubernetes/AdminAccessToDefaultServiceAccount	Kubernetes	EKS Protection	高	デフォルトのサービスアカウントにKubernetesクラスターに対する管理者権限が付与されている
CredentialAccess:RDS/AnomalousBehavior.FailedLogin	Aurora	RDS Protection	低	データベースで、1回以上のログイン失敗あり

他の検出結果についてもぜひAWS公式ドキュメントを確認してみてください。

参考：検出結果タイプ

https://docs.aws.amazon.com/ja_jp/guardduty/latest/ug/guardduty_finding-types-active.html

6章　インシデント対応

GuardDutyの通知

GuardDutyを有効にすることで脅威の検出状況を画面上で確認できます。ただし、これだけではリアルタイムな検知を行うことができません。AWS管理者などへリアルタイムな通知を行う場合はEventBridgeを使用します。イベントパターンでGuardDuty、ターゲットにSNSを指定することで通知が可能です。ターゲットにLambdaを設定して自動アクションの実行も可能です。

■ 図6-36　GuardDutyの通知

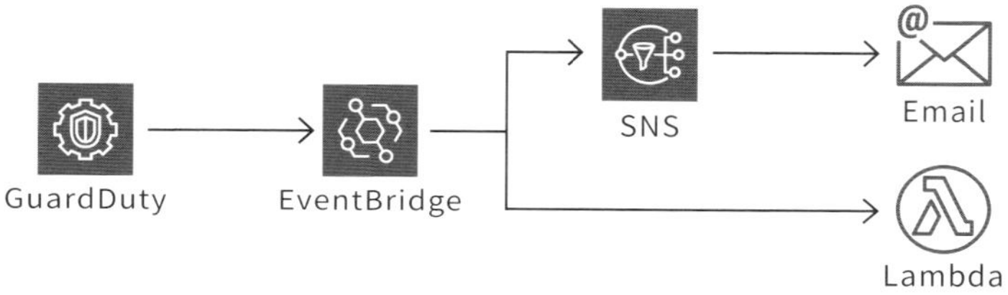

IPアドレスのリスト管理

テスト等で特定のIPアドレスについての検知を抑止したい場合は、信頼されているIPリストを追加することで、そのIPアドレスに関しては検知をしない設定が可能です。逆に、脅威IPリストという形式で検知をしたいIPアドレスの登録も可能です。

6-9 AWS Security Hub

▶▶ 確認問題

1. Security HubにはPCI DSSのコンプライアンスチェック機能がある

1.○

ここは 必ずマスター！

Security Hubの基本機能
GuardDutyやMacieのようなセキュリティサービスの検知内容をSecurity Hubに集約して確認することができる

6-9-1 概要

AWS Security Hub（以下、Security Hub）は、AWSのセキュリティ状況やコンプライアンスの準拠状況を1箇所で確認できるサービスです。AWS上にあるセキュリティ情報の集約場所のような役割を担っています。

Security Hubでは、PCI DSS等のセキュリティ標準に従ったチェックや、他のセキュリティ関連サービスの情報を包括的に管理できます。

前提条件

Security HubではAWS Configを使用して多くのチェックを行うため、Security Hubの利用前にAWS Configを有効にしておく必要があります。

6章 インシデント対応

セキュリティ標準

AWSからあらかじめ**セキュリティ標準**という形式で複数のチェック項目がセットとなって提供されています。Security Hub上の画面ではセキュリティ基準と表示され、本書執筆時点では次の標準がサポートされています。

- AWS基礎セキュリティのベストプラクティス v1.0.0
- CIS AWS Foundations Benchmark v1.2.0
- CIS AWS Foundations Benchmark v1.4.0
- NIST Special Publication 800-53 Revision 5
- PCI DSS v3.2.1

このうち、AWS基礎セキュリティのベストプラクティス v1.0.0とCIS AWS Foundations Benchmark v1.2.0はSecurity Hubを有効にした際に合わせて自動有効となります。他のセキュリティ標準は手動で有効にする必要があります。

セキュリティ標準を有効にすると、各チェック項目が**コントロール**という形で管理されチェック結果が表示されます。

たとえば次の画像はAWS基礎セキュリティのベストプラクティスの状況を表示したものです。200以上のコントロールの評価状況が表示され、合格(成功)の割合がセキュリティスコアとして表示されます。

図6-37　セキュリティ標準の確認

外部サービスとの連携

Security Hub上で、他のAWSサービスの結果を取り込んで表示が可能です。サポートされている代表的なものは次のとおりです。

- **AWS Config**
- **Amazon GuardDuty**
- **Amazon Inspector**
- **Amazon Macie**
- **AWS Systems Manager Patch Manager**

たとえばGuardDutyの検知結果はそのままSecurity Hub上にも検出結果として表示されます。他にも多くのAWSサービスをサポートしており、今後も増えていく可能性が高いです。サポートされるサービスの詳細はAWS公式ドキュメントも参考にしてください。

参考：Security HubとのAWSサービスの統合の概要

https://docs.aws.amazon.com/ja_jp/securityhub/latest/userguide/securityhub-internal-providers.html#internal-integrations-summary

AWSのサービス以外にも、AWS外のサードパーティー製品の結果をSecurity Hubに表示可能です。こちらも代表的なものを紹介しておきます。

- **Aqua Security – Aqua Cloud Native Security Platform**
- **Cloud Storage Security – Antivirus for Amazon S3**
- **Palo Alto Networks – Prisma Cloud Enterprise**
- **Snyk**
- **Trend Micro – Cloud One**

こちらもすべては本書で紹介しきれないため、詳細は公式ドキュメントを参考にしてください。

参考：利用可能なサードパーティーパートナー製品の統合

https://docs.aws.amazon.com/ja_jp/securityhub/latest/userguide/securityhub-partner-providers.html

6章 インシデント対応

一部のサービスは、Security Hubに結果を送信するのではなく、Security Hubの結果を受信して表示や通知を行うといった連携も可能になっています。

Security Hubの通知

Security HubもGuardDutyと同様にEventBridgeを使用して検知した結果を通知できます。Security Hubで検知した結果は「Security Hub Findings - Imported」というイベント名でEventBridgeへ送信されるため、これをイベントパターンで設定し、ターゲットとしてSNSを設定することで通知が可能です。Security Hub側の通知設定でGuardDutyの検知結果も通知できます。

■ 図6-38　Security Hubの通知

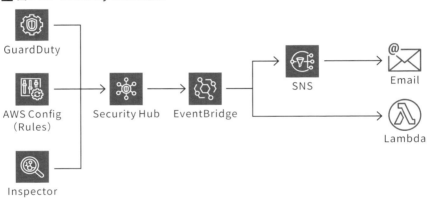

Amazon Detective

6-10 Amazon Detective

▶▶ 確認問題

1. Detectiveにはコンプライアンスチェック機能がある

1. ×

ここは ▶ 必ずマスター!

Detectiveの基本機能
Detectiveは発生したインシデントについて時系列情報を含んだ形で調査ができるサービスである

6-10-1 概要

　Amazon Detective（以下、Detective）は、VPC Flow Logs、CloudTrail、Guard Dutyなどの他のAWSサービスの情報をインプットに、潜在的なセキュリティ問題や不審なアクティビティを分析、調査できるサービスです。

　GuardDutyは発生したセキュリティイベントを検知するため、発生したイベントベースでの調査を行うことになりますが、Detectiveでは過去のログやイベント情報といった時系列の観点を含み、グラフ等で視覚化が可能です。GuardDutyとは目的が異なります。

321

6章 インシデント対応

6-10-2 Detectiveの使用例

　Detectiveに関しては実際の画面を見たほうがわかりやすいため、画面ベースで説明します。次の画像はある特定のIAMユーザー1つを対象とした分析画面で、失敗したAPI Call数（どれだけ操作を行ったのか）がグラフとして表示されています。

■ 図6-39　Detective IAMユーザー分析画面

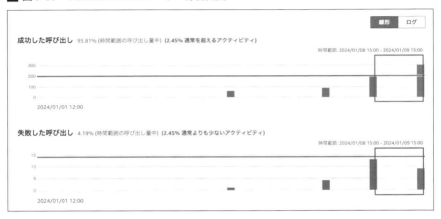

　グラフの中から、失敗した呼び出しが多いグラフ部分をクリックして時間間隔を設定すると、その時間帯に関する情報が合わせて表示されます。呼ばれたAPIの内容（失敗数、成功数含む）、実行元IPアドレス、使用されたアクセスキー情報を確認できます。

■ 図6-40　Detective IAMユーザー分析詳細

APIメソッド ▼	成功した呼び出し ▼	失敗した呼び出し ▼	アクション
▶ securityhub	189	13	
▶ notifications	6	0	
▶ signin	4	0	
▶ servicecatalog-appregistry	2	0	
▶ ec2	2	0	

322

Amazon Detective

こういった情報から、時間帯、実行量、実行内容といった観点で簡単に分析できます。今回はIAMユーザーを例に紹介しましたが、他にもEC2、AWSアカウント、IPアドレス、ユーザーエージェント、GuardDutyの検知イベントをベースとした分析も可能です。どの地域から実行されているかといった観点で確認も可能です。

6-10-3 GuardDutyとの連携

GuardDutyの結果ページから、検知したイベントに関するDetectiveの調査ページにリンクすることが可能です。この機能を使用して検知と調査をより簡単に連続して実施できます。調査したいイベントを選択して、「Detectiveで調査する」をクリックすればDetectiveのページへ遷移できます。GuardDutyで検知したEC2インスタンスなどのリソースやIAM情報、IPアドレスをベースにDetective側で調査ができます。

■ 図6-41　GuardDuty結果画面からDetectiveへの遷移

6-11 インシデント対応に関するアーキテクチャ、実例

6-11-1 EC2のパケットキャプチャ

VPC Flow Logsではネットワークのパケット情報までは確認できないため、EC2を通過するパケットを確認する場合は図のようにEC2上にパケットキャプチャツールを導入する必要があります。ELBやRDSについてはOSレイヤーはAWS管理となるため独自にキャプチャツールを導入することはできません。

■ 図6-42　EC2のパケットキャプチャ

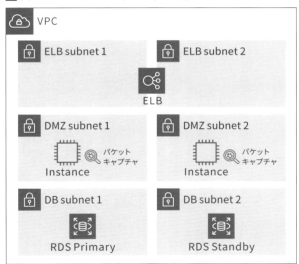

複数のVPC環境があり、各VPC上のEC2にキャプチャツールを導入することが難しい場合は、図のように共用のパケットキャプチャ導入済みのEC2をリバースプロキシ環境として接続することで、各VPCへのネットワークパケットをキャプチャすることが可能です。VPC間の接続はピアリングかTransit Gatewayを使用します。

■図6-43　複数VPCにおけるEC2のパケットキャプチャ

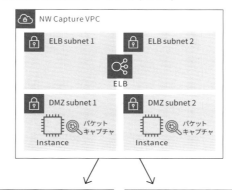
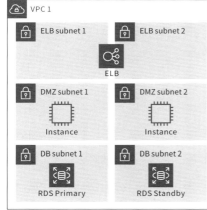
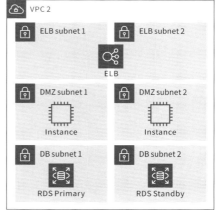

VPC Traffic Mirroringという機能もあり、この機能を使用すると、特定のENI（Elastic Network Interface）に流れるトラフィック情報を他のENIまたはNLBへミラーリングが可能です。特定のツールが入ったEC2にトラフィックを流して調査したりするなど、実際の本番トラフィックに影響を与えず調査ができます。

■図6-44　VPC Traffic Mirroring

6章 インシデント対応

パケットキャプチャだけではなく、EC2内のファイル改ざん検知を行う場合もホスト型のIDSなどを導入する必要があります。

最近では、3章で紹介したGateway Load Balancerを使用して、すべてのネットワークをセキュリティアプライアンスが設定されたEC2インスタンスを経由してトラフィックの監査を行う構成も一般的になっています。Gateway Load Balancerを使用することで、サーバの自動スケールなど、管理が容易になります。

■ 図6-45　Gateway Load Balancerの使用例

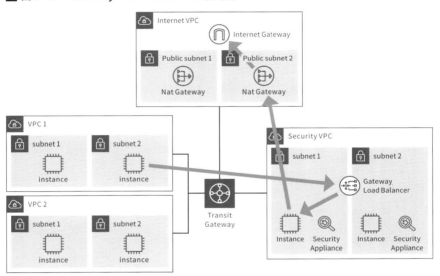

6-11-2　不正なEC2検知時のインシデント対応

複数のEC2で運用を行っている際、ある1台のインスタンスで不正な動きを検知したとします。ウイルスや踏み台にされて他環境へアクセスしているといったことを想定してください。そういった動きを検知した場合、対象のインスタンスをネットワークから切り離す必要がありますが、AWSではネットワークケーブルを切断するといったオンプレミス環境のような切り離し対応ができません。AWSでこれを実現するには基本的にセキュリティグループを対象インスタンスに設定することで論理的な切り離しを行う必要があります。管理者のみからのアクセス許可を行い、その他インスタンスや外部への通信を拒否します。

インシデント対応に関するアーキテクチャ、実例

　Newwork ACLもアクセス制御の設定が可能ですが、Network ACLはサブネット単位の指定となるため1つのインスタンスのみに設定することができません。

　切り離しを行った後は、必要に応じてEBSスナップショットやメモリダンプを取得してデータ調査を行います。

図6-46　不正なEC2検知時のインシデント対応

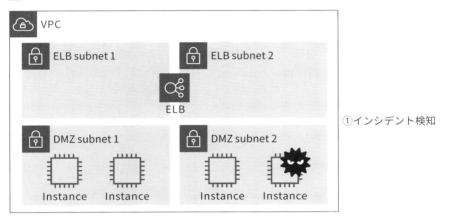

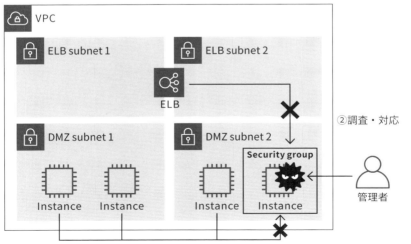

6章 インシデント対応

なお、AutoScalingグループに所属している場合は、停止を行おうとすると、EC2イン
スタンスがターミネート（削除）される可能性があるため、一度AutoScalingグループから
デタッチしてからスナップショット取得などの作業を行います。

6-11-3 EC2キーペアのリセット

複数のEC2を管理し、共通のSSHアクセスキーを使用していたとします。このキーを紛
失した場合や流出してしまった場合、キーをリセットする必要があります。こういった場合
にAWSSupport-ResetAccessというAutoMationドキュメントを使用してキーのリセッ
トが可能です。また、1台ずつキーをリセットするには非効率なため、Systems Manager
のRun Commandを使用してすべてのEC2インスタンスに同時実行を行います。図では
EC2が4台となっていますが、この台数が50台など多くなってくると1台ずつの作業が困
難になってきます。

■ 図6-47 EC2キーペアのリセット

328

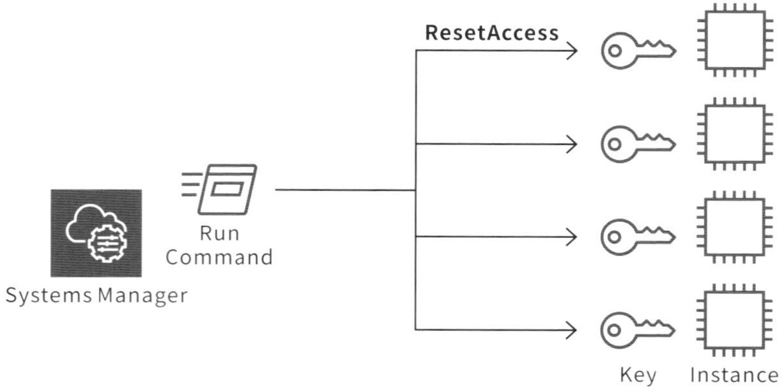

6-11-4 CloudTrailによるイベント検知

CloudTrailの操作履歴は、EventBridgeのイベントパターンとして設定できるため、AWS上のさまざまな操作が発生した際に通知を行うことができます。たとえば以下のような操作発生時に通知が可能です。

- 普段使用しない海外リージョンでリソースが作成されたとき
- IAMアクセスキーが作成されたとき
- セキュリティグループが変更されたとき

イベントパターンに例に示した操作内容を設定し、ターゲットにSNSを設定することでメール通知が可能です。またターゲットにLambdaを設定することでリソースの削除や復旧などの処理を自動実行することも可能です。たとえばIAMユーザーのアクセスキーを使用禁止とする場合は、作成を検知してLambdaで削除処理を行うといった設定にするとよいでしょう。

■ 図6-48　CloudTrailによるイベント検知

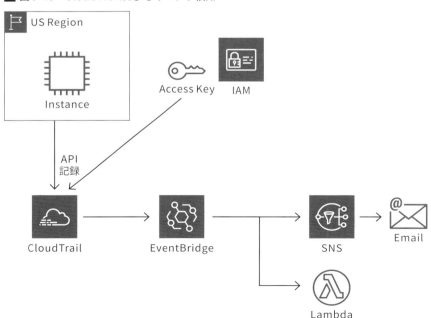

6章 インシデント対応

6-11-5 S3とEventBridgeの連携

S3バケットにオブジェクトが格納されたイベントをEventBridgeに連携可能です。たとえば、EventBridge経由でECSタスク（コンテナ）を実行してS3バケット上のオブジェクト内容を確認できます。

■ 図6-49　S3とEventBridgeの連携

2021年にS3とEventBridgeの連携機能が発表されましたが、発表前はS3のオブジェクトイベントはLambda、SQS、SNSのみ連携可能でした。この発表によりEventBridgeを経由してより多くのサービスと連携できるようになりました。

インシデント対応　まとめ

6-12 インシデント対応 まとめ

　多くのサービスを本章で説明しました。サービス名からはその内容はわからないものも多く、一見似たように見えるサービスもあります。それぞれのサービスに異なった役割があるためその違いを正しく理解することが大切です。サービス名を聞いて、自分の言葉でサービスの概要を説明できるくらいに理解しておけば試験でも迷うことはないでしょう。

　インシデントの検知は基本的にメールやPush通知によるリアルタイムな検知を検討する必要があるため、検知方法も紹介したサービスと合わせて学習しましょう。基本はCloudWatchやEventBridge、SNSを使用することになります。検知後の対応は手動対応もしくは自動対応になりますが、AWSサービスを使用してどういった自動対応ができるのかも理解しておきましょう。独自の自動インシデント対応を実装したい場合は基本的にLambdaを使用します。

本章の内容が関連する練習問題
　6-1 → 問題1
　6-2 → 問題13, 61
　6-3 → 問題33, 34
　6-7 → 問題29
　6-11 → 問題4, 37

7

管理とセキュリティ
ガバナンス

7章　管理とセキュリティガバナンス

　　本章のテーマは、2023年に認定試験がアップデートされた際に新規追加された分野の内容となります。本書にも改定に合わせて新たな章を追加しています。AWSアカウントを1つのシステム用に複数用意して運用することが一般的になっています。わかりやすい分け方でいうと開発環境と本番環境といった形です。本章ではなぜ複数のAWSアカウントが必要なのかという背景から、複数AWSアカウントの運用で使用できるサービスや機能について紹介します。実際の開発現場でも複数AWSアカウントの管理について悩まれている方も多いと思いますので、本章の内容が何かしら参考になれば幸いです。

AWS Organizations

7-1 AWS Organizations

▶▶ 確認問題

1. Organizationsは、AWSアカウント単体を管理するサービスである
2. SCPを使用して、IAMユーザーのみならずルートアカウントの権限に制限をつけられる
3. Organizations以外のサービスと連携できる

1. ×　　2. ○　　3. ○

ここは ➤ 必ずマスター!

複数のAWSアカウントの管理

Organizationsを利用することにより、複数のAWSアカウントに対して環境の一元管理をすることができる。組織単位（OU）を使ってグループ管理もできる

サービスコントロールポリシー（SCP）を利用してアカウント全体に対する権限制限

SCPを利用することで、AWSアカウントに対して利用できるサービスを限定することができる。またOUに対して適用することで、複数のAWSアカウントに対してまとめての権限制限ができる

Organizationsと他サービスの連携

Organizationsと他のサービスを連携することで、セキュリティ関連の設定を効率よく一括実行できる

335

7章　管理とセキュリティガバナンス

7-1-1 なぜマルチアカウントが必要なのか？

たとえ作るシステムが1種類だとしても、複数AWSアカウントを用意して管理することが一般的になっています。AWSではこれを**マルチアカウント戦略**と呼びます。なぜ一般的になっているのか、背景を説明します。

シングルアカウントにおける課題

AWSアカウントを1つで運用した場合の例と課題を見ていきましょう。次のマネジメントコンソールの様子を見てみましょう。

■ 図7-1　シングルアカウント運用の例

aws	Services ▼	Q Search for services, features, marketplace products, and docs

Instances (6) Info

Q Filter instances

search: server ✕ | Clear filters

	Name ▽	Instance ID	Instance state
☐	dev-web1-server	i-0bfc0a5a1210...	⊘ Running
☐	dev-web2-server	i-061bf6270bcd...	⊘ Running
☐	dev-web3-server	i-05f8e395c738...	⊘ Running
☐	prod-web1-server	i-0154b49c8fe9...	⊘ Running
☐	prod-web2-server	i-0f6dd4243108...	⊘ Running
☐	prod-web3-server	i-05269dd1a583...	⊘ Running

1つの画面上に、開発用途のdev-XXというEC2インスタンスと、本番用途のprod-XXというEC2インスタンスが表示されています。

この状態で、開発用途のインスタンスをコスト削減目的で停止しようとします。クリックする場所を少し間違えるだけで本番用途のインスタンスを停止してしまうことが容易に想像できるかと思います。開発用途と本番用途ではサーバーの起動・停止の**ライフサイクル**（間隔）が異なるので、環境を分けて管理したくなります。

AWSの**コスト**（利用料）についても同様です。先ほどコスト削減のために開発環境のインスタンスを停止すると説明しました。この場合、開発環境としてコストがどの程度削減できたのか、どの程度発生しているのかも気になるはずです。AWSはAWSアカウント単位で請

求書が発行されるので、AWSアカウントを分けることで環境ごとのコスト管理もやりやすくなります。1アカウント内で複数環境を設定した場合も、タグ管理等で環境ごとのコスト管理はできるのですが、アカウントを分ける場合よりも複雑化したり追加の設定が必要になる場合がほとんどです。

AWSで一番重要とも言える**IAM**もAWSアカウントを分けて権限を分けるというやり方が一般的です。たとえばIAMユーザーにAdministratorAccessを付与した場合、そのユーザーはAWSアカウント内すべての操作が可能になります。逆に言うと他のAWSアカウントの操作は一切できません。つまり、本番環境と開発環境でアクセスする人を分けたい場合、AWSアカウントを環境ごとに分けることで簡単に実現できます。

前置きが長くなりましたが、ここまで読んでいただくとマルチアカウントの必要性が理解できると思います。具体的にうまくマルチアカウントを管理するサービスや機能を見ていきます。

7-1-2 AWS Organizations

AWS Organizations（以下、Organizations）はマルチアカウント戦略における必須のサービスで、次の機能を持ちます。

- 請求情報の一元管理
- メールアドレスのみでのAWSアカウント新規作成
- OU（Organizational Unit、組織単位）によるAWSアカウントのグループ管理
- SCP（Service Control Policy）の適用
- 他サービスのマルチアカウント設定、一元管理

7章 管理とセキュリティガバナンス

Organizationsの構成要素

Organizationsは、次の要素で構成されています。

分類	カテゴリー
組織	AWS Organizationsで管理する対象の全体、具体的には、参加する AWSアカウントすべて
管理 (Management) アカウント	Organizationsを設定したAWSアカウント（組織内に1つのみ）
メンバーアカウント	組織内の管理アカウント以外のすべてのAWSアカウント
組織単位 (OU)	組織内の論理的なAWSアカウントのグループ
管理用ルート (root)	組織内の階層の最上位
サービスコントロール ポリシー (SCP)	組織内で利用できるAWSサービスの制御を記述したポリシー

アカウントの種類と組織単位、SCPなど、用語が指す意味を最初に理解しておきましょう。

つづいて各機能について説明します。

請求情報の一元管理

AWSアカウントをOrganizations抜きでバラバラに作成した場合、AWS利用料が請求されるクレジットカードの情報をそれぞれのアカウントに登録することになります。カード情報に変更があった場合はすべてのアカウントで変更が必要になり、またカード情報という機密情報が複数の場所に登録されるのはセキュリティ上好ましくありません。

Organizationsを使用すると、一括請求（コンソリデーティッドビリング）機能が使用でき、クレジットカードの情報を1アカウントで管理できます。Organizationsを使用する場合は**管理（Management）アカウント**という請求の代表となるアカウントを設定するので、そのアカウントに登録した請求情報がOrganizations内すべての請求情報として扱われます。請求は1つになりますが、マネジメントコンソール上など料金の確認はアカウントごとに可能です。

メールアドレスのみでのAWSアカウント新規作成

AWSアカウントをはじめて作成する場合は次の手順を行うことになります。

・メールアドレス、アカウント名の準備
・ルートユーザーの設定
・連絡先情報の入力
・請求情報の入力
・本人確認

Organizationsの場合、メールアドレスとアカウント名さえあればAWSアカウントが作成できます。作成画面は次のようになっています。AWSアカウントは先ほど紹介した管理アカウントから作成します。

■ 図7-2 Organizationsを使用したAWSアカウント作成画面

IAMロール名はアカウント作成時に自動作成されるIAMロールの名前で、作成後、管理アカウントからこのロールへスイッチロールして利用できます。デフォルトでは**OrganizationAccountAccessRole**という名前になります。

7章　管理とセキュリティガバナンス

ルートユーザーについては、64文字以上のパスワードが自動的に設定されます。この初期パスワードを知る方法はないため、パスワードを忘れた場合と同様の復旧手順で変更する必要があります。

OU（Organizational Unit）によるAWSアカウントのグループ管理

AWSアカウントを、**OU**（Organizational Unit、組織単位）という単位でグループ管理できます。たとえば開発環境のAWSアカウントと本番環境のAWSアカウントを別のグループで管理しておき、本番環境のみセキュアな設定を一括で行うといったことも可能です。次に説明するSCPもこのOU単位で設定できます。

OUは次の画像のように階層的な設定も可能です。

■ 図7-3　階層構造のOU

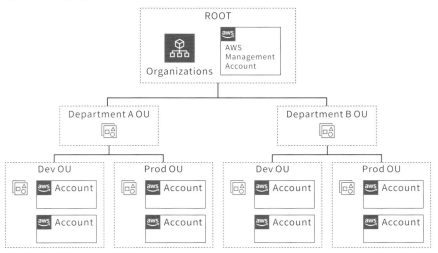

340

SCP（Service Control Policy）の適用

SCP（Service Control Policy）は、複数のAWSアカウントへ一括設定できる制限ポリシーです。ポリシーの書き方はIAMポリシーと同様になります。基本的には特定の操作を拒否（Deny）する形式でポリシーを設定します。許可（Allow）でポリシーを書いたとしても、AWSアカウント内のIAMユーザーやIAMロールがその操作を可能になる訳ではないので、許可（Allow）ポリシーは通常SCPで使用しません。正確に言うと、デフォルトで組織全体に **FullAWSAccess** というすべてを許可するポリシーが付いており、そこにDenyを追加することで特定の操作を拒否していく形となります。拒否＞許可の優先度でポリシーは有効になるためです。

SCPは、Organizations組織全体（ルート）、OU、AWSアカウントのいずれかに設定できます。ただし、管理アカウントには設定できません。組織全体にSCPを適用しても管理アカウントにはSCPは効きません。OUに設定したSCPは、下位のOUに継承されます。これを利用して、効率的なポリシー設計ができます。たとえば、上位のOUに共通設定的なSCPを適用し、その下のOUでプロジェクト固有のSCPを作成し適用します。こうすることにより、プロジェクトごとのSCPの記述量は削減でき、また変更があった際には上位のSCPのみで済みます。

■ 図7-4　階層構造の組織単位によるSCPの継承

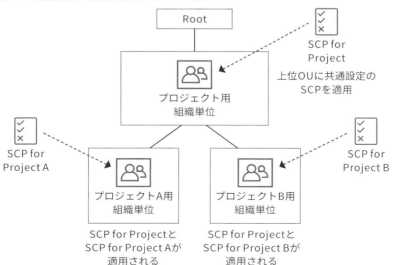

7章　管理とセキュリティガバナンス

　SCPを利用することで、AWSアカウント全体に制約を加えることができます。SCPの対象は、IAMのみでなくルートユーザーをも含みます。SCPを設定すると、権限の範囲をSCPで許可した（拒否していない）範囲のみの機能が有効になります。もともとすべての権限を持っているルートユーザーやIAMで与えた権限も、SCPと重なる範囲のみ有効となります。

■ 図7-5　SCPとIAMのアクセス許可の境界

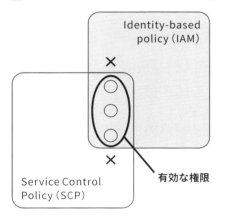

　SCPは、2章で紹介したIAMのパーミッションバウンダリーと同じような役割を果たします。パーミッションバウンダリーはIAMレベルの制約で、SCPはAWSアカウントレベルの制約と対象とするレイヤーが異なります。

　具体的なSCPの例を見てみましょう。次の例はAWS Configの無効化またはルールの変更を禁止するSCPです。

```
{
  "Version":"2012-10-17",
  "Statement":[
   {
    "Effect":"Deny",
    "Action":[
      "config:DeleteConfigRule",
```

```
      "config:DeleteConfigurationRecorder",
      "config:DeleteDeliveryChannel",
      "config:StopConfigurationRecorder"
      ],
      "Resource":"*"
    }
  ]
}
```

次の例は、複雑になりますが東京リージョン（ap-northeast-1）以外のリージョンを禁止するSCPです。

```
{
  "Version":"2012-10-17",
  "Statement":[
    {
      "Sid":"DenyAllOutsideJP",
      "Effect":"Deny",
      "NotAction":[
        "a4b:*",
        "acm:*",
        "aws-marketplace-management:*",
        "aws-marketplace:*",
        "aws-portal:*",
        "budgets:*",
        "ce:*",
        "chime:*",
        "cloudfront:*",
        "config:*",
        "cur:*",
        "directconnect:*",
        "ec2:DescribeRegions",
```

7章　管理とセキュリティガバナンス

```
            "ec2:DescribeTransitGateways",
            "ec2:DescribeVpnGateways",
            "fms:*",
            "globalaccelerator:*",
            "health:*",
            "iam:*",
            "importexport:*",
            "kms:*",
            "mobileanalytics:*",
            "networkmanager:*",
            "organizations:*",
            "pricing:*",
            "route53:*",
            "route53domains:*",
            "route53-recovery-cluster:*",
            "route53-recovery-control-config:*",
            "route53-recovery-readiness:*",
            "s3:GetAccountPublic*",
            "s3:ListAllMyBuckets",
            "s3:ListMultiRegionAccessPoints",
            "s3:PutAccountPublic*",
            "shield:*",
            "sts:*",
            "support:*",
            "trustedadvisor:*",
            "waf-regional:*",
            "waf:*",
            "wafv2:*",
            "wellarchitected:*"
        ],
        "Resource":"*",
        "Condition":{
          "StringNotEquals":{
            "aws:RequestedRegion":[
```

```
            "ap-northeast-1"
          ]
        },
        "ArnNotLike": {
          "aws:PrincipalARN": [
            "arn:aws:iam::*:role/Role1AllowedToBypassThisSCP",
            "arn:aws:iam::*:role/Role2AllowedToBypassThisSCP"
          ]
        }
      }
    }
  ]
}
```

　少し補足します。**NotAction**で制限するサービスを一部除外しています。これはIAM等のグローバルサービスで、us-east-1リージョンによって稼働する場合があるため、この書き方で除外しています。また**ArnNotLike**では特定のIAMロールを制限から除外しています。こうすることで、管理者など特定のIAMロールでSCPによるトラブルが発生した場合の調査や復旧に役立ちます。

SCPでは一部制限できない次のような操作がいくつか存在します。

- **AWSサービスにリンクされたIAMロールのアクション**
- **ルートユーザーによるサポートプランの操作**
- **信頼された署名者にCloudFrontプライベートコンテンツの機能を提供する**
- **Amazon LightsailメールサーバーおよびAmazon EC2インスタンスの逆引きDNSをルートユーザーとして設定する**
- **一部のAWS関連サービスでのタスク**
    - Alexa Top Sites
    - Alexa Web Information Service
    - Amazon Mechanical Turk
    - Amazon Product Marketing API

7章　管理とセキュリティガバナンス

　SCPは操作を制限する強力なツールです。組織をセキュアな状態にするのに大きく役立ちしますが、一度操作を間違えるとすべての操作を拒否できてしまうので、設定する場合は慎重に行いましょう。

他サービスのマルチアカウント設定、一元管理

　Organizationsと連携し、複数アカウントで特定のサービスを一括で設定できる機能があります。たとえばGuardDutyですが、6章で「アカウントを作成したらすぐに有効にするとよいでしょう」と説明していました。AWSアカウントが複数になる場合、この有効設定を1つ1つ設定していくには手間がかかります。最近では大きな組織になると数百を超えるAWSアカウントを管理することも一般的になってきました。すべてのAWSアカウントでセキュリティサービスを共通的に設定するには自動化が有効な手段となります。ここではOrganizationsとGuardDutyの連携を見ていきます。

　Organizationsを有効にした状態で、管理アカウントからGuardDutyページへ遷移しアカウントというメニューを選択すると、次の画像のようにOrganizations組織配下のすべてのAWSアカウントについてGuardDutyの有効状況が表示されます。

■ 図7-6　GuardDutyとOrganizationsの連携

また、GuardDutyでは次の画像のように各機能を自動で一括有効にすることが可能です。既存のアカウントだけではなく今後作成される新規のAWSアカウントも自動的に有効にできます。

■ 図7-7　GuardDutyの自動有効化設定

検出結果についても、管理アカウントではOrganizations組織配下すべてのAWSアカウントの情報を確認できます。

このOrganizationsとの連携機能をうまく活用することで、数百を超えるAWSアカウントについても一括で管理が可能になります。1つ注意が必要なのはGuardDutyはリージョンベースのサービスということです。東京リージョンで一括有効にしたとしても、他のリージョンでは有効にならないため注意が必要です。リージョンごとの設定は基本的に個別に行う必要があります。

一括設定は管理アカウントで設定すると紹介しましたが、GuardDutyの管理を別のアカウントに**委任**することも可能です。委任することで、GuardDutyの一括管理を管理アカウント以外のAWSアカウントで実施できます。本章の冒頭でAWSアカウントはライフサイク

7章　管理とセキュリティガバナンス

ルやIAMなど目的に合わせて分けたほうがよいと紹介しましたが、筆者も経験上こういったセキュリティサービスの一括管理は管理アカウントではなく委任した別のAWSアカウントで実施することが多いです。セキュリティ関連の管理は1箇所で行うという目的のためです。

■ 図7-8　GuardDutyの管理委任

今回はGuardDutyを例に紹介しましたが、他のセキュリティサービスも同様に一括設定機能や情報集約機能をOrganizationsと連携することで簡単に実現できます。連携できる主要なサービスは次のとおりです。

- AWS CloudTrail
- AWS Config
- Amazon Detective
- Amazon GuardDuty
- IAM Access Analyzer
- Amazon Inspector
- Amazon Macie
- AWS Security Hub
- AWS Systems Manager
- AWS Trusted Advisor
- AWS Resource Access Manager（以下、RAM）

AWS Organizations

サービスにより、Organizationsと連携して使用できる機能は少し異なります。たとえば**AWS RAM**は、VPCなどのAWSリソースをAWSアカウント間で共有できるサービスですが、Organizationsと連携することで組織内すべてのAWSアカウントに共有が可能になります。すべての連携サービスは本書では紹介しきれないため、詳しくはOrganizationsのドキュメントも参考にしてください。

参考：AWS Organizationsで使用できるAWSのサービス

https://docs.aws.amazon.com/ja_jp/organizations/latest/userguide/orgs_integrate_services_list.html

7-1-3 CloudTrailとOrganizationsの連携

CloudTrailのOrganizations連携機能は他のセキュリティサービスと動作が少し異なり、重要なサービスでもあるため個別にここで説明します。

CloudTrailではAWS上での操作履歴を証跡としてS3バケットに保存できると紹介しました。Organizationsを有効にしていると、CloudTrailで証跡を作成する際に、組織内すべてのアカウントの証跡を取得するよう設定できます。

■ 図7-9　組織レベルの証跡設定

保存先に指定するS3バケットは1つのため、すべてのアカウントの証跡が1つのバケットに集約されます。

349

7章 管理とセキュリティガバナンス

■ 図7-10　組織レベルの集約イメージ

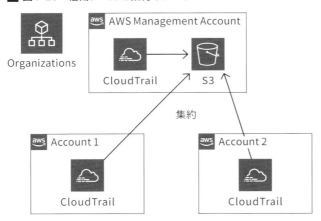

　組織レベルで有効にした場合は、次のようにファイルのパス情報にアカウントIDが振られ、アカウントIDごとにファイルを確認できます。

[バケット名]/AWSLogs/[組織ID]/[アカウントID]/（証跡ファイル）

　ただし、デフォルト状態ではS3バケットは集約した管理アカウントのIAMプリンシパル（ユーザーやロール）のみ確認できます。メンバーアカウントは、自分たちの証跡ファイルを確認できないので注意が必要です。証跡はAWSアカウント内で複数作成できるので、メンバーアカウント内で個別に確認や分析が必要な場合はメンバーアカウント内で個別に証跡を作成するのが1案となります。

7-2 AWS IAM Identity Center

AWS IAM Identity Center（以下、IAM Identity Center）は、AWSアカウントやアプリケーションに対してアクセスの一元管理ができる機能を提供するサービスです。Organizationsの利用が前提となります。利用者は一度ログインすると、複数のAWSアカウントやアプリケーションにアクセスできるようになります。以前はAWS Single Sign-On（AWS SSO）という名前のサービスであったため、AWS SSOと今でも呼ぶ人が多いです。

ユーザーアカウントの管理はIAM Identity Center上でも実施できますが、Active Directory（AD）やAWS上のAWS Managed Microsoft AD、OktaやAzure ADなどのIDプロバイダーも利用可能です。

IAM Identity Centerがシングルサインオンとしてアクセスできる先としては、AWSアカウントの他にSalesforceやSlack、Microsoft 365などのアプリケーションや、SAMLベースで連携できる独自に作ったアプリケーションがあります。外部のアプリケーションとしてOrganizations組織外のAWSアカウントも指定可能です。

7章　管理とセキュリティガバナンス

図7-11　IAM Identity Centerイメージ

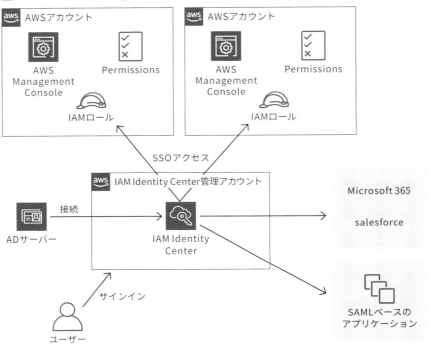

IAM Identity Centerは、Organizationsと連携して使うことが前提で、組織内（Organization内）に1つしか作れません。セットアップすると、ユーザーがサインインするためのログイン画面が提供されます。そこで、IDとパスワード、場合によっては2要素認証を使いユーザーを認証します。認証後のユーザーは、連携している他のAWSアカウントやサードパーティー製アプリ、あるいは独自で作ったアプリにSSOアクセスします。

7-2-1 権限セットによる権限の管理

IAM Identity Centerでは、**権限セット**という形でユーザーの権限を管理します。権限セットには事前に定義済みのものとカスタムの2種類が存在します。権限セットの記載方法はIAMポリシーと同様です。作成した権限セットをAWSアカウント、IAM Identity Centerのユーザーまたはグループに設定することで、指定したAWSアカウントに権限セットのポリシーでアクセスできるようになります。実際には権限セットに設定したIAMポリシーが設定されたIAMロールがAWSアカウントに作成され、そのIAMロールをユーザーが使用することになります。権限セットのポリシーにはAWSマネージドポリシーとユーザー管理のカスタマーマネージドポリシーを合わせて最大10個適用できます。カスタマーマネージドポリシーについては、IAM Identity Center管理アカウントではなく、接続先に存在するIAMポリシーを指定する形になります。IAMポリシーが存在しない場合は権限セット付与時にエラーになります。

■ 図7-12　権限セットの設定

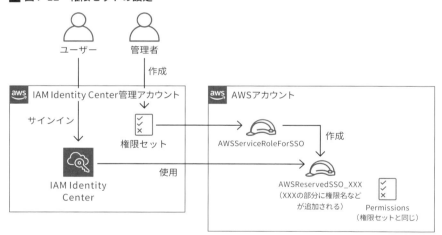

図のとおり、AWSアカウント側のIAMロールは**AWSServiceRoleForSSO**というIAM Identity Centerによって初期作成されたIAMロールによって作成されます。作成されるロールは**AWSReservedSSO_XXX**（XXXの部分に権限名などが追加される）という命名ルールになっています。

7章 管理とセキュリティガバナンス

7-3 CloudFormation StackSets

CloudFormation StackSetsは、Organizationsと組み合わせて使用できる、マルチアカウントおよびマルチリージョンへCloudFormationテンプレートをデプロイできる機能です。

セキュリティ設定は、複数のAWSアカウント共通で行うことも多いですが、このStackSets機能を使用することで、ユーザー独自の設定を効率よく実施できます。

StackSetsでは、テンプレートを用意して管理アカウントに登録します。テンプレートの登録は1箇所で良く、登録時にデプロイするAWSアカウントおよびリージョンを指定します。指定した環境にCloudFormationスタックがデプロイされます。作成だけでなく、更新、削除も1回の操作で実行できます。

■ 図7-13　CloudFormation StackSets

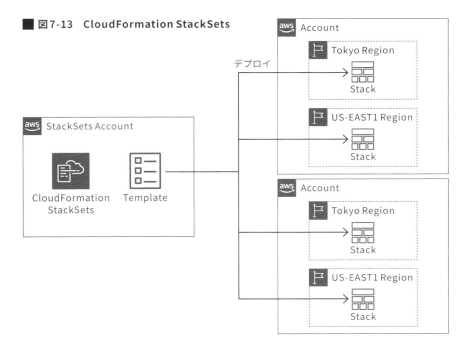

CloudFormation StackSets

　各AWSアカウントへのデプロイは、AWSアカウント内のIAMロールを使用して実行されます。自分でIAMロールを用意する**セルフサービスのアクセス許可**とOrganizationsによって作成されるIAMロールを使用する**サービスマネージドアクセス許可**があります。

　StackSetsは、OUまたは組織全体を指定してデプロイも可能です。対象のAWSアカウントが多い場合、1つ1つ指定するのは効率が悪いため、基本的にはOUを指定してデプロイすることをオススメします。一方で組織全体に適用する場合は、トラブルがあった場合の影響も大きいので、よほどの事情がない限りはOUのレベルで指定したほうがよいでしょう。OU指定の場合、**自動デプロイオプション**という設定も可能です。この設定を行うと、OUにAWSアカウントが追加された場合に、OU指定で適用されていたStackSetsのテンプレートが自動でデプロイされます。自動削除の設定も可能で、これを有効にした場合はOUからアカウントが外れた場合にStackSets経由でデプロイされたスタックが自動削除されます。OUの管理ライフサイクルと同時かつ自動的に管理できるので、非常に便利な機能です。

■ 図7-14　自動デプロイオプション

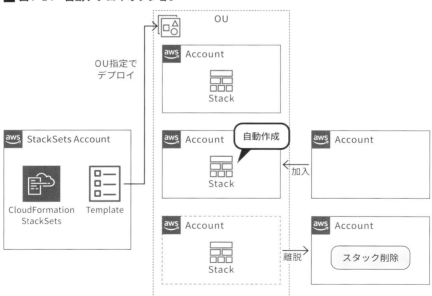

7章　管理とセキュリティガバナンス

7-4　AWS Control Tower

AWS Control Tower（以下、Control Tower）は、これまで紹介したマルチアカウント関連の機能を含め、AWSが推奨するベストプラクティスにしたがってマルチアカウント環境を自動セットアップし、管理を補助してくれるサービスです。マネジメントコンソールから有効にするだけで、次のような基本機能を1時間程度で設定してくれます。

- Security OU、Sandbox OUの作成
- ログアーカイブアカウント、監査アカウントの作成
- セキュリティ通知機能
- AWS Configアグリゲータ（組織レベル）
- IAM Identity Centerの設定
- 必須の予防・検出コントロールの設定
- CloudTrailの組織レベル証跡（7-1-4で紹介した組織アカウントすべての証跡設定）

AWS Configアグリゲータは、複数アカウントに対してAWS Configを使用できる機能です。組織レベルで有効にすると、組織内すべてのアカウントに対してAWS Configの機能を使用できます。リソースの検索やConfigルール、適合パックの一括設定が可能です。Control Towerを有効にすると、このアグリゲータが自動で有効になります。

　セットアップが完了すると、次の画像に示すような構成になります。デフォルトのアカウントや構造、ネットワークを含めて**ランディングゾーン**と呼びます。

356

■ 図7-15　Control Towerランディングゾーン概要

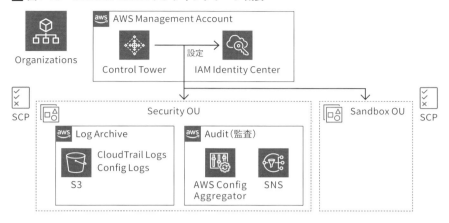

それぞれ機能を紹介します。

7-4-1　OU、新規AWSアカウントの作成

ランディングゾーンを設定すると、Security OUが作成され、OU内にログアーカイブアカウントと監査アカウントが新規作成されます。空の状態のSandbox OUも合わせて作成されます。

ログアーカイブアカウントにはS3バケットが作成され、CloudTrailの証跡ファイルとAWS Configデータが保存されます。監査アカウントには、組織内すべてのAWSアカウントのAWS Configデータを確認できるアグリゲータが設定されます。また、Control Towerで設定されたセキュリティ関連の通知も監査アカウント内のSNSトピックを経由して行われます。

7章　管理とセキュリティガバナンス

7-4-2 IAM Identity Centerの設定

ランディングゾーンを設定すると、Control TowerはIAM Identity Centerを有効にし、いくつかのグループを作成します。

たとえば、新規AWSアカウントをControl Towerから作成する用のAWSAccount Factoryというグループや、セキュリティ監査目的で読み取り権限のみを持つAWSSecurityAuditorsといったグループが作成されます。

7-4-3 コントロール（ガードレール）の設定

コントロールは、OU単位に設定できるセキュリティのルールで、予防、検出、プロアクティブの3種類の動作があります。ガードレールとも呼ばれます。

- **予防**：ポリシー違反につながるアクションを禁止します。SCPで実装されます。
- **検出**：ポリシー違反のリソースを検出し、ダッシュボード表示およびアラート通知を行います。Configルールで実装されます。
- **プロアクティブ**：リソースのプロビジョニング前に準拠状況をチェックし、NGであればプロビジョニングを禁止します。CloudFormationフックで実装されます。

コントロールには必須、強く推奨、選択的の3段階のレベルがあり、必須のものはランディングゾーン設定時に自動設定されます。これらのレベルは**ガイダンス**とも呼ばれます。コントロールは数が多いため、一部に絞って紹介しますが、たとえば必須のコントロールではControl Towerが設定した内容の変更を禁止するものが多いです。

AWS Control Tower

ガイダンス	サービス	動作	名前
必須	S3	予防	[AWS-GR_AUDIT_BUCKET_DELETION_PROHIBITED]ログアーカイブの削除を許可しない
必須	AWS Config	予防	[AWS-GR_CONFIG_CHANGE_PROHIBITED] AWS Config への設定変更を不許可にします
必須	IAM	予防	[AWS-GR_IAM_ROLE_CHANGE_PROHIBITED] AWS Control Tower と AWS CloudFormation によって設定された AWS IAM ロールの変更を許可しない
必須	CloudTrail	予防	[AWS-GR_CLOUDTRAIL_CHANGE_PROHIBITED]CloudTrail への設定変更を不許可にします
必須	S3	検出	[AWS-GR_AUDIT_BUCKET_PUBLIC_READ_PROHIBITED] ログアーカイブのパブリック読み取りアクセス設定を検出する
推奨	IAM	予防	[AWS-GR_RESTRICT_ROOT_USER]ルートユーザーとしてのアクションを許可しない
推奨	IAM	予防	[AWS-GR_RESTRICT_ROOT_USER_ACCESS_KEYS]ルートユーザーのアクセスキーの作成を許可しない
推奨	S3	検出	[AWS-GR_S3_BUCKET_PUBLIC_READ_PROHIBITED]Amazon S3 バケットへのパブリック読み取りアクセスが許可されているかどうかを検出する

　すべてのコントロールは、Control Towerの画面上または公式ドキュメントを参考にしてください。

参考：The AWS Control Tower controls library
https://docs.aws.amazon.com/ja_jp/controltower/latest/controlreference/controls-reference.html

　ランディングゾーン設定時に実行される主な機能について紹介しました。その他にもControl Towerが持つ便利な機能を紹介します。

7章　管理とセキュリティガバナンス

7-4-4 Account Factory

Account FactoryはAWSアカウントを新規プロビジョニング（作成）する機能です。Organizationsでは、メールアドレスとアカウント名さえあればAWSアカウントが作成できると紹介しました。Account Factoryでは、所属するOUも合わせて指定することで、OUに指定されたコントロールが有効になった状態で作成されます。CloudTrailやAWS Configを個別に有効にする必要はありません。Control Tower管理者が定義したセキュリティ設定が新規作成時点で有効になっているため、よりセキュアな状態でAWSアカウントの利用を開始できます。

■ 図7-16　Account Factory画面

360

7-4-5 ランディングゾーンの変更

ランディングゾーンには設定できる項目がいくつかあります。たとえばControl Towerが管理対象とするリージョンの設定が可能です。管理対象としたリージョンにこれまで紹介したコントロールなどのセキュリティ設定を自動で反映できます。また、**リージョン拒否設定**もあり、これを有効にすると管理対象外としたリージョンの使用をSCPによって拒否します。

■ 図7-17　リージョン拒否の設定

なお、Control Towerはマルチリージョンに対応していますが、ホームリージョンという概念も持っており、管理を行うリージョンやログアーカイブのバケット等を作成するリージョンはホームリージョンのみとなります。

ランディングゾーンは**バージョン番号**を持っており、AWSから新しいバージョンが提供されると、手動でのバージョンアップが可能です。バージョンUPはランディングゾーンの更新後、OUおよびAWSアカウントの更新も必要なため、時間がかかります。また変更内容によっては既存の設定に影響を与える可能性もあるため、変更内容は事前に確認し慎重に行いましょう。

7-5 AWS Audit Manager

AWS Audit Manager（以下、Audit Manager）は、監査（Audit）をサポートするためのサービスです。監査そのものを実行するわけではなく、証跡収集を効率化してくれるサービスです。従来監査を行う場合は、証跡の収集と整理を手動で行っていましたが、Audit Managerにより一部証跡の収集を自動化できます。GDPRやPCI-DSSなどさまざまな業界標準に対応しています。

監査項目は**コントロール**という形式で管理され、Audit Managerが自動的にAWSリソースの状況を収集する自動コントロールと、ユーザーが手動でS3にアップロードする手動コントロールがあります。証跡は手動アップロードも可能なので、オンプレミス環境の証跡もアップロードして管理が可能です。

1つのAWSアカウントでもAudit Managerの利用は可能ですが、Organizationsと組み合わせることで、組織内の複数アカウントに対して情報収集が可能になります。

情報の収集はSecurity HubやCloudTrail、AWS Configなどのセキュリティ関連サービスから行われます。また、実際のリソースがあるEC2やS3、IAMなどのサービスのAPIも実行します。評価レポートと証跡は最終的にS3バケットに出力されるので、監査人はこの評価レポートと証跡を確認して監査作業を実施できます。

■ 図7-18 Audit Manager概要

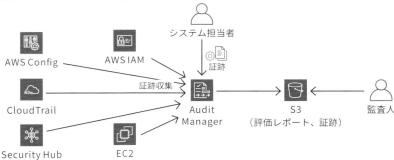

7-6 管理とセキュリティガバナンスに関するアーキテクチャ、実例

7-6-1 Organizations連携機能を使用したGuardDuty、Security Hubの自動有効化

　Organizations連携機能を使用して、組織内のすべてのAWSアカウントでGuardDuty、Security Hubを有効にできます。組織内で新規に作成されるAWSアカウントも自動有効にできます。デフォルトではこの組織内の一括設定は管理アカウントで実施しますが、委任機能を使用することで別のAWSアカウントで一括設定も可能です。筆者としては1アカウント1目的にするために委任することをオススメします。

■ 図7-19　Organizationsの連携機能を使用したセキュリティサービスの設定

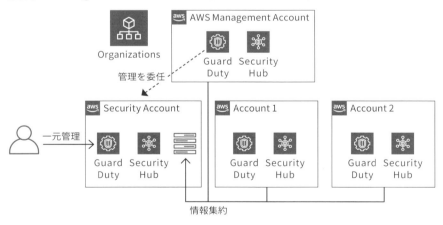

7章 管理とセキュリティガバナンス

7-6-2 CloudFormation StackSetsを使用した AWS Configの自動有効化

　AWS Configなど、Organizations連携による自動有効機能がないサービスについては、CloudFormation StackSetsが有効な手段になります。管理アカウントにテンプレートをStackSetsとして登録しておくことで、組織またはOU内のすべてのAWSアカウントへテンプレートを適用できます。また、StackSetsの管理アカウントは他のセキュリティサービス同様に他のAWSアカウントへ委任が可能です。

■ 図7-20　StackSetsを使用したサービスの自動設定

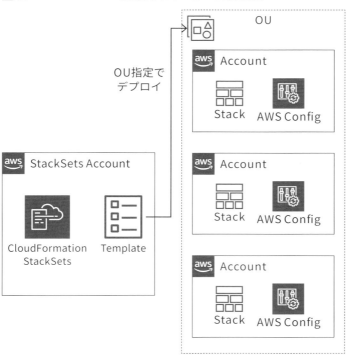

管理とセキュリティガバナンスに関するアーキテクチャ、実例

7-6-3 SCPによるセキュリティサービスの設定変更拒否

1つ前に紹介したAWS Configの自動設定について、設定を各AWSアカウント側で変更させない設定が可能です。CloudFormation StackSetsは自動設定はできてもその設定をAWSアカウント側で変更拒否する機能はないため、SCPと合わせて使用するのがオススメです。

次のSCPをOUに指定することで、AWS ConfigおよびConfigルールの変更を防ぐことができます。

```
{
  "Version":"2012-10-17",
  "Statement":[
    {
      "Effect":"Deny",
      "Action":[
        "config:DeleteConfigRule",
        "config:DeleteConfigurationRecorder",
        "config:DeleteDeliveryChannel",
        "config:StopConfigurationRecorder"
      ],
      "Resource":"*"
    }
  ]
}
```

7章 管理とセキュリティガバナンス

■ 図7-21 SCPを使用したセキュリティサービスの保護

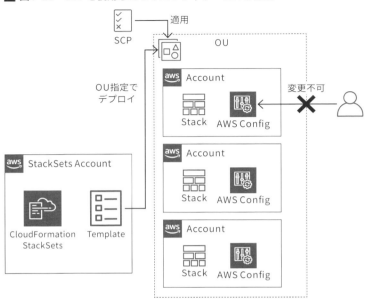

7-6-4 予防的統制と発見的統制

セキュリティ分野における予防的統制とは、セキュリティインシデントなどが発生しないように、未然に防ごうとする統制手続のことです。AWSアカウントセキュリティの予防的統制を一番強力に効かせるのが、SCPです。SCPを設定すると、対象のAWSアカウント全体に統制が効きます。その効力は、IAMユーザー・ロールのみならず、ルートユーザーの行動すら制約できます。IAMのパーミッションバウンダリーでも似たようなことができますが、パーミッションバウンダリーの効果範囲がIAMユーザーのみという違いがあります。また、パーミッションバウンダリーは、自由度を与えつつ禁止したい権限を剥奪するのは、なかなか設計が難しいのです。そういった点で、SCPで強力に統制を効かせるのはよい方法ではないでしょうか。

予防的統制と対をなすのが発見的統制です。発見的統制はリスクが発生した際に、それを発見して対処する手法です。事前にリスクが発生しないようにすべて予防的統制で防げばよいではないかと思われるかもしれませんが、現実的にはすべてのリスクを事前に予見して対処することは難しいです。そのため、予防適統制で大きなリスクを事前に防ぎ、それ以外の

部分については発見的統制で対処するというのが現実的です。

次の図は、予防的統制と発見的統制の組み合わせ例です。予防的統制としてOrganizationsのSCPを使って、ルートユーザーのアクセスキーは発行できないようにしています。そして、IAMのMFAが有効になっているかについては、Config RulesとSystems Managerで検知対処しています。IAMユーザーのMFAは、発行と同時に設定することができないので、発見的統制が有効になります。

■ 図7-22　予防的統制と発見的統制

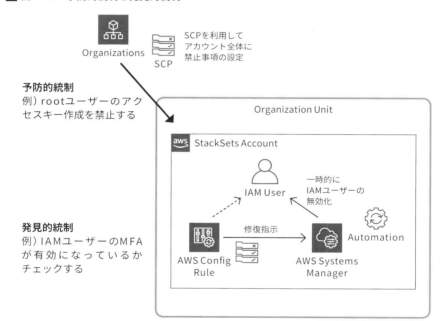

7章　管理とセキュリティガバナンス

7-7 管理とセキュリティガバナンス まとめ

　以前は発展的な内容であった複数AWSアカウントの管理も、現在では一般的になっています。同時にAWS側でも多くの機能、サービスが発表されています。こういった最新の機能を活用することでより簡単に、大規模な複数AWSアカウントの環境を管理できるようになります。会社内のAWSアカウントを管理する立場にない方は触れる機会も少ないサービスが多かったと思いますが、基礎知識だけでも本書で理解し、日頃AWSアカウントを管理する方がどういった作業をされているのか理解していただけるだけでも筆者としては嬉しく思います。

　試験にも新しい分野として追加されたので、試験に出題される可能性も高いです。本書だけでは理解が不足するなと感じた方は各サービスに触れてみたり、公式ドキュメントも見るなどして、さらに理解を深めてみてください。

本章の内容が関連する練習問題

　7-1 → 問題15, 42, 49, 53

　7-2 → 問題40

　7-5 → 問題51

8章 AWS Well-Architected

8章　AWS Well-Architected

　AWSには「Well-Architected」という考え方があります。その名の通り「良く-設計された」考えが詰まっており、AWSの過去の経験がインプットとなっています。認定試験ではサービスの内容に踏み込んだものが多く、この考え方が直接出題されることはないですが、大局的な考え方や、解答を導き出す際の考え方として重要です。

　セキュリティの柱についてはセキュリティ認定試験とも大きく関係するため、本書でも解説しますが、公式ドキュメントにも目を通して全体を理解するようにしてください。

　AWS上でシステムを設計・構築する際に非常に重要な考え方となるため、認定試験にかかわらず、AWSに関わる方であれば知っておくとよい情報です。

8-1 AWS Well-Architected

▶▶ 確認問題

1. Well-Architectedフレームワークには AWSアカウントで設定すべき内容の詳細が記載されている

1. ×

ここは▶ 必ずマスター！

Well-Architectedフレームワークの概要

6本の柱をベースに設計の大局的な考え方が記載されており、特にセキュリティの柱が重要

8-1-1 AWS Well-Architected フレームワーク

AWS Well-Architectedフレームワークは、AWS使用時のベストプラクティス集であり、AWSのソリューションアーキテクトの経験や、多くの業界での設計・構築の考えが詰めこまれています。以下6つの観点について、大局的な設計の原則と、原則に従っているかどうかの質問という形式で構成されています。これら6つの観点をAWS Well-Architectedフレームワークでは「6本の柱」としています。

6本の柱

- 運用上の優秀性
- セキュリティ
- 信頼性
- パフォーマンス効率
- コスト最適化
- 持続可能性（サステナビリティ）

8章 AWS Well-Architected

　Well-Architectedフレームワークの詳細については、AWSが提供する以下の資料に書かれているため、セキュリティ以外の部分は本書では割愛します。

参考：AWS Well-Architected フレームワーク Webサイト

https://wa.aws.amazon.com/index.ja.html

AWS Well-Architected Tool

　AWS Well-Architected Toolはマネジメントコンソールから使用できるサービスで、Web画面上で稼働するシステムを定義し、質問に回答していくことで評価状況を把握できます。組織内にAWS Well-Architectedフレームワークに詳しいメンバーがいる場合は、入力後にその方にレビューいただくとよいでしょう。利用料はかかりませんので、使用したことのない方はぜひ使用してみてください。

■ 図8-1　AWS Well-Architected Tool入力画面

AWS Well-Architected

8-1-2　AWS Well-Architectedフレームワーク セキュリティの柱

　6本の柱のうちの1つ、セキュリティについて解説します。セキュリティの柱では7つの設計原則と6つの定義および定義に関するベストプラクティスが書かれています。

参考：AWS Well-Architected フレームワーク Web サイト セキュリティ
https://wa.aws.amazon.com/wat.pillar.security.ja.html

設計原則

　AWS Well-Architected フレームワークWebサイトで説明されている内容に補足する形で解説します。

・強力なアイデンティティ基盤を実装する

（フレームワークWebサイトより） 最小特権の原則を実装し、各AWSリソースとの各インタラクションに適切な権限を付与して役割分担を実施します。ID管理を一元化し、長期間にわたって1つの認証情報を使用し続けないようにします。

（補足） AWSにおける権限の一元管理は主にIAMで行います。必要最低限の権限をIAMポリシーという形で設定し、IAMユーザー、グループ、ロールに設定します。複数AWSアカウントで管理する場合はAWS IAM Identity Centerの利用が推奨されます。不要となった認証情報は削除し、使用する認証情報の期間が短い場合はAWS Security Token Serviceを使用した一時的認証情報の利用なども検討します。

・トレーサビリティの実現

（フレームワークWebサイトより） 環境に対して、リアルタイムでモニタリング、アラート、監査のアクションと変更を行います。ログとメトリクスの収集をシステムに統合して、自動的に調査しアクションを実行します。

（補足） トレーサビリティとは日本語で追跡可能性という意味になります。AWSではCloudtrailによる操作履歴の保存、AWS Configによる設定履歴の保存が可能です。また、VPC Flow LogsやELBのアクセスログなど、各サービスレベルでのログ保存も可能です。ログ情報は基本的にS3またはCloudWatch Logsに保存することになります。こういったログ情報からアラート検知を行うCloudWatchアラームや、脅威を検出するGuardDutyといったサービスもあります。

373

8章 AWS Well-Architected

・全レイヤーでセキュリティを適用する

（**フレームワークWebサイトより**）複数のセキュリティコントロールを使用して多層防御アプローチを適用します。ネットワークのエッジ、VPC、ロードバランシング、すべてのインスタンスとコンピューティングサービス、オペレーティングシステム、アプリケーション、コードなど、すべてのレイヤーに適用します。

（**補足**）WebアプリケーションをAWS上で構築する場合、CloudFront、ELB、EC2といった構成が考えられます。外部インターネットに直接接するのはCloudFrontのみとなりますが、CloudFrontにWAFをアタッチメントしたからOKというわけではなく、ELBにも必要に応じてWAFをアタッチ、セキュリティグループは必要な通信のみ許可、アプリケーションをセキュアに実装といった、各レイヤーで考えられる対策はすべて行うという考え方です。

・セキュリティのベストプラクティスを自動化する

（**フレームワークWebサイトより**）自動化されたソフトウェアベースのセキュリティメカニズムにより、安全でより高速かつ費用対効果の高いスケーリングが可能になります。バージョン管理されているテンプレートにおいてコードとして定義および管理されるコントロールを実装するなど、セキュアなアーキテクチャを作成します。

（**補足**）AWSのセキュリティ設定では、GuardDutyの設定やCloudTrailの証跡有効など、必ず実施しておくべき設定がいくつか存在します。これらの設定作業をアカウント作成やVPC作成の都度手作業で実施した場合、時間もかかりますし、漏れが発生する場合があります。こういった設定内容をコード化して実行することで、設定作業も速くなり、作業漏れも減り、よりセキュアな状態を保てます。

・伝送中および保管中のデータを保護する

（**フレームワークWebサイトより**）データを機密性レベルに分類し、暗号化、トークン分割、アクセスコントロールなどのメカニズムを適宜使用します。

（**補足**）データの分類はコンプライアンス要件や組織要件に応じて決定します。たとえば、公開データと機密データに分類し、機密データはKMSを使用して暗号化を行い、アクセス可能者も必要最低限とします。公開データについても、S3に格納して耐久性を上げる、改ざん検知の仕組みを導入するといった対応も必要に応じて実施します。

・データに人の手を入れない

（**フレームワークWebサイトより**）データへの直接アクセスや、手作業による処理の必要性を低減または排除するためのメカニズムやツールを使用します。これにより、機密性の高いデータを扱う際の誤処理、改変、ヒューマンエラーのリスクを軽減します。

AWS Well-Architected

（**補足**）人間はミスをするものです。そのため、重要なデータを人が操作することにより、操作ミスによる削除や変更のリスクがあります。AWSではデータ暗号化に使用する鍵情報の管理をKMSに任せたり、パスワードなどの重要データをSecrets Managerで行うといった対策が考えられます。データ処理の内容もLambdaなどでコード化しておくことが重要です。

・セキュリティイベントに備える
（**フレームワークWebサイトより**）組織の要件に合わせたインシデント管理および調査のポリシーとプロセスを導入し、インシデントに備えます。インシデント対応シミュレーションを実行し、ツールとオートメーションにより、検出、調査、復旧のスピードを上げます。
（**補足**）インシデント発生時の管理や対応方法は組織により異なるため、組織のプロセスに合わせてシミュレーションを行うことが大切です。自動化を行い、より速くインシデント対応を行うことでリスクや損失を少なくできます。AWSではConfigルールを使用したルールの準拠チェックおよび自動修復、EventBridgeとSNSを使用したアラート通知やLambdaを使用した自動修復処理が考えられます。Systems Managerにはインシデント管理や自動化に役立つ機能が備わっています。

定義

次の6つのベストプラクティスが定義されています。

- **セキュリティ（Security foundations）**
- **アイデンティティ管理とアクセス管理**
- **検知**
- **インフラストラクチャの保護**
- **データ保護**
- **インシデント対応**

認定セキュリティ試験の試験ガイドに書かれている分野を見ると、文言と順番は多少異なりますが、各ベストプラクティスと似た分類になっていることがわかります。

- **分野1：脅威検出とインシデント対応**
- **分野2：セキュリティロギングとモニタリング（検知に対応）**
- **分野3：インフラストラクチャのセキュリティ**
- **分野4：Identity and Access Management**
- **分野5：データ保護**
- **分野6：管理とセキュリティガバナンス**

375

8章　AWS Well-Architected

　本書もこの分野に沿った章の構成となっています。そのため、各ベストプラクティスの概要や使用するサービスの内容については、本書を読んでいただくことで理解できるようになっています。模擬試験で点数が低かったなど、苦手意識のある分野はぜひ該当の章を読み直してみてください。

　試験ガイドとAWS Well-Architectedフレームワークにも大事な考え方が記載されているため、合わせて読むようにしてください。

参考：AWS Certified Security - Specialty

https://aws.amazon.com/jp/certification/certified-security-specialty/

8-2 AWS Well-Architected まとめ

AWS Well-Architectedフレームワークという AWS公式の整備されたドキュメントがあるため、それに補足する形でセキュリティ部分をメインに紹介しました。パブリッククラウドならではの考え方がまとまっていますので、オンプレミスシステムを中心に設計や構築をされてきた方は、その違いを理解するためにも読んでほしいドキュメントです。考え方と共に、その考えをAWSサービスでどう実現するのかも合わせて学習するとよいでしょう。

9章

練習問題

9章 練習問題

　これまで各サービスやアーキテクチャをベースに学習をして来ましたが、試験に合格するためには実際の問題形式で練習することも非常に重要です。練習問題およびその解答、解説を本章にまとめています。解き方のコツを覚えていきましょう。受験前の力試しとして見てもらってもけっこうです。

　なお実際の問題は、ここで掲載する練習問題より文章が長く、難しく感じるかもしれません。しかし、問われている内容をシンプルに表記すると練習問題のような内容になります。試験では長く複雑な文章の中から、何を問われているのか抽出する力も必要となります。

練習問題

9-1 練習問題

9-1-1 問題の解き方

　練習問題に入る前に、解き方のコツをいくつか紹介します。ひととおり練習問題を解き終わった後に再度見直してもらってもよいと思います。プロフェッショナル、スペシャリティ認定はいくつか癖がありますのでそういったところも合わせて紹介します。

問題文を読んでサービス名が頭に浮かぶように

　問題により難しさが異なりますが、簡単な問題ではサービス名とその内容がある程度わかっていれば正解を選べる問題もあります。また、少々難しい問題でも4つの選択肢から2つに絞れる問題も多いです。たとえば、「アプリケーション攻撃を……」となっていたらAWS WAFを、「EC2やオンプレミスのサーバーを管理して……」となっていたらSystems Managerが頭に浮かぶ程度にサービスの理解を深めておくとよいでしょう。

　サービスの内容を知っておくことで除外する選択肢も選べることができます。たとえば、「GuardDutyでDDoS攻撃対策を……」というものや、「Inspectorで個人情報の検知や保護を……」となっているものは即座に除外できます。サービス名だけしか知らないと間違えてしまいそうになるため、そのサービスの目的と内容もきちんと理解しておくことが重要です。ちなみに、DDoS攻撃対策はGuardDutyではなくShieldであり、個人情報の検知はInspectorではなくMacieになります。

何を優先すべきか

　選択肢の文章がすべて技術的には間違っていない問題（どの選択肢も正解になり得る）もいくつか出題されます。その場合、たいていは問題文に何を優先すべきか記載されていますので、必ず確認してください。次のいずれかを優先するよう記載されています。例を合わせて記載しておきますので受験する際は意識しておきましょう。

9章　練習問題

・利用料金（直接的な金銭コスト）

不正解の例：色々なサービスを追加導入する、EC2を新規で作成する

正解の例：Lambdaなどの実行ベースで実装する、既存のサービスのままオプションのみ変更する

・作業の手間（人の工数コスト）

不正解の例：RDSからDynamoDBに変更する、スクリプトを新規作成する

正解の例：マネージドサービスを使用する、既存のサービスのままオプションのみ変更する

・納期（なるべく早く、XX日間以内になど）

不正解の例：EC2を新規で作成してアプリケーションをインストールする

正解の例：イメージコピーしてそのまま起動して使用する

・品質（障害やサービス影響をゼロにしたいなど）

不正解の例：EC2をすべて一旦停止する

正解の例：2環境用意してBlue/Greenデプロイを行う

・実行間隔（リアルタイム/自動化、1時間ごと、1日ごとなど）

不正解の例：定期的に処理を行う（リアルタイム要件の場合、不正解）

正解の例：S3のオブジェクトイベントをトリガーにLambdaを実行する（リアルタイム要件の場合正解）

英語の問題文も合わせて確認する

　これは本書の練習問題ではわからない部分ですが、実際の試験文章は元の英語文章を翻訳しているため、読みにくく、まれに誤った表現もあります。問題文や選択肢の文章がわかりにくい場合や、解答が選べない場合は英語に切り替えて確認してみるとよいでしょう。日本語で受験申込を行った場合でも、試験画面上でいつでも日本語・英語に切り替えが可能です。

練習問題

問題1 セキュリティグループを利用して外部からのアクセスを一部のクライアント端末に制限しています。セキュリティグループがパブリック公開状態（0.0.0.0/0に対して許可）になった場合は検知を行い、できる限り早急に修正を行いたいです。もっとも手間がかからずに実現できる方法はどれでしょうか。

A. EventBridgeで定期的にセキュリティグループの状態をチェックするLambda処理を呼び出し、変更があった場合は同Lambdaによって修正処理を行う。

B. Config Rulesでセキュリティグループの変更を検知し、修復アクションで修正を行う。

C. CloudWatchアラームにより検知を行い、検知した管理者が手動でセキュリティグループの修正を行う。

D. CloudTrailのセキュリティグループ変更操作を検知し、Lambda関数の処理により修正を行う。

問題2 Webサービスを公開するためにEC2をパブリックサブネットに配置しています。WebサーバーのフロントにはELBを設置しています。EC2を外部の通信から保護する（できる限り外部通信をさせない）にはどうしたらよいでしょうか。

A. パブリックサブネットに配置しているEC2をプライベートサブネットに配置しなおす。

B. EC2にセキュリティソフトウェアをインストールして外部攻撃を防御する。

C. セキュリティグループを設定して、必要な通信のみを許可する。

D. ELBにAWS WAFをアタッチして攻撃対策を行う。

問題3 KMSのキーを使ってデータの暗号化を行っています。厳しいセキュリティ要件があるため、このキーを2ヵ月ごとにローテーションを行いたいです。どのように実装すればよいでしょうか。

A. カスタマーマネージドキーを作成して自動ローテーション機能を使用する。

B. AWSマネージドキーを使用して自動ローテーション機能を有効にする。

C. 2ヵ月ごとにカスタマーマネージドキーの新規作成および削除を行って手動ローテーションを行う。

D. Cloud HSMを使用して手動ローテーションを行う。

問題4 EC2を利用してWebサイトを公開しています。外部からの攻撃などでEC2上のWebコンテンツファイルに改ざんがあった場合に検知したいです。どう実装すればよいでしょうか。

9章　練習問題

A. Inspectorを導入し、定期的にスキャンを実行することによって改ざん検知を行う。

B. GuardDutyのコンテンツ改ざん検知機能を使用する。

C. Macieを使用して改ざん検知を行う。

D. EC2にホスト型IDSを導入して改ざん検知を行う。

問題5 プライベートサブネット上にあるEC2インスタンスが、インターネット上のソフトウェアをダウンロードするために外部へ通信（アウトバウンド通信）する必要がありますが、外部通信ができずエラーとなってしまいます。どの設定を見直せばよいでしょうか。次の選択肢から**2つ**選びなさい。

A. EC2があるVPC上にインターネットゲートウェイが存在し、EC2が配置されているサブネットのルートテーブルにもインターネットゲートウェイが存在することを確認する。

B. EC2があるVPC上にNATゲートウェイが存在し、EC2が配置されているサブネットのルートテーブルにもNATゲートウェイが存在することを確認する。

C. EC2があるサブネットのネットワークACLでアウトバウンド通信が許可されていることを確認する。インバウンド通信の確認は不要。

D. EC2があるサブネットのネットワークACLでアウトバウンドおよびインバウンド通信が許可されていることを確認する。

E. EC2に設定されているセキュリティグループでインバウンド通信が許可されていることを確認する。

問題6 複数AWSアカウントのCloudTrailログを1つのAWSアカウント上にまとめて保管して管理しようとしています。あるアカウントのCloudTrailログ情報が確認できませんでした。どの設定を見直せばよいでしょうか。次の選択肢から**3つ**選びなさい。

A. 各アカウントでCloudTrailの証跡が有効になっていることを確認する。

B. 各アカウントのCloudTrailで他アカウントへの書き込み権限が設定されていることを確認する。

C. 書き込み先AWSアカウントのCloudTrail設定で書き込み許可設定が行われていることを確認する。

D. 書き込み先のS3バケットポリシーで書き込み元アカウントからの許可が設定されていることを確認する。

E. 各アカウントのCloudTrail設定で出力先のS3バケットが正しく設定されていることを確認する。

練習問題

問題7 オンプレミス環境とAWS環境を接続したいと考えています。ネットワークのレイテンシー（遅延）はできる限り少なくし、通信の暗号化も行う必要があります。どうAWSサービスを組み合わせて接続を行えばよいでしょうか。

A. インターネット経由で接続を行い、HTTPSやSSHなどの暗号化されたプロトコルを利用する。

B. Site-to-Site VPNを使用して接続を行う。レイテンシーを少なくするために二重でVPNを接続する。

C. DirectConnectを使用して接続を行う。DirectConnectにより自動的に通信は暗号化される。

D. DirectConnectを使用して接続を行う。DirectConnect上でVPNを実装して通信を暗号化する。

問題8 WebシステムをCloudFront、Application Load Balancer（ALB）、EC2を複数台という構成で運用しています。EC2上で稼働しているアプリケーションに対する攻撃を効果的に防御したいと考えています。どういった対策を取るのが一番効果的でしょうか。

A. EC2上にIDSソフトウェアを導入してアプリケーション攻撃を防御する。

B. ALBに設定するセキュリティグループで必要な通信のみを許可する。

C. AWS WAFのWeb ACLを作成してCloudFront distributionにアタッチする。

D. AWS WAFのWeb ACLを作成してALBにアタッチする。

問題9 Lambdaを使用してログファイルの分析処理を行いたいと考えており、現在開発を行っている最中です。分析した結果ファイルをS3バケットに格納しようとしているのですが、Lambda実行時にエラーとなってしまいます。どこが原因と考えられるでしょうか。

A. Lambdaに付与したIAM RoleにS3バケットにオブジェクトを格納する権限がなかったため。

B. S3バケットにデフォルト暗号化が設定されていたため。

C. LambdaコンソールにログインしているIAMユーザーに権限が不足していたため。

D. 処理するログファイルの容量が大きいため。

問題10 32日前にアクセスキーが不正利用されたことが判明しました。不正利用された時にどの程度対象のAWSアカウントに影響があったか調査したい場合、どう行えばよいでしょうか。なお、CloudTrailの証跡は有効になっていません。

9章 練習問題

A. AWS Configを使用して各AWSリソースの設定変更履歴を確認する。

B. CloudTrailの証跡情報が有効になっていないため、不正利用時の操作状況を確認できない。

C. CloudTrailのイベント履歴画面から不正利用時の操作内容を確認する。

D. GuardDutyの結果情報を確認して不正利用情報を確認する。

問題11 AWS上でアプリケーションを開発しています。ユーザー認証の仕組みを実装しようとしており、外部のSNS（Facebook、Googleなど）のログイン情報を使用したいと考えています。より簡単に実装するためにはどうすればよいでしょうか。

A. アプリケーション上で外部ID認証の仕組みを実装する。

B. Amazon Cognitoを使用する。

C. IAMの外部ID認証機能を使用する。

D. AWSが提供する外部ID認証のLambda関数を使用する。

問題12 VPCのEC2上に独自のDNSサーバーを構築しました。同じVPC内のEC2は、AWSが提供するDNSサーバーを使用しないように設定したいです。どのように設定すればよいでしょうか。

A. セキュリティグループを使用して、AWS提供のDNSサーバーへの通信を拒否する。

B. ネットワークACLを使用して、AWS提供のDNSサーバーへの通信を拒否する。

C. VPCのDHCPオプションセットを変更し、DNSサーバーの設定を変更する。

D. サブネットのルーティングで、AWS提供のDNSサーバーへのルーティングをブラックホール設定する。

問題13 AWS上でEC2を100台ほど管理しています。EC2上でCVE（Common Vulnerabilities and Exposures）の脆弱性を自動検知し、パッチの適用も自動的に行いたいです。管理している台数が多いため、効率的な管理を行いたいのですが、どのように実装すればよいでしょうか。次の選択肢から**2つ**選びなさい。

A. Macieを使用してEC2の脆弱性を検知する。

B. Inspectorを使用してEC2の脆弱性を検知する。

C. EventBridgeとLambdaを使用して定期的にパッチ適用作業を実施する。

D. Systems Managerの機能を使用してパッチ適用作業を実施する。

E. パッチ適用管理サーバーを新たに構築し、そこからパッチ適用作業を実施する。

問題14 EC2上でアプリケーションを構築しています。コンプライアンス要件により、すべての通信を暗号化する必要があります。アプリケーションでは独自の専用プロトコルを使用して通信が行われます。また、利用者数に応じてサーバーのスケールも行う必要があります。どのような構成で構築すればよいでしょうか。

A. Application Load Balancerを作成し、リスナーをHTTPSで作成してその後ろにEC2を複数台配置する。

B. Network Load Balancerを作成し、リスナーをTCPで作成してその後ろにEC2を複数台配置する。

C. Route 53にEC2のIPアドレスを設定し、EC2と直接通信を行う構成とする。

D. 利用者とEC2が格納されるVPCでVPN接続を行い、暗号化されたVPN内で通信を行う。

問題15 AWSアカウントを複数管理しており、Organizationsのすべての機能を有効にしています。各AWSアカウントのrootアカウントは基本的には使わない方針としているため、rootアカウントの利用をできる限り制限したいと考えています。アカウント数が多いため、可能な限り一元管理で制限をしたいと考えています。どのように対応すればよいでしょうか。

A. rootアカウントはすべての操作が可能であり、制限することはできない。

B. すべてのrootアカウントでMFAを有効にし、数名の管理者でMFAトークンの管理を行う。

C. OrganizationsのService Control Policy（SCP）を使用して、rootアカウントの操作を制限する。

D. 各アカウントのIAMポリシーを使用してrootアカウントの操作を制限する。

問題16 EC2やECS上のコンテナが出力するログを、できる限りリアルタイムで1つの場所でログ分析および可視化したいと考えています。より簡単にこの仕組みを実現するためには、どういった方法を行えばよいでしょうか。次の選択肢から**2つ**選びなさい。

A. サーバーやコンテナ上のログをfluentdなどのソフトウェアを使用してData Firehoseに送信する。

B. ログ出力転送処理をサーバーとコンテナ上に実装し、S3上にログを送信する。

C. 送信されたログファイルをAmazon OpenSearch Service上で可視化する。

D. 送信されたログファイルをAthena上で可視化する。

E. 送信されたログファイルを外部のログ管理サービスで可視化する。

9章 練習問題

問題17 AWSアカウントのrootアカウント管理者が異動になり、あなたはその情報を引継ぎ管理することになりました。元の管理者が対象のAWSアカウントにアクセスできないよう、あなたのみがrootアカウントの情報を使用できるようにする必要があります。対応すべき内容を次の選択肢から**3つ**選びなさい。

A. rootアカウントのログインパスワードを変更する。

B. rootアカウントのアクセスキーの存在有無を確認し、存在する場合は削除する。

C. IAMのパスワードポリシーを再設定する。

D. AWSアカウント名を変更する。

E. rootアカウントのMFAを再設定する。

問題18 複数のAWSアカウントを管理しており、各アカウントのIAMユーザーでログインするには手間がかかるため、踏み台アカウントを用意し、そこから各システムアカウントにスイッチロールする運用を検討しています。各アカウントに設定を行ったところ、一部のシステムアカウントにスイッチロールできませんでした。考えられる原因は何でしょうか。次の選択肢から**2つ**選びなさい。

A. IAMログイン時のパスワードが間違っている。

B. 踏み台アカウントにログインしたIAMユーザー権限に、sts:AssumeRoleの権限がない。

C. 踏み台アカウントにログインしたIAMユーザー権限に、sts:AssumeRoleの権限はあるが、Resource属性で接続できるアカウントを限定してしまっており一部のアカウントへの権限が不足している。

D. システムアカウント側のIAM Roleに設定した信頼関係の情報が誤っている。

E. ログインした踏み台アカウントのアカウントIDが間違っている。

問題19 オンプレミス上にあるMicrosoft Active Directoryのグループを使用して、ユーザーの管理を行っています。この管理情報を使用してAWSのIAMの操作権限を紐付けたいと考えています。どのようにIAMの情報と紐付けるのがよいでしょうか。

A. IAMユーザーを作成していき、Active Directoryの各ユーザーに対応させる。

B. アクセスキーおよびシークレットアクセスキーを作成して、Active Directoryの各ユーザーに対応させる。

C. IAMロールを作成して、Active Directoryのグループに対応させる。

D. IAMグループを作成して、Active Directoryのグループに対応させる。

問題20 S3 Glacierのアーカイブに対して、数時間前にボールトロックポリシーを設定してボールトロックの開始（Initiate）を行いました。担当者がポリシーの設定ミスに気が付いたため、設定を修正したいです。より簡単に修正するにはどう対応すればよいでしょうか。

A. Initiate中のままロックポリシーの変更を行う。

B. ボールトロックを停止（Abort）し、ロックポリシーを修正して再度開始（Initiate）を行う。

C. 開始（Initiate）になったロックポリシーは修正することができない。

D. ボールトのデータをコピーして再度ロックポリシーを設定する。元のデータは削除する。

問題21 外部のセキュリティ監査人にAWSアカウントのセキュリティ監査を依頼しようとしています。あなたはAWSアカウント内でどのようなサービス、機能が使われているのか詳細を把握していません。監査をできる限り早急に実施したいため、監査人用のIAMユーザーを急いで用意する必要があります。どのように用意するのがよいでしょうか。

A. AWSアカウント内のサービス利用状況を確認してIAMポリシーをカスタマイズして作成する。

B. セキュリティ監査人用のIAMユーザーがAWSから用意されているため、それを使用する。

C. 職務機能のAWS管理ポリシーを使用する。

D. 各サービスのRead権限を付けたIAMポリシーを作成する。

問題22 以下のようにKMSのキーポリシーを設定しています。

```
{
    "Sid" : "Allow use of the key",
    "Effect" : "Allow",
    "Principal" : {
        "AWS" : [
                    "arn : aws : iam : : 111122223333 : user/KMSUser",
                    "arn : aws : iam : : 111122223333 : role/KMSRole",
                    "arn : aws : iam : : 444455556666 : root"
        ]
    },
    "Action" : [
        "kms : Encrypt",
        "kms : Decrypt",
        "kms : ReEncrypt*",
```

9章　練習問題

```
        "kms:GenerateDataKey*",
        "kms:DescribeKey"
    ],
    "Resource":"*"
}
```

次の選択肢のうち、正しいのはどれでしょうか。

なお、キーポリシーはアカウント「111122223333」で作成しているものとし、アクセスするIAMユーザーのポリシーでは、kmsのActionはすべて許可されているものとします。

A. KMSのキーは他アカウントに許可できないため、Actionに記載した操作がアカウント「111122223333」のすべてのIAMユーザーに許可される。

B. KMSのキーは他アカウントに許可できないため、Actionに記載した操作がアカウント「111122223333」のIAMユーザーKMSUserとIAMロールKMSRoleに許可される。

C. KMSのキーは他アカウントに許可できるため、Actionに記載した操作がアカウント「111122223333」のIAMユーザーKMSUserとIAMロールKMSRoleと、「444455556666」のすべてのIAMユーザーに許可される。

D. KMSのキーは他アカウントに許可できるため、Actionに記載した操作がアカウント「111122223333」のIAMユーザーKMSUserとIAMロールKMSRoleと、「444455556666」のrootアカウントに許可される。

問題23 あるAWSアカウント内に開発者用IAMユーザーとS3バケットを作成しています。開発者のIAMユーザーにはIAMポリシーでS3バケットへのアクセスを許可しています。また、S3バケットはAWS管理のKMSでデフォルト暗号化の設定がされています。開発者がAWSへログインし、S3のオブジェクトを表示しようとしたところ、エラーとなりアクセスできませんでした。考えられる理由は何でしょうか。

A. KMSのキーポリシーで開発者ユーザーからのアクセスを拒否していたため。

B. 開発者用IAMユーザーにKMSへのアクセス権限が無かったため。

C. S3バケットのバケットポリシーで開発者IAMユーザーに対するAllowが無かったため。

D. S3バケットのバケットポリシーで開発者IAMユーザーに対するDenyが記載されていたため。

問題24 VPC内にEC2、RDSを使用して社内システムを構築しており、システムへのアクセスは社内の環境からVPN接続で行います。インターネットからのアクセスは許可していません。社内で利用するデータの一部をS3上に格納したいと考えていますが、社内のコンプライアンス要件上、インターネットへのアクセス経路は用意していません。どのように

対応すればよいでしょうか。

A. S3はVPC外にあるため、必ずインターネット経由でアクセスする必要がある。要件には対応できないためS3は利用しない。

B. VPCにNAT Gatewayを配置してそれを経由してS3にアクセスする。

C. VPCエンドポイントを配置してそれを経由してS3にアクセスする。

D. VPCとS3でVPN接続を行いS3にアクセスする。

問題25 HTML、CSS、PDFや画像ファイルを使用したWebサイトをAWS上に構築し、EC2を1台用意してそこにコンテンツを配置しています。EC2にElastic IPを付与してインターネット経由でアクセスできるようにしています。何日か前にDDoS攻撃を受け、Webサイトが一時的に見れなくなってしまいました。こういったDDoS攻撃に効果的に対応するには、どのような構成にすればよいでしょうか。

A. EC2を増やせるようAuto Scaling Groupを作成し、そのフロント側にALBを配置する。

B. EC2のインスタンスサイズを大きくする。

C. S3にコンテンツを移動して、スタティックWebサイトの機能を有効にする。

D. S3にコンテンツを移動して、スタティックWebサイトの機能を有効にする。その後、CloudFrontディストリビューションをS3のフロント側に配置する。

問題26 あなたはシステムインテグレータの開発者として、顧客A向けのシステムをAWS上で構築しています。顧客Aから、AWSがISO 27001（情報セキュリティ）の認証があるかを確認してほしいとの連絡を受けました。あなたはAWSの認証状況を確認する必要があります。どのように確認すればよいでしょうか。

A. AWSでは監査状況を公開していないため、確認することはできない。

B. AWS Artifactから監査レポートをダウンロードして、顧客Aに報告する。

C. AWSサポートへ連絡して認証状況を確認する。

D. Security Hubから認証状況を確認する。

問題27 あなたは多くの社員が所属する大企業の情報システム部に所属しており、複数の部署でAWSアカウントをそれぞれ開設して使用しています。各部署のAWSにあるシステムがアクセスして利用する社内向けのアプリケーションを情報システム部のAWSアカウント上に作成しました。NLB＋EC2という構成で構築しています。このシステムをより安く、よりセキュアに各部署のAWSアカウントから接続させるにはどうすればよいでしょうか。可能な限りインターネット上で通信を行いたくありません。なお、各アカウントのVPCで利用しているIPアドレス（CIDR）は重複してないものとします。

9章　練習問題

A. Private Linkを使用して、情報システム部で開発したアプリケーションへ各部署のAWS
アカウントのVPCから接続する。

B. 各部署のAWSアカウントのVPCと情報システム部のAWSアカウントのVPCでVPC
Peeringを行い接続する。

C. 情報システム部で開発したアプリケーションをインターネット上に公開し、セキュリティ
グループで各システムのIPを許可する。

D. 各部署のAWSアカウントのVPCと情報システム部のAWSアカウントのVPCでインター
ネットVPNで接続を行う。

問題28 CloudFront、ALB、EC2という構成でWebシステムを構築し、インターネッ
ト上に公開しています。あるとき、ある特定のIPアドレスからシステムに悪意あるアクセ
スがされていることがわかりました。CloudFrontを経由してアクセスしているようで、
このIPアドレスからアクセスを拒否したいです。どのように対応するのが一番効果的でしょ
うか。

A. EC2が所属するサブネットのネットワークACLを使用して特定のIPアドレスからのアク
セスを拒否する。

B. EC2に設定しているセキュリティグループで特定のIPアドレスからのアクセスを拒否する。

C. AWS WAFをCloudFrontにアタッチし、IPアドレスを使用したルールでアクセスを拒否
する。

D. CloudFrontの拒否ルールを使用して、特定のIPアドレスからのアクセスを拒否する。

問題29 S3上にさまざまなデータを格納し、データレイクをAWS上に構築しようとして
います。色々な場所に情報が格納されるため、クレジットカードやAWSシークレットキー
といった重要な情報が格納された場合は検知を行いたいと考えています。より簡単に実装す
るには、どのように対応するのがよいでしょうか。

A. S3バケット内の情報を探索するLambda処理を実装して定期的に重要な情報がないか
チェックを行う。

B. S3のデフォルト暗号化機能を使用して情報を暗号化する。

C. Amazon Macieを使用して重要情報の検知を行う。

D. データをEC2に移し、EC2上でデータ管理のソフトをインストールして検知を行う。

問題30 VPC内に構築したEC2からKMSに作成したカスタマーマネージドキーを使用し
て暗号化処理を実装しようとしています。VPCとKMS間の通信をできる限りプライベート
なものとし、KMSにはVPCからのみアクセスできるようにしたいです。どのように実装す

ればよいでしょうか。次の選択肢から2つ選びなさい。

A. VPC上にNAT Gatewayを設置して、NAT Gateway経由でKMSにアクセスする。

B. KMSへの通信はデフォルトで可能となるため、追加設定は行わずKMSのAPIを呼び出せばよい。

C. KMS用のVPCエンドポイントを作成し、エンドポイント経由でKMSへアクセスする。

D. EC2のIPアドレスまたはNAT GatewayのIPアドレスをKMSのキーポリシーで許可する。

E. 作成したVPCエンドポイントから許可するようKMSのキーポリシーを設定する。

問題31 それぞれ別々のサブネットに配置されたアプリケーションサーバーとデータベースサーバーからなるWebアプリケーションを構築しようとしています。デプロイ後、動作確認をしたところ、アプリケーションサーバーからデータベースサーバーへの通信に問題があることがわかりました。どのような観点で設定を確認すればよいでしょうか。

A. アプリケーションサーバーに割り当てられているセキュリティグループでデータベースサーバへのアウトバウンドの通信が許可されていること、データベースサーバーに割り当てられているセキュリティグループでアプリケーションサーバーからのインバウンドの通信が許可されていることを確認する。

B. アプリケーションサーバーに割り当てられているセキュリティグループでデータベースサーバとのインバウンド、アウトバウンド両方の通信が許可されていること、データベースサーバーに割り当てられているセキュリティグループでアプリケーションサーバーとのインバウンド、アウトバウンド両方の通信が許可されていることを確認する。

C. アプリケーションサーバーに割り当てられているセキュリティグループでデータベースサーバへのアウトバウンドの通信が許可されていること、データベースサーバーに割り当てられているセキュリティグループでアプリケーションサーバーからのインバウンドの通信が許可されていることを確認する。さらに、アプリケーションサーバーの所属するサブネットに紐付けられたNetwork ACLでデータベースサーバーへのアウトバウンドの通信が許可されていること、データベースサーバの所属するサブネットに紐付けられたNetwork ACLでアプリケーションサーバーからのインバウンドの通信が許可されていることを確認する。

D. アプリケーションサーバーに割り当てられているセキュリティグループでデータベースサーバへのアウトバウンドの通信が許可されていること、データベースサーバーに割り当てられているセキュリティグループでアプリケーションサーバーからのインバウンドの通信が許可されていることを確認する。さらに、アプリケーションサーバーの所属するサブネットに紐付けられたNetwork ACLでデータベースサーバーとのインバウンド、アウトバウンド両方の通信が許可されていること、データベースサーバーの所属するサ

9章　練習問題

ブネットに紐付けられたNetwork ACLでアプリケーションサーバーとのインバウンド、アウトバウンド両方の通信が許可されていることを確認する。

問題32 KMSを用いてデータキーによるデータの暗号化/復号を行うアプリケーションがあります。アプリケーションの利用頻度が高く、1秒間のKMS APIリクエスト数のクォータによりリクエストが制限されることがしばしば発生しており、アプリケーションの利用に影響が出ています。KMSへのAPIリクエストが制限されることを解消するためにはどのように実装を行うのがよいでしょうか。

A. アプリケーション内の暗号化対象を減らし、KMSへのAPIリクエストを減らす。

B. AWS暗号化SDKのデータキーキャッシュ機能を有効にし、KMSへのAPIリクエストを減らす。

C. KMSへのAPIリクエスト時にランダムな秒数の待ち時間を入れ、特定の時間にAPIリクエストが集中しないようにする。

D. KMSへのAPIリクエスト制限が発生した場合は場合は数秒後にリトライするようにする。

問題33 IAMユーザーを利用しているユーザーは自由にアクセスキーを作成して利用できる運用としています。セキュリティを考慮し、作成後6ヵ月（180日間）経過したアクセスキーは自動的に無効化するようにしたいと考えています。どのように対応するのが適切でしょうか。

A. 作成後180日経過したアクセスキーを探して無効化するLambda関数を作成し、EventBridgeから定期的に呼び出す。

B. AWS Configのaccess-keys-rotatedルールで生成から180日経過しても更新されていないアクセスキーを検知した場合、EventBridgeを経由して該当のアクセスキーを無効化するLambdaを呼び出す。

C. IAMポリシーにてアクセスキーの有効期限を180日に設定する。

D. CloudWatchにアクセスキーの生成後の期間が180日を超えた場合のアラームを設定し、該当するアクセスキーを無効化するLambdaを呼び出す。

問題34 CloudWatchのアラームがトリガーされたときにSNSでメール通知を行うように設定しています。設定後、しばらくはSNSからのメール通知が届いていましたが、ある日を境にアラームがトリガされてもメールが届かなくなりました。原因として考えられるのは次のどれでしょうか。

A. SNSのメール通知設定の有効期限が切れた。

B. SNSの設定を行ったIAMユーザーが削除された。

C. SNSの設定を行ったIAMユーザーのアクセスキーが削除された。

D. SNSのサブスクリプションが無効化された。

問題35 CloudFront、S3によってHLS形式の動画ストリーミングデータを配信するシステムを構築しました。専用のアプリケーションによってCloudFrontにアクセスして動画のストリーミングデータを取得します。認証されたユーザーへの限定的なサービスのため、アプリケーションにてユーザー認証を行ったあと、対象のデータへ限定的なアクセスを許可する必要があります。どの方法が最適でしょうか。

A. KMSで送信するデータを暗号化し、データへアクセスする。

B. アプリケーション内にデータへのアクセスURLを暗号化した状態で保持し、データへアクセスする。

C. アプリケーションから署名付きURLを発行し、データへアクセスする。

D. アプリケーションから署名付きCookieを発行し、データへアクセスする。

問題36 KMSのキーマテリアルにユーザーが作成したキーをインポートして使うメリットは何でしょうか。次の選択肢から**2つ**選びなさい。使用するキーは対称KMSキーとします。

A. ユーザーの管理するオンプレミスのシステムでも同じキーを利用できる。

B. 指定の暗号化アルゴリズムで作成されたキーであることが保証される。

C. ユーザーが任意の鍵長を指定できる。

D. KMSにインポートしておくことでKMSキーの障害時もAWSによってキーが復元される。

問題37 不正アクセスによって侵入された形跡のあるEC2インスタンスが見つかりました。初期対応として該当のEC2インスタンスはシステムから切り離し、ネットワーク上で隔離した状態で動作させています。法的手段を取ることを考えているため、侵入の証跡を取る必要があります。何をすべきでしょうか。次の選択肢から**3つ**選びなさい。

A. インスタンスは動作させたまま、メモリダンプツールを用いてメモリダンプを取得する。

B. インスタンスを停止して、メモリダンプツールを用いてメモリダンプを取得する。

C. フォレンジックサーバーを用意し、ツールを利用して該当インスタンスのイメージを取得する。

D. AWS Artifactを利用し、該当インスタンスのイメージを取得する。

E. インスタンスを終了し、EBSのスナップショットを取得する。

F. ネットワークログをKinesisへ連携させる。

9章　練習問題

問題38 EBSをKMSを利用して暗号化しています。S3にそのEBSのデータを定期的にコピーすることでバックアップしています。また、S3もEBSと同じKMSキーを用いて暗号化しています。オペレーションミスにより、それらの暗号化のためのKMSキーの削除のスケジュールを設定してしまいました。削除待機期間中に該当のKMSキーを使用していることに気付けないまま、CMKが削除されてしまいました。どのように対応するのがよいでしょうか。

A. 削除したKMSキーは30日以内であれば復旧可能であるため、AWSマネジメントコンソールより復旧作業を行う。

B. AWSサポートへ連絡する。本人確認ができればKMSキーが復旧される。

C. KMSキーは復旧できないので、利用中のEBSをデタッチする前にデータを手動でバックアップする。新しいKMSキー、EBS、S3を作成し、新しく作成したEBSにバックアップしたデータを移して利用中のEBSと入れ替える。

D. KMSキーは復旧できないので、新しくEBSを作成して利用中のEBSと入れ替える。新しく作成したEBSにS3からデータをコピーする。

問題39 あるVPC（VPC-A）にActive Directoryサーバーを構築し、稼働させています。現在構築中の新しいVPC（VPC-B）をVPCピアリングでそのVPCと接続し、VPC-Aに所属するActiveDirectoryサーバーを利用するようにVPC-Bのサーバーを設定しています。該当のActive Directoryサーバーを利用するための設定は、Active Directoryサーバーを正常に利用できているVPC-Aに所属するサーバーと同じにしているのですが、VPC-BのサーバーからうまくActive Directoryサーバーが利用できていないようです。どのように対応すればよいでしょうか。

A. VPC-BのVPCのDHCPオプションセットの設定でDNSサーバーにActive Directoryサーバーを指定する。

B. VPC-AとVPC-BのIPアドレス帯を同じ範囲に合わせる。

C. VPCピアリングではなく、Active DirectoryサーバーにEIPを付与してインターネット経由で利用する。

D. Active Directoryサーバーのセキュリティグループのアウトバウンドの通信をTCPのすべてのポートで許可する。

問題40 複数のAWSアカウントを管理しています。ID情報の一元管理のために、社内のActive Directory（AD）の情報を利用してそれぞれのAWSアカウントのAWSコンソールに入れるようにしたいです。どのようにするのがよいでしょうか？

A. 各AWSアカウントにAD Connecterを用意して、社内のADを参照してログインできるようにする。

396

B. 各アカウントにIAMと社内AD間の信頼関係を確立するIAMロールを作成し、ADで認証したユーザーと紐付ける。

C. 一元管理したいAWSアカウントをAWS Organizationsで組織化する。組織内でIAM Identity Centerを作成し、ADの情報を元にログインする。

D. Cognito IDプールを利用する。IDプールとして社内ADを参照する。認証済みのユーザーに対して、AWSを利用するための一時的権限を付与する。

E. 各AWSアカウントにIAMグループを作成し、ADのグループと紐付ける。ADで認証したユーザーにIAMグループの権限を与える。

問題41 ユーザーがS3にデータをアップロードしたときのイベントをトリガーとし、LambdaがS3のデータ を処理した結果をDynamoDBにputするシステムがあります。データには個人情報が含まれており、データのアップロード後60日経過したものはS3のデータもDynamoDBのデータも両方削除する必要があります。S3にアップロードされるデータには作成日時を示すタグが付与されています。どのように対応すればよいでしょうか。

A. DynamoDBにデータをputする際に作成日時を合わせて書き込むようLambda関数を修正する。別のLambda関数を作成し、S3オブジェクトの最終更新日時から61日以上経過したオブジェクトを削除し、DynamoDBレコードの作成日時をもとに61日以上経過したレコードを削除するようプログラムする。

B. DynamoDBにデータをputする際に61日後の日付を「有効期限」として、合わせて書き込むようLambda関数を修正し、TTL機能を設定する。S3にライフサイクルポリシーを設定し、作成から61日以上経過したオブジェクトを削除するよう設定する。

C. S3およびDynamoDBにライフサイクルポリシーを設定し、作成から61日以上経過したオブジェクト、レコードを削除するよう設定する。

D. DynamoDBにデータをputする際に作成日時を示すタグを付与するようLambda関数を修正する。別のLambda関数を作成し、61日前のタグの付いたオブジェクトおよびレコードを削除するようプログラムする。

問題42 この企業では管理部門にある管理用AWSアカウントのほか、開発チームが個々に開発用AWSアカウントを利用しています。管理用AWSアカウントに一元管理VPCを作成し、全AWSアカウントからこのVPCを利用するようにさせ、個別のAWSアカウントにはVPCを作成させないルールでの運用を検討しています。どのような設定をおこなう必要がありますか。

A. 個々の開発アカウントに対し、CloudFormationを使って開発用VPCを作成する。それ

9章　練習問題

ぞれの開発用VPCと一元管理VPCをTransit Gatewayで接続する。

B. すべてのAWSアカウントを同じAWS Organizationに所属させ、管理アカウントで開発アカウントに一元管理VPCへのアクセスを許可するIAMロールを作成する。開発アカウントではこのIAMロールを利用して一元管理VPCにリソースを展開する。

C. AWS Organizationを利用して、すべてのAWSアカウントを同じ組織に所属させる。AWS RAMを利用して開発アカウントに一元管理VPCを共有する設定を行う。開発アカウントでは一元管理VPCにリソースを展開する。

D. 個々の開発アカウントに対し、CloudFormationを使って開発用VPCを作成する。それぞれの開発用VPCはCIDR範囲が重複しないように作成し、一元管理VPCとVPCピアリングの設定を行う。

問題43 **Lambdaの環境変数に5文字程度のアクセス文字列が登録されていることに気づきました。開発者がLambdaコンソール上でアクセス文字列を平文で見えることができてしまうので改善したいと考えています。最も費用対効果の高い解決策はどれでしょうか。**

A. AWS Systems Manager（SSM）のParameter Storeに安全な文字列としてアクセス文字列を格納する。Lambdaの環境変数からアクセス文字列を削除し、SSMからアクセス文字列を取得するようLambda関数を修正する。

B. AWS Secrets Managerにアクセス文字列を格納する。Lambdaの環境変数からアクセス文字列を削除し、Secrets Managerからアクセス文字列を取得するようLambda関数を修正する。

C. AWS KMSにアクセス文字列を格納する。Lambdaの環境変数からアクセス文字列を削除し、KMSからアクセス文字列を取得するようLambda関数を修正する。

D. アクセスキーをLambda関数のコード内に記載し、Lambdaの環境変数からはアクセス文字列を削除する。

問題44 **JavaアプリからRDSに接続してデータを処理するアプリケーションを開発しています。RDSに対するDBアクセスパスワードは定期的にローテーションしたいと考えています。ローテーション時のサービス停止時間を最小限にするにはどうすればよいでしょうか。次の選択肢から2つ選びなさい。**

A. AWS Secret ManagerにDBアクセスパスワードを格納し、ローテーションを設定する。

B. AWS Systems Manager（SSM）のParameter Storeに安全な文字列としてDBアクセスパスワードを格納し、ローテーションを設定する。

C. DBへの接続処理が接続が失敗したときにAWS SDK for Javaの指数関数的バックオフを利用してDBへの接続処理をリトライさせる。

D. DBへの接続処理が接続が失敗したときにSecret ManagerからDBアクセスパスワードを取得して接続をリトライする処理をJavaアプリに追加する。

E. DBへの接続処理が接続が失敗したときにRDSからDBアクセスパスワードを取得して接続をリトライする処理をJavaアプリに追加する。

問題45 AWS Signerを使ってLambda関数に開発者ごとのコード署名をつける運用を行っています。この企業では退職者が出たときにそのユーザーの作成したコードはすべてLambdaにデプロイできなくなるようにしたいと考えています。退職者が発生した場合にはどのような処理を行えばよいでしょうか。

A. 退職者のIAMユーザーを削除する。

B. 対応は不要で、署名プロファイルの有効期限超過後にユーザーの作成したコードはデプロイできなくなる。

C. 新しい署名プロファイルを作成する。後任者がそのプロファイルを利用する。

D. 該当ユーザーの署名プロファイルを無効化する。

問題46 アプリケーションコードをGitHubの公開リポジトリにて管理しています。ある日、コードをリポジトリにpushした際に、push対象のコード内にアクセスキーとシークレットキーをハードコーディングしていたことに気付きました。push後すぐに気付き、コードの公開を停止しましたが、一時的にアクセスキーおよびシークレットキーが公開されたことによる影響が発生していないかを判断したいと思っています。どういった方法で確認ができるでしょうか。

A. Amazon GuardDutyを利用し、IAM情報から不正アクセスと見られる操作を検出する。

B. IAMアクセスアドバイザーで最終アクセス日時を確認し、公開時刻以降の利用有無を確認する。

C. IAMアクセスアナライザーで最終アクセス日時を確認し、公開時刻以降の利用有無を確認する。

D. AWS Security Hubコンソールにて、該当アクセスキーの利用履歴を確認する。

問題47 開発チームの開発メンバー用IAMユーザーは開発者IAMグループへ所属させるルールとなっています。開発者IAMグループには開発に利用するためのアクセス権限を持つIAMポリシーが割り当てられています。開発チームには正社員だけでなく派遣社員も所属していますが、開発メンバーのうち派遣社員のIAMユーザーにはEC2のみにしかアクセスできないように制御したいと考えています。どの方法を取れば運用効率が高く実現できますか。

9章　練習問題

A. EC2以外のサービスへのアクセスを拒否するIAMポリシーを作成し、派遣社員のIAMユーザーに設定する。

B. EC2へのみのアクセスを許可するIAMパーミッションバウンダリーを作成し、派遣社員のIAMユーザーに設定する。

C. EC2のみへのアクセスを許可するIAMポリシーを作成し、派遣社員のIAMユーザーに設定する。

D. EC2以外のサービスへのアクセスを拒否するIAMパーミッションバウンダリーを作成し、派遣社員のIAMユーザーに設定する。

問題48 Amazon Inspectorを利用してECRのリポジトリをスキャンすることを考えています。ただし、すべてのリポジトリではなく特定の名前のリポジトリのみを対象としたいと思っています。どういった方法をとればよいでしょうか。

A. AWS CLIを利用して、Amazon Inspectorに対してrepositoryFiltersを指定する。

B. 対象となるECRリポジトリにタグを付与し、そのタグのついたリソースのみをスキャン対象とするようにAmazon Inspectorを構成する。

C. Amazon Inspectorに付与するIAMロールの設定で対象ECRリポジトリへのアクセスのみを許可する。

D. ECRコンソールのスキャン設定から連続スキャンフィルターを設定し、対象となるリポジトリ名のキーワードをフィルターに追加する。

問題49 組織内では部門ごとにAWSアカウントを作成して利用しています。AWSアカウントの作成および初期設定はセキュリティチームが行っているのですが、そこで有効化しているAmazon GuardDutyを部門の利用者に勝手に無効化されないようにしたいと考えています。どのような手法を取るのが有効でしょうか。

A. 組織内で利用される各AWSアカウントをすべてAWS Organizationに所属させ、SCPを設定することでメンバーAWSアカウントのIAMユーザーがAmazon GuardDutyを無効化できないようにする。

B. 各AWSアカウントにAmazon GuardDutyを無効化できないように設定したIAMポリシーを作成し、IAMグループに紐付ける。すべてのIAMユーザーをそのIAMグループに所属させる。

C. 各AWSアカウントの初期設定時にAmazon GuardDutyの削除保護を有効にする。

D. 各AWSアカウントでAWS Configを有効化し、Amazon GuardDutyが無効化されたときにAmazon SNSでセキュリティチームに通知するように設定する。

問題50 AWS CloudTrailでS3へのエクスポートを設定している証跡があります。保存先のプレフィクスを変更しようとしましたが失敗し、変更できませんでした。どのように対応すればよいでしょうか。

A. 既存の証跡ファイルを先に削除してから、CloudTrail証跡のS3プレフィクスを変更する。

B. 既存の証跡設定を削除してから、新規にCloudTrail証跡を設定する。

C. 既存の証跡ファイルを変更先のプレフィクス配下にコピーする。その後、CloudTrail証跡のS3プレフィクスを変更する。

D. S3バケットポリシーで変更先プレフィクスに対するCloudTrailからのputObjectを許可してから、CloudTrail証跡のS3プレフィクスを変更する。

問題51 オンプレミスとAWSのハイブリッド環境でシステムを構築しています。この環境における監査情報を一元管理し、監査レポートを出力したいと考えています。運用効率を高く実現できる方法はどれでしょうか。

A. AWS Audit Managerにオンプレミス環境から取得した証拠をインポートする。AWS Audit ManagerにおいてAWS環境の証拠の収集が完了したらレポートを出力する。

B. AWS Security Hubで収集された情報から監査レポートを発行する。出力されたレポートとオンプレミス環境から取得したレポートをS3にアップロードし、監査レポートのマージ機能でマージされた監査レポートを出力する。

C. AWS Audit Managerにオンプレミス環境の証拠収集設定を行う。AWS Audit Managerにおいてオンプレミス環境およびAWS環境の証拠の収集が完了したらレポートを出力する。

D. AWS Security Hubにオンプレミス環境から取得した証拠をインポートする。AWS Security Hubで収集された証拠を指定し、レポートを出力する。

問題52 IAMポリシーを使い、利用時のMFA認証を強制するよう設定しています。AWS CLIを利用する場合、MFAが利用できない状況下でアクセスするにはどういった方法をとればよいでしょうか。

A. MFA認証を強制しない必要最小限の権限を持つIAMユーザーを別途作成し、AWS CLI利用時にはそのIAMユーザーを利用する。

B. AWS ConfigでMFA認証に関するIAMポリシーの変更を検知し、該当のポリシーがデタッチされたときに自動で修正するように設定する。AWS CLIのコマンドaws iam detach-policyを使って、一時的にMFA認証を強制するポリシーをデタッチしてからAWS CLIを利用する。AWS CLI実行後にはAWS Configの設定により自動的にデタッチしたIAMポリシーがアタッチされる。

9章 練習問題

C. AWS Security Token Service（AWS STS）を利用し、AWS CLIのコマンド aws sts get-session-token を使って、一時的なトークンを発行する。AWS CLI利用時にはそれを使って認証する。

D. IAMポリシーを変更し、Principalに AWS CLIを指定することで AWS CLI利用時はMFA認証を強制しない設定とする。

問題53 AWS Organizationの管理アカウント（management-01）があります。AWS Configの委任管理者アカウント（security-01）を設定しており、さらに配下には10個のメンバーアカウント（member-01〜10）が存在しています。メンバーアカウントには AWS Configを自動的に有効化させ、Configルールを10個適用したいと考えています。必要な対応を**2つ**選択してください。

A. CloudFormation StackSetsを利用し、security-01からメンバーアカウントの AWS Configを有効化する。

B. CloudFormation StackSetsを利用し、management-01からメンバーアカウントの AWS Configを有効化する。

C. security-01にて適用させたい Configルールを含む Config適合パックを作成し、各アカウントにデプロイする。

D. management-01にて適用させたい Configルールを含む Config適合パックを作成し、各アカウントにデプロイする。

E. CloudFormation StackSetsを利用し、management-01からメンバーアカウントに Configルールを適用する。

問題54 CloudFrontとそのオリジンとなるS3でコンテンツを配布しています。アクセス状況の解析を行ったところ、配信ライセンスのない国からのアクセスがあることに気付きました。配信ライセンスのない国からのアクセスを防ぐ対策を行いたいと思います。必要な設定を**2つ**選択してください。

A. Route53の位置情報ルーティングを使用し、配信ライセンスのある国以外の名前解決を拒否するルールを設定する。

B. Route53の地理的近接性ルーティングを使用し、配信ライセンスのある国以外の名前解決を拒否するルールを設定する。

C. CloudFrontで地理的ディストリビューションの制限を設定し、配信ライセンスのある国以外からのアクセスを禁止する。

D. S3に Origin Access Identity（OAI）を作成する。CloudFrontに OAIを利用する設定を追加する。

E. CloudFrontにOrigin Access Control（OAC）を作成する。S3にOACを利用したアクセスのみ許可するバケットポリシーを設定する。

F. コンテンツ配信元をS3からEC2に置き換える。EC2にCloudFrontからのアクセスのみを許可するSecurity Groupを設定する。

問題55 オンプレミス環境に蓄積されたペタバイトクラスのデータがあります。オンプレミス環境のAWS移行に伴い、このデータもAWSに移行したいと考えています。データは7年間保持する必要がありますが、利用頻度は多くて年間1～2回程度、アクセスが必要となる場合でも数日の猶予時間があります。費用対効果の最も高い保管方法はどれでしょうか。

A. S3 Glacier Deep Archiveにボールトを作成して、データをそこにアップロードする。

B. S3 Intelligent-Tieringのバケットを作成し、データをそこにアップロードする。

C. S3 Standardのバケットを作成し、データをそこにアップロードする。ライフサイクルポリシーを設定し、即時にデータをS3 Glacier Instant Retrievalに移行する。

D. EC2インスタンスを構築し、十分な大きさのEBSをアタッチする。データをEC2インスタンスにアップロードし、シェルスクリプトを用いてそこからS3 Glacier Deep Archiveにデータを格納する。

問題56 S3にWORM（Write Once Read Many）モデルを適用してログを保管したいと考えています。保存されたオブジェクトは最初に決められた期間中はルートユーザーを含むすべてのユーザーから変更できないようにする必要があります。この条件を満たす設定はどれでしょうか。

A. ガバナンスモードを有効にし、さらにリーガルホールドを有効化する。

B. ガバナンスモードを有効にし、期限日を要件を満たすように設定する。

C. コンプライアンスモードを有効にし、さらにリーガルホールドを有効化する。

D. コンプライアンスモードを有効にし、期限日を要件を満たすように設定する。

問題57 CloudTrailでS3の操作を監視しています。特定のS3バケットへのputObjectイベントを検知したいのですが、CloudTrailコンソールに表示されません。どのような対応が必要でしょうか。

A. 対象のS3バケットにてバージョニングを有効化する。

B. S3バケットへのputObjectイベントはCloudTrailではなく、AWS Configで検知する。

C. AWS CLIのaws cloudtrail lookup-eventsコマンドを利用する。

D. CloudTrailコンソールでデータイベントの取得を有効化する。

9章　練習問題

問題58 ALBのターゲットグループにEC2インスタンスが紐付けられており、アプリケーションがホストされています。EC2インスタンスはAuto Scalingによってスケールされる構成です。クライアントからアプリケーションまでの通信がすべて暗号化されるようにしたいと考えています。どうすればよいでしょうか。

A. ACMでパブリック証明書を作成し、ALBに紐付ける。また、その証明書をAuto Scaling Groupに紐付ける。

B. ACMでパブリック証明書を作成し、ALBに紐付ける。また、ACMでプライベート証明書を作成し、証明書をエクスポートしてEC2に設定する。

C. サードパーティーの証明書を新たに取得し、ACMにインポートする。インポートした証明書をALBおよびAuto Scaling Groupに紐付ける。

D. サードパーティーの証明書を新たに取得し、ACMにインポートする。インポートした証明書をALBに紐付ける。また、取得したサードパーティーの証明書をEC2に設定する。

問題59 複数の外部ベンダーに対してAWSアカウントへの一時的な権限でのアクセスを提供したいと考えています。対象の外部ベンダーに許可する権限は同一ですが、セキュリティ要件のため外部ベンダーにはそれぞれ異なる認証情報を使わせたいと考えています。どのように実現すると運用効率が最も高いでしょうか。

A. 外部ベンダーが利用するための共通のIAMロールを作成する。IAMロールの信頼ポリシーに外部IDを設定し、それぞれの外部ベンダーはIAMロールを利用するときに異なる外部IDを利用する。

B. 外部ベンダーが利用するための共通のIAMロールを作成する。外部ベンダーごとに共用のIAMユーザーをそれぞれ作成し、IAMユーザーからIAMロールを引き受けることでAWSを利用する。

C. 共通のIAMポリシーを作成する。外部ベンダーごとにIAMロールを作成する。それぞれの外部ベンダーは個別に提供されるIAMロールを利用する。

D. 共通のIAMポリシーを作成する。外部ベンダーに払い出すIAMユーザーに作成したポリシーを紐付ける。

問題60 Route 53 Resolverの条件付き転送ルールでオンプレミスのDNSにクエリを転送しています。クエリを発行したインスタンスのIPアドレスとDNSクエリに対する応答を監視したいと考えていますが、どのようにすれば実現できるでしょうか。

A. CloudTrailの証跡をCloudWatch Logsに出力し、ログフィルターを設定する。

B. VPCフローログをCloudWatch Logsに転送し、ログフィルターを設定する。

C. Route 53 Resolverのログを CloudWatch Logsに転送し、ログフィルターを設定する。

D. EC2インスタンスにCloudWatchエージェントをインストールし、ログをCloudWatch Logsに転送する。CloudWatch Logsにログフィルターを設定する。

問題61 SAMLフェデレーションを利用してAWSアカウントにアクセスしています。該当アカウントで稼働するワークロードはイミュータブルなEC2インスタンスで実行されます。SAMLエラーが発生した場合に備えて、緊急の操作を行うためのAWSアカウントおよびEC2インスタンスにログインするためのブレークグラスユーザーを作成する必要があります。運用効率を考慮し、設定すべき項目を**2つ**選択してください。

A. 対象のアカウントにブレークグラスIAMユーザーを作成する。

B. 緊急操作用AWSアカウントを作成し、ブレークグラスIAMユーザーを作成する。

C. EC2インスタンスのセキュリティグループに、運用拠点からのSSH接続を許可するルールを付与しておく。

D. SSMドキュメントに非常時に利用するコマンドを登録しておく。

E. EC2インスタンスにログインできるようSSM SessionManagerを設定する。

問題62 S3へのアクセスのためにゲートウェイ型のVPCエンドポイントを用意して、プライベートサブネット内のEC2インスタンスからS3へのデータアップロードを行っていました。ある日、1つのEC2インスタンスが侵害され、別アカウントのS3にデータをアップロードされていたことがわかりました。現在稼働中のワークロードを止めることなくこの状況に対策を行うにはどういった方法をとる必要があるでしょうか。

A. VPCエンドポイントポリシーを設定し、自アカウントのS3バケットへの操作のみを許可する。

B. ゲートウェイ型のVPCエンドポイントを削除し、本来のアップロード対象のS3へのインターフェイス型のVPCエンドポイントを作成して、使用するVPCエンドポイントを切り替える。

C. S3のバケットポリシーを修正して、用意されたゲートウェイ型のVPCエンドポイントからの接続のみを許可する。

D. VPCのネットワークACLを修正し、インターネット向けの接続を拒否に設定する。

問題63 プライベートサブネットに属するEC2インスタンスがNATゲートウェイを利用してインターネット上のサービスへ通信を行います。このVPCにNetwork Firewallを導入してインターネットに出る通信をフィルタリングすることを検討しています。Network Firewall導入後の送信元インスタンスからインターネットへの通信経路はどうなるでしょうか。

9章　練習問題

A. 送信元インスタンス→Network Firewall→NATゲートウェイ→インターネットゲートウェイ→インターネット

B. 送信元インスタンス→NATゲートウェイ→Network Firewall→NATゲートウェイ→インターネットゲートウェイ→インターネット

C. 送信元インスタンス→Network Firewall→インターネットゲートウェイ→インターネット

D. 送信元インスタンス→NATゲートウェイ→インターネットゲートウェイ→Network Firewall→インターネット

問題64 **HTTPSを利用するWebシステムをインターネットに展開しています。このシステムのセキュリティ強化のため、EC2型のサードパーティーIDSをAWS Marketplaceを通じて購入し、インターネットとシステム間を出入りするトラフィックをスキャンしたいと考えています。IDSは複数設置し、負荷分散させたいです。どのように導入すればよいでしょうか。**

A. Gateway Load Balancerのターゲットグループに IDS を配置する。ルーティングテーブルを設定してインターネットとシステム間を出入りするトラフィックを Gateway Load Balancerにルーティングする。

B. Network Load Balancerのターゲットグループに IDS を配置する。TCPリスナーを利用してインターネットからのトラフィックを受信する。

C. Gateway Load Balancerのターゲットグループに IDS を配置する。TCPリスナーを利用してインターネットからのトラフィックを受信する。

D. Network Load Balancerのターゲットグループに IDS を配置する。TLSリスナーを利用してインターネットからのトラフィックを受信する。

問題65 **セキュリティチェックの一環として、EC2に対してどのようなネットワーク経路で到達可能であるかを検出したいと考えています。運用効率の高い手法で実現するにはどの方法がよいでしょうか。**

A. Amazon GuardDuty を有効化し、定期的に更新されるネットワーク到達可能性の検出結果をチェックする。

B. AWS Security Hub を有効化し、定期的に更新されるネットワーク到達可能性の検出結果をチェックする。

C. EC2に割り当てられた EIP に対するポートスキャンを行う Lambda 関数を開発する。結果は CloudWatch にカスタムメトリクスとして登録して可視化する。

D. Amazon Inspector を有効化し、定期的に更新されるネットワーク到達可能性の検出結果をチェックする。

練習問題

練習問題　解答

問題1　正解 B

POINT 「できる限り早急に修正」と「もっとも手間がかからずに実現」という点に注目します。Lambdaは処理を開発する前提になるので手間がかかる可能性があります。（A、Dを除外）また、手動作業など、修正に時間がかかるものは除外できます。（Cを除外）

A（不正解）この内容でも自動修正処理を実現することが可能ですが、検知および修復処理をLambdaで実装するにはBよりも手間がかかります。

B（正解）この方法が一番簡単です。Configのマネージドルールおよび修復アクションを設定することで実現できます。設定変更をトリガーに修復アクションの実行が可能です。

C（不正解）修復作業が手動作業のため、修復までにタイムラグがある可能性があり手間もかかります。

D（不正解）リアルタイム処理を実現できるのですが、CloudTrailではセキュリティグループを変更したことのみ検知できるので、パブリック公開されたことを検知する機能をLambdaで実装する必要があり手間がかかります。

本書の参考ページ：6-1「AWS Config」

問題2　正解 A

POINT 「（外部）できる限り外部通信をさせない」選択肢を探します。ELB配下のEC2に外部から通信が一切なくなる選択肢はAのみです。他の選択肢は外部通信が残ってしまう可能性があります。

A（正解）ELBがある場合は配下におくEC2はプライベートサブネットで問題ありません。こうすることで外部からの直接通信をすべてなくすことができます。

B（不正解）セキュリティソフトウェアをインストールしても外部通信がなくなる訳ではありません。

C（不正解）一部の通信を保護することはできますが、EC2への直接通信は残ってしまうため、Aのほうがより適切です。

D（不正解）WAFで検知した通信をEC2に届かせないことはできるかもしれませんが、通常のEC2向け通信が残ってしまいます。

本書の参考ページ：3-3「Amazon Virtual Private Cloud」、3-14「セキュリティに関するインフラストラクチャのアーキテクチャ、実例」

9章 練習問題

問題3 正解 C

POINT KMSの自動ローテーションの制約を理解しておく必要があります。自動ローテーションが最短90日間ということを知っていれば、手動ローテーションが必要なことがわかります。

A（不正解）カスタマーマネージドキーの自動ローテーションで設定できる期間は90〜2560日間となります。

B（不正解）AWSマネージドキーの自動ローテーションは1年間となります。この間隔は変更できません。

C（正解）90日より短い期間でローテーションを行う場合はこの手法を取ることになります。

D（不正解）短いローテーションを行うためにCloudHSMを使用する必要はありません。詳細はCloudHSMの章をご確認ください。

本書の参考ページ：4-1「AWS Key Management Service」

問題4 正解 D

POINT 選択肢に出てくるサービスの概要を理解しておく必要があります。Inspector→EC2の脆弱性検知、GuardDuty→AWSアカウント内のセキュリティ検知、Macie→S3上の個人情報検知であり、いずれも改ざん検知用途では使用できません。そのため残ったDを選択することになります。

A（不正解）InspectorはEC2上に存在するソフトウェアの脆弱性を検知するサービスで、コンテンツの改ざんを検知できません。

B（不正解）GuardDutyはAWS上で発生する不正やセキュリティイベントなどの脅威を検出するサービスでEC2に対して利用できるサービスではありません。

C（不正解）MacieはS3上にある個人情報やその情報への不正アクセスを検知するサービスです。

D（正解）改ざん検知を行うAWSサービスは現状存在しないため、個別に改ざん検知が可能なIDSなどのソフトウェアを導入する必要があります。

本書の参考ページ：6-11「インシデント対応に関するアーキテクチャ、実例」

問題5 正解 B,D

POINT 1点目はパブリックサブネット/プライベートサブネットの違いです。この2つの違いはインターネットゲートウェイの有無です。インターネットゲートウェイがルートテーブルに存在する場合はパブリックサブネットとなるため、Aは除外されます。

2点目はネットワークACL/セキュリティグループの違いです。ネットワークACLはステートレスなため、アウトバウンドとインバウンドの許可設定両方を見直す必要があります。

A（不正解）インターネットゲートウェイが存在する＝パブリックサブネットとなります。外部からEC2に直接通信する場合に必要となり、外部通信時は所属するサブネットには必要ありません。

B（正解）プライベートサブネット上のEC2が外部通信を行う場合はNATゲートウェイが必要となります。サブネットのルートテーブルにNATゲートウェイが設定されていることも合わせて確認しましょう。

C（不正解）ネットワークACLはステートレスであるため、アウトバウンドだけでなく戻り通信になるインバウンド通信の許可も必要となります。

D（正解）ネットワークACLはステートレスであるため、アウトバウンドだけでなく戻り通信になるインバウンド通信の許可も必要となります。

E（不正解）セキュリティグループはステートフルであるため、外部通信を行う場合はインバウンドの許可は必要ありません。

本書の参考ページ：3-3「Amazon Virtual Private Cloud」、3-4「Security Group」

問題6 正解 A,D,E

POINT **Aに関しては一度CloudTrailを設定したことがあればすぐに選択できるでしょう。証跡を設定したあとの権限は、出力先のS3バケットで制御することになります。CloudTrail側に書き込み権限の設定はありませんので、BとCを除外し、DとEが選択できます。**

A（正解）CloudTrailの基本設定です。90日以上情報を保存する場合や他アカウントへ書き込みを行う場合はこの証跡を有効にする必要があります。

B（不正解）CloudTrailには自分自身が書き込みを行うための権限設定は存在しません。

C（不正解）CloudTrailの証跡は基本的にS3バケットに出力するため、CloudTrail側で許可を行う必要はありません。

D（正解）書き込み先のS3バケットポリシーで書き込み元アカウントから書き込みができるよう許可する必要があります。

E（正解）各アカウントで設定する出力先のS3バケットを書き込み先アカウントの正しいS3バケットに設定する必要があります。

本書の参考ページ：5-3「AWS CloudTrail」

問題7 正解 D

POINT **「ネットワークのレイテンシー（遅延）はできる限り少なく」とあるため、インターネット上で通信を行うAとBは除外できます。CとDに関しては、DirectConnectの通信は暗号化されていないという特性を知っている必要があります。なお、VPN接続を**

9章 練習問題

DirectConnect経由で行う場合、DirectConnectはプライベート接続ではなく、パブリック接続で行う必要があります。

A（不正解）インターネット経由の接続の場合はDirectConnectに比べネットワークのレイテンシーが発生します。

B（不正解）VPNを使うことで通信の暗号化はできますが、DirectConnectに比べレイテンシーが発生します。また二重化を行って高速化することはできません。

C（不正解）レイテンシーを少なくするために専用接続を行うDirectConnectを利用するのは正解ですが、DirectConnect内の通信が暗号化される訳ではありません。

D（正解）低レイテンシー＋通信を暗号化したい場合はこの組み合わせを使用します。

本書の参考ページ：3-3「Amazon Virtual Private Cloud」、3-14「セキュリティに関するインフラストラクチャのアーキテクチャ、実例」

問題8 正解 C

POINT 「アプリケーションに対する攻撃」とありますので、アプリケーション攻撃の防御が可能なWAFが記載されているCとDが候補となります。「効果的に防御したい」という点では、できるだけインターネットに近い部分で攻撃を防御したほうが、システムへの攻撃到達量が少なくなるため効果的です。CloudFront、ALBがある場合はCloudFrontにWAFをアタッチしたほうがより効果的ということになります。

A（不正解）複数台にインストールするには手間がかかることに加え、最終的に防御するのがEC2となるため効果的とは言えません。また、一般的にIDSはアプリケーション攻撃の防御機能をもちません。

B（不正解）アプリケーションに対する攻撃は防御できません。

C（正解）AWS WAFによりアプリケーション攻撃の対策が可能です。CloudFrontはエッジロケーションと言われる、ALBやEC2が配置されるリージョンよりもアクセス元に近い場所で稼働しています。よりアクセス元に近い箇所で防御を行うことでALBやEC2へ影響をなくすことができるので効果的な対策となります。

D（不正解）この方法でも防御は可能ですが、ALBはCloudFrontより内側になるため、大量に攻撃などが来た場合にはCloudFrontにアタッチしたほうがより効果的に防御が可能です。

本書の参考ページ：3-1「AWS WAF」

問題9 正解 A

POINT Lambdaのエラーの場合はIAM Role、S3側のエラーの場合はバケットポリシーやACLを疑うことになります。バケットポリシーやACLの記載が選択肢にはないため、IAM Roleが記載されているAを選択します。

A（正解）Lambda処理の中で別のAWSサービスにアクセスを行う場合、Lambdaに設定する IAM Roleの権限が不足しているとエラーになります。

B（不正解）バケットが暗号化されているからエラーになることは考えにくいです。

C（不正解）ログインしているIAMユーザーの権限はLambdaの処理に影響しません。

D（不正解）ログの大きさや処理の内容によってはエラーになることもあるかもしれません が、この問題文からはそこは読み取れないため、Aのほうが適切です。

本書の参考ページ：2-5「IDおよびアクセス管理に関するインフラストラクチャのアーキテクチャ、実例」

問題10 正解 C

POINT CloudTrailの履歴がデフォルトで90日間保存されているという点を知っている 必要があります。その点からBは除外できます。Aに関してはリソースベースの情報となる ため除外します。Dも一時的な情報として確認できる可能性がありますが、「どの程度影響 があったか」確認するためにはCloudTrail（C）が一番有効な手段となります。

A（不正解）Configではアクセスキーをベースに操作履歴を確認することができません。

B（不正解）証跡情報が有効になっていない場合でも、イベント履歴の画面から90日以内の 操作情報は確認することが可能です。

C（正解）イベント履歴の画面から90日以内の操作履歴をアクセスキーの情報と共に確認す ることが可能です。

D（不正解）GuardDutyが不正と判断した情報のみ結果に表示されるため、どのような操作 や影響があったのかは確認することができません。

本書の参考ページ：5-3「AWS CloudTrail」

問題11 正解 B

POINT CognitoのIDプロバイダーという機能を知っていればすぐにBを選択できる問 題です。他を除外してBを選択するといった解き方は難しいため、知識として知っているか どうかの問題となります。

A（不正解）実装可能ですが、自分で実装するには手間がかかります。

B（正解）CognitoにはソーシャルIDプロバイダーという機能がありそれを利用してSNSの IDを使用した認証機能の実装が可能です。

C（不正解）IAMにはアプリケーション上の認証を実装するような仕組みはありません。基 本的にはAWSに対する認証と認可を行うサービスになります。

D（不正解）そのようなLambda関数はありません。

本書の参考ページ：2-4「Amazon Cognito」

9章　練習問題

問題12　正解 C

POINT　DNSの変更はDHCPオプションセットで行うということを知っていればすぐにCを選択できます。もしくは、AWS提供のDNSについてはセキュリティグループおよびネットワークACLで制御できない（AとBを除外）、ルーティングでブラックホール設定はできない（Dを除外）といった知識があれば消去法でCを選ぶこともできます。

A（不正解）セキュリティグループおよびネットワークACLではAWS提供DNSへの通信を拒否することはできません。

B（不正解）セキュリティグループおよびネットワークACLではAWS提供DNSへの通信を拒否することはできません。

C（正解）VPCのDHCPオプションセットにはDNSという項目があり、これを変更することによりAWS提供のDNS（デフォルト設定）を変更することが可能です。既存のオプションセットは変更できないので、新規作成してVPCに設定するオプションセットを変更します。

D（不正解）サブネットのルーティングでブラックホール設定はできません。

本書の参考ページ：3-3「Amazon Virtual Private Cloud」

問題13　正解 B,D

POINT　「多くの台数の効率的な管理」ということで、手間のかかるEは除外できます。Cについては他に有力な選択肢がなければ候補となりますが、Lambda開発の手間があるため除外することになります。Macieが個人情報検知目的があることを知っていればAも除外できます。残ったBとDが正解です。InspectorとPatch Managerの概要を知っていればすぐに正解を選択できる問題です。

A（不正解）MacieはS3にある個人情報リスクをチェックするサービスでEC2の脆弱性は検知できません。

B（正解）Inspectorを使用してEC2の脆弱性検知が可能です。

C（不正解）パッチ適用処理をLambdaで実装するには手間が大きくかかるため、現実的ではありません

D（正解）Systems ManagerのPatch Managerを使用して、パッチ適用を自動的に行うことが可能です。

E（不正解）C同様、手間が大きくかかるため、現実的ではありません。

本書の参考ページ：5-5「Amazon Inspector」、6-2「AWS Systems Manager」

練習問題

問題14 正解 B

POINT 「サーバーのスケール」ということで、AutoScaleグループをターゲットとして指定できるElastic Load Balancingが選択肢となります（AとB）。次に「すべての通信を暗号化する」、「独自の専用プロトコル」という点について、ALBがHTTP/HTTPSのみ対応で、暗号化の解除がALB上で行われることがわかればBを選択できます。逆にNLBが専用プロトコルで暗号化処理をターゲットに流せることがわかっていてもBを選択できます。

A（不正解）Application Load BalancerはHTTP/HTTPSのみに対応しており、独自プロトコルは使用できません。また、基本的にSSL/TLSの紐解き処理（暗号化の解除）はALBで行われます。

B（正解）この構成で、EC2上でSSLの紐解き処理を行うことによって要件を満たすことができます。

C（不正解）この構成ではサーバーのスケールが難しいため不適切です。

D（不正解）利用者全員がVPN接続可能な構成とは考えにくいため、不正解となります。

本書の参考ページ：3-10「Elastic Load Balancing」

問題15 正解 C

POINT SCPを知らないと難しい問題かもしれません。知らない場合、「可能な限り一元管理」という点がポイントで、BとDのような各アカウントに設定していくという選択肢は除外します。Aに関しては問題文の課題に対して何も解決できていないので、少し怪しいと考えるべきです。

A（不正解）rootアカウントのすべての操作を禁止することは難しいですが、制限することは可能です。以降の選択肢を確認してきましょう。

B（不正解）この内容でもrootアカウントの利用を実質的に制限することは可能ですが、すべてのアカウントにMFAを設定する必要があり、設定作業の手間がかかります。手間はかかるものの、可能な限りMFAは有効したほうがよいので認識しておきましょう。

C（正解）SCPを使用して、一箇所の設定でrootアカウントの利用を制限することが可能です。ただし、すべての操作を禁止にできるわけではないため、詳しくはOrganizationsのドキュメントを確認しましょう。問題文にOrganizationsという文言が出てきているため、そこから容易にこの選択肢を選べたかもしれません。

D（不正解）IAMポリシーでrootアカウントの操作を制限することはできません。

本書の参考ページ：7-1「AWS Organizations」

9章　練習問題

問題16　正解 A, C

POINT 「より簡単に」という点から、処理実装が必要なBとEを除外します。Dの
Athenaに関してはS3にログがあることが前提となるため、Bが除外されたと同時に除外
できます。Aの選択肢でもS3への連携は可能ですがそこまで言及されていません。
リアルタイムという観点でKinesis（A）、ログ分析という観点でOpenSearch（C）を選ぶ
こともできます。

A（正解）よりリアルタイムにログをAWS上に送信する場合は、Kinesisが有効な選択肢と
　　　　なります。

B（不正解）この内容では実装部分に手間がかかることと、Kinesis＋OpenSearchに比べ
　　　　リアルタイム性で劣る可能性が高いです。

C（正解）Data FirehoseにはOpenSearchに連携する機能がついていますので、より簡単
　　　　に実装が可能です。

D（不正解）AthenaはS3上のファイルをSQL形式で検索するサービスのため、Kinesisで
　　　　は使用できません。

E（不正解）外部のログ管理サービスではファイルの連携方法で実装に手間がかかる可能性
　　　　があります。

本書の参考ページ：5-10「Amazon Kinesis」、5-11「Amazon OpenSearch Service」

問題17　正解 A, B, E

POINT 選ぶべき選択肢が全選択肢（5個）の半分以上の場合は、除外できる選択肢を選ぶ
ほうがよいでしょう。「rootアカウント」という言葉が入っていないCとDが除外できます。
IAM、AWSアカウント名がrootアカウントに影響しないことを知っていれば簡単に答えら
れる問題でしょう。

A（正解）パスワードはrootアカウントのログインに必要な情報となるので変更する必要が
　　　　あります。

B（正解）アクセスキーを使用してすべてのAWS操作が可能になるため、削除する必要があ
　　　　ります。必要であれば再作成を行いますが、基本は作成せずにIAMユーザーを作成して、
　　　　IAMユーザー側で必要な権限を絞ったアクセスキーを作成するとよいでしょう。

C（不正解）IAMユーザーに設定するパスワードポリシー（文字数や使用すべき文字の種類な
　　　　ど）のため、rootアカウント変更時は特に対応不要です。

D（不正解）AWSアカウント名はrootアカウントログイン時に使用しないため、特に変更は
　　　　不要です。

E（正解）MFAはパスワード同様、rootアカウントのログインに必要な情報となるので変更
　　　　する必要があります。

本書の参考ページ：2-2「AWS IAM」

問題18 正解 C,D

POINT IAMのスイッチロールの仕組みを正しく理解している必要があります。接続元のアカウントでsts:AssumeRole権限および接続先アカウントの許可をResource属性で指定し、接続先アカウントのIAMロール信頼関係で接続元を許可する必要があります。「一部のアカウントがNG」という点もポイントで、すべてのスイッチロールが不可になるA、B、Eは除外できます。

A（不正解）パスワードを入力するのは踏み台アカウントへのログイン時のみですが、一部のアカウントのみスイッチロールできないという状況なので、踏み台アカウントへはログインできている（パスワードが正しい）ということになります。

B（不正解）sts:AssumeRoleの権限がない場合、一部のアカウントではなくすべてのアカウントへスイッチロールができません。

C（正解）Resource属性で接続できるアカウントを記載している場合は、記載が漏れている一部のアカウントでスイッチロールができません。

D（正解）信頼関係には踏み台アカウントのIDを正しく記載する必要があります。一部のアカウントで間違っているとそのアカウントのみスイッチロールできないことになります。

E（不正解）踏み台アカウントが誤っていた場合はすべてのアカウントにスイッチロールできないはずです。

本書の参考ページ：2-2「AWS IAM」

問題19 正解 C

POINT ActiveDirectoryのグループはIAMロールとの紐付けという知識がないと解答が難しかったかもしれません。AWSサービスや他のサービスに権限を与えるのは基本的にIAMロールとなるため、それを覚えておくとよいでしょう。

A（不正解）IAMユーザーを指定してActive Directoryの認証情報を対応させることはできません。

B（不正解）アクセスキーをActive Directoryのユーザーに設定することはできません。

C（正解）Active Directoryユーザーまたはグループにアクセス権を付与するにはIAMロールを使用します。

B（不正解）IAMグループをActive Directoryのグループに対応させることはできません。

本書の参考ページ：2-3「AWS Directory Service」

9章　練習問題

問題20 正解 B

POINT ボールトロックの仕組みを正しく理解していないと解答が難しかったかもしれません。「より簡単に」という点から、Dは除外できると思います。A、B、Cの3つからBを選ぶにはボールトロックの仕組み、制約を理解している必要あります。

A（不正解）Initiateのままロックポリシーの変更はできません。

B（正解）開始（Initiate）後24時間以内であれば、停止（Abort）を行って再度ロックポリシーの設定が可能です。

C（不正解）Bの通り停止（Abort)を行うことで修正可能です。

D（不正解）データのコピーは手間とコストがかかるうえ、ロックされたボールトはポリシー内容によっては削除ができない可能性があります。

本書の参考ページ：4-6「Amazon S3」

問題21 正解 C

POINT 「早急に」準備する必要があるため、カスタマイズが必要な選択肢であるAとDを除外します。デフォルトでIAMユーザーがいないということがわかればBも除外できます。職務機能のAWS管理ポリシーを知っていればCをすぐに選択できるでしょう。職務機能のポリシーにはセキュリティ監査人や閲覧専用ユーザーといった職務に応じたIAMポリシーが複数存在します。

A（不正解）これでも準備は可能ですが、準備と手間がかかるため問題に記載された早急にという目標を達成できません。

B（不正解）IAMユーザーはデフォルトでは存在しません。

C（正解）セキュリティ監査人という職務機能のAWS管理ポリシーがあるためそれを使用します。

D（不正解）各サービスを記載してポリシーを書くのが手間であることに加え、セキュリティ監査という観点では不要なサービスも含まれてしまう可能性があります。

本書の参考ページ：2-2「AWS IAM」

問題22 正解 C

POINT キーポリシーの書き方を知っている必要があります。ポリシーの書き方はIAMと基本的に同様です。KMSのキーを別アカウントに許可できるということを知っている必要があり、それを知っているとCとDに絞ることができます。arn:aws:iam::[アカウントID]:rootという記載があった場合はそのアカウントのすべてのIAMユーザー（ロールも）に許可を与えることになります。これを知識として知らないと回答を導き出すのは難しいです。

A（不正解）キーは他アカウントに許可可能です。

B（不正解）キーは他アカウントに許可可能です。

C（正解）arn:aws:iam::[アカウントID]:rootはすべてのIAMユーザーを許可することになるため正解です。

D（不正解）arn:aws:iam::[アカウントID]:rootはrootアカウントではなくすべてのIAMユーザーが含まれることになります。

本書の参考ページ：4-1「AWS Key Management Service」

問題23 正解 D

POINT KMSの記載はひっかけです。AWSマネージドキーを使用する場合は、IAMユーザーに許可設定は不要です。AWS管理となるためキーポリシーも設定できません。ここからAとBを除外できます。CとDは中々難しいのですが、S3バケットはデフォルト（バケットポリシーなし）でAWSアカウント内のS3の権限を持つIAMユーザーから許可されるという特性を知っていると、Dを選ぶことができます。なんとなく、AllowよりDenyが怪しいという考えでDを選ぶこともできるかもしれません。試験ではそういった推測で回答を選択していくことも大切です。

A（不正解）AWS管理のキーを使用しているためKMSは関係ありません。

B（不正解）AWS管理のキーを使用しているためKMSは関係ありません。

C（不正解）IAMポリシーでS3バケットへアクセス許可がある場合、バケットポリシーにAllowが無くてもAWSアカウント内は許可されます。

D（正解）明示的なDenyを書くとアカウント内でもアクセスが拒否されるためこれが正解です。

本書の参考ページ：4-6「Amazon S3」

問題24 正解 C

POINT VPCエンドポイントを知っていればすぐにCを選択できます。知らない場合は、AとBがインターネットへの経路ができてしまうこと、Dの機能が存在しないことを知っていれば除外してCを導くことができます。

A（不正解）VPCエンドポイントを使用して閉域でS3へアクセスできます。こういった問題の要件を実現できない選択肢は不正解となる場合が多いです。

B（不正解）NAT Gatewayを使用した場合はインターネット向けの経路ができてしまいます。

C（正解）S3と閉域でアクセスする唯一の手段です。

D（不正解）S3にはVPN接続という機能はありません。

本書の参考ページ：3-3「Amazon Virtual Private Cloud」

9章　練習問題

問題25　正解 D

POINT **DDoS攻撃→CloudFront、HTMLなどの静的コンテンツ→S3と頭に浮かぶとよいでしょう。そこからDを選ぶことができます。EC2複数で対応することも可能ですが、コンテンツの複数配置は運用負荷もかかることに加え、S3に加え高額になります。CloudFrontのエッジロケーションを使用した負荷分散が一番効果的な対策になります。**

A（不正解）インスタンスが増えることによりDDoS攻撃を防げる可能性はありますが、負荷に応じてインスタンスをむやみに増やすと高額な利用料になってしまいます。他にもっとよい選択肢がないか探します。

B（不正解）シングルポイントになるのでAよりさらに効果が薄いです。

C（不正解）静的サイトをS3で実現するというのは効果的ですが、東京リージョン単体となるためCloudFrontのほうがより効果的です。

D（正解）CloudFrontの全世界中にあるエッジロケーションに処理が分散されるため、DDoS攻撃対策には一番効果的です。費用もEC2に比べ安く済みます。

本書の参考ページ：3-9「Amazon CloudFront」

問題26　正解 B

POINT **AWS Artifactを知らないと回答は難しいかもしれません。基本的に構築するシステムではなくAWSの監査状況を確認する場合はまずAWS Artifactに監査レポートがないか確認することになります。**

A（不正解）AWS Artifactからレポートダウンロードが可能です。問題の要件を満たさないので怪しい選択肢として除外してもよいでしょう。

B（正解）AWS ArtifactのレポートにISO 27001があるためそれを使用します。

C（不正解）サポートへ連絡するとBのArtifactを使用してくださいとの回答になるでしょう。遠回りになるのでBと比べた結果不正解です。

D（不正解）Security HubはAWSアカウント内のセキュリティ情報を集約するサービスであって、監査状況はわかりません。

本書の参考ページ：3-13「AWS Artifact」

問題27　正解 A

POINT **「インターネット上で通信を行いたくない」という問題文の記載から、インターネットという文言が含まれるCとDを除外するとよいでしょう。Peering（B）かPrivate Link（A）の2択になりますが、アプリケーションだけなど、限定的な利用の場合はPrivate Linkがよりセキュアになります。PeeringではSGやネットワークACLで許可されると全EC2間でアクセスが可能になるからです。**

418

A（正解）アプリケーションだけなど、特定のポートのみで他アカウントからアクセスする
場合はPrivate Linkが一番セキュアな方法となります。

B（不正解）Peeringでも接続は可能ですが、VPC全体でVPC間で接続することになるため
Aのほうがよりセキュアです。

C（不正解）インターネットを経由する時点で不正解となります。

D（不正解）インターネットを経由する時点で不正解となります。VPNで通信は暗号化され
ますが通信はインターネット上を通ることになります。

本書の参考ページ：3-3「Amazon Virtual Private Cloud」

問題28 正解 C

POINT AWS WAFという文言が問題文にはないので、問題文からAWS WAFを頭に浮か
べるのは難しいかもしれません。「一番効果的」とはどういうことか考えてみると、よりリ
クエストに近い側（AWSリソースから遠い側）、この構成ではCloudFrontで拒否するほう
がよいことがわかります。その考えとAWS WAFでIPアドレス拒否を設定できることを知っ
ていればCを選択できるでしょう。

A（不正解）これでも拒否は可能ですが、より効果的な方法がないか他の選択肢を探してみ
ます。また、ネットワークACLの場合はサブネット全体で拒否がかかるため、他の同サ
ブネットに所属するEC2に影響が出ないか確認する必要があります。

B（不正解）セキュリティグループで設定できるのは許可設定のみで、特定のIPアドレスの
拒否設定はできません。

C（正解）CloudFrontでアクセスを拒否できるため、Aより効果的にアクセスを遮断できま
す。DoS攻撃に対してもこちらが効果的です。

D（不正解）CloudFrontの拒否ルールというものは存在しません。

本書の参考ページ：3-1「AWS WAF」

問題29 正解 C

POINT 「より簡単に」という点から、Lambda実装が必要なAと、移行とソフトウェア
設定が必要なDは除外してよいでしょう。デフォルト暗号化（B）に関しては、「検知したい」
という問題の論点からずれているため不正解です。Amazon Macieの基本機能を知ってい
れば割と簡単に正解のCを選べたと思います。

A（不正解）これでも実装は可能ですが、Lambda実装の手間を考えると不正解になります。

B（不正解）暗号化をしても検知できる訳ではありません。また、バケットのデフォルト暗
号化を行ってもAWS内では復号された状態でアクセスできるため注意が必要です。

C（正解）S3上にあるクレジットカードやAWSシークレットキーの情報をMacieが検知し

9章　練習問題

てくれます。

D（不正解）EC2移行、ソフトウェア設定の手間、費用面で考えても不正解です。

本書の参考ページ：6-7「Amazon Macie」

問題30　正解 C,E

POINT　「インターネットを通さない」という問題文の内容からNAT Gatewayを使用するAを除外します。VPC内で作成できないサービスにプライベートでアクセスするにはVPCエンドポイントが鉄則になります。Cが選べれば自動的にEにあるエンドポイントからの許可設定を選ぶことができます。

A（不正解）NAT Gatewayを作成すると通常のインターネットへもアクセスできるようになり、セキュアではないため不正解です。

B（不正解）KMSへのアクセス経路はNAT GatewayまたはVPCエンドポイントで確保する必要があります。

C（正解）KMSだけにアクセスするにはVPCエンドポイントを作成するのが有効です。

D（不正解）EC2のIPアドレスでも許可設定は可能ですが、VPCから許可したい点、EC2が増えた際やIPが変更になった際の運用を考えるとEが最適です。

E（正解）「aws:SourceVpce」という属性を使用して、作成したエンドポイントからのみ許可することが可能です。

本書の参考ページ：3-3「Amazon Virtual Private Cloud」

問題31　正解 D

POINT　VPCにおける通信許可設定についての問題です。セキュリティグループとNetwork ACLの両方に設定する必要があり、セキュリティグループはステートフル、Network ACLはステートレスで動作することを把握しておく必要があります。

A（不正解）セキュリティグループの確認項目としては正しいのですが、Network ACLの確認項目が抜けています。

B（不正解）セキュリティグループはステートフルで動作するため、通信の往路が許可されていれば復路の通信も自動的に許可されます。また、Aと同様にNetwork ACLの確認項目が抜けています。

C（不正解）セキュリティグループの確認項目としては正しいのですが、Network ACLはステートレスで動作するため、通信の往路、復路が共に許可されている必要があります。

D（正解）セキュリティグループで往路の通信、Network ACLで往路、復路の通信が許可されていることを確認しているので、これが正解です。

本書の参考ページ：3-4「Security Group」

練習問題

問題32 正解 B

POINT KMSを利用するアプリケーションの実装に関する問題です。AWS暗号化SDKの機能を把握していれば即答できる問題ですが、把握していなくとも選択肢のとおりに実装した場合の動作を考えることで消去法で正答を導くことが可能です。

A（不正解）たしかにAPIリクエストの頻度は減りますが、暗号化対象を減らしてしまうとセキュリティレベルが低下します。よってこの選択肢は不適当であると判断できます。

B（正解）データキーキャッシュ機能を有効にすることで、取得したデータキーをキャッシュに保持し再利用することで、キャッシュを保持している間のKMSへのAPIリクエストをなくすことが可能です。

C（不正解）ランダムな待ち時間を入れてもAPIリクエストの総数が減るわけではないので根本的な解決策とは言えません。

D（不正解）リトライを実装することでアプリケーションの処理が失敗する頻度は減らせますが、APIリクエストの総数が減るわけではないので根本的な解決策とは言えません。

本書の参考ページ：4-1「AWS Key Management Service」

問題33 正解 A

POINT アクセスキーの生成後の経過期間を検知できるサービスはどれか？ということを問われる問題です。少し引っ掛け要素があり、AWS Configでアクセスキーの生成後の経過期間を検知することはできるのですが、問題における期間がAWS Configでの設定範囲を超えていることがポイントとなります。

A（正解）Lambda関数を作成する必要があり手間が掛かる方法ですが、この問題の条件では他に適切な手段がないため、これが正解となります。

B（不正解）AWS Configのaccess-keys-rotatedルールでアクセスキーの生成後の経過期間を検知することは可能ですが、設定できる期間は最大90日です。よって問題の条件では不適切となります。

C（不正解）IAMポリシーには○日間という形で有効期限を設定する機能はありません。Conditionブロックにて具体的な日付を指定し、「○月×日まで有効」とすることは可能ですが、この問題の条件には合致しません。

D（不正解）CloudWatchにアクセスキーの生成後の期間というメトリクスはありません。

本書の参考ページ：6-3「Amazon CloudWatch」

問題34 正解 D

POINT 運用においてよく発生するトラブルの一例です。SNSは送信されたメールの本文にサブスクリプションを無効化するためのリンクが含まれており、メールを受け取ったユー

9章　練習問題

ザーが誤ってリンクをクリックしてしまい、気付かぬうちにサブスクリプションが無効化されてしまうことがあります。なお、設定によってこのリンクを無効化できます。

A（不正解）SNSのメール通知設定に有効期限はありません。

B（不正解）設定後にIAMユーザーの有無や権限の変更の影響を受けることはありません。

C（不正解）IAMユーザーのアクセスキーはSNSのメール送信機能に関係ありません。

D（正解）SNSを利用したことがあれば即答できる問題だと思いますが、他の選択肢が明らかに間違っているため、消去法でも正答を導けると思います。

本書の参考ページ：6-3「Amazon CloudWatch」

問題35　正解 D

POINT　CloudFront配下のプライベートコンテンツへの限定的なアクセスを提供する必要がある場合の対応についての問題です。限定的なアクセスには署名付きURLや署名付きCookieを発行してアクセスに利用します。どちらを利用するかは用途に応じて決定します。今回は複数のファイルとなるHLS形式の動画ストリーミングデータへのアクセスなので個別のファイルを指定することになる署名付きURLではなく、署名付きCookieを用いて対象のファイル群への限定的なアクセスを提供することになります。

A（不正解）KMSの暗号化では限定的なアクセスを実現できません。

B（不正解）通常のURLでは限定的なアクセスを実現できません。

C（不正解）署名付きURLはHLS形式の動画ストリーミングのような複数ファイルへのアクセスには適しません。

D（正解）複数ファイルへの限定的なアクセスを提供するには署名付きCookieを利用します。

本書の参考ページ：3-9「Amazon CloudFront」

問題36　正解 A,B

POINT　KMSのキーインポートの意義を問う問題です。管理方法が複数選択できて同じように利用できる機能はそれぞれの管理方法のメリット/デメリット、制約事項を把握しておきましょう。なお、この問題は制約事項を知っていれば消去法で正答を導くこともできます。

A（正解）AWSが自動生成したキーはエクスポートできないので、オンプレミス環境でも同じキーを利用したい場合はユーザーが作成してインポートする必要があります。

B（正解）ユーザーがキーを作成するので、指定した暗号化アルゴリズムで作成されたことが保証できます。

C（不正解）インポートできる対称暗号化キーは256bitのみとなります。制約事項として知っていれば除外できる選択肢です。

D（不正解）AWSが自動生成したキーは自動復旧されますが、インポートしたキーは自動復
　　旧されません。制約事項として知っていれば除外できる選択肢です。

本書の参考ページ：4-1「AWS Key Management Service」

問題37 正解 A,C,F

POINT　不正アクセス検知時のフォレンジック調査に関する問題です。何を行えば十分と
いった決まりがないので、状況に応じて必要な調査内容が変わってきます。そのためAWS
で提供されているサービスでカバーできない内容もあり、AWSサービスに頼らない場合のオ
ペレーションの知識が問われます。フォレンジック調査においては、侵入されたサーバーの
状態を保存すること、状況分析のための情報を収集すること、収集したデータを解析するこ
とが主な内容となります。これに対応する選択肢を正しく取捨選択することが求められます。

A（正解）揮発性メモリはインスタンス停止の際に消失してしまいます。よって状態保存の
　　ためにはインスタンスを停止させずにメモリダンプを行います。

B（不正解）インスタンスを停止するとメモリの情報は消えてしまい、メモリダンプができ
　　なくなってしまうので不適です。

C（正解）フォレンジック調査に特化したAWSサービスは存在しないため、現時点では専用
　　のツールを用意して調査するケースが多くなります。侵入されたインスタンスを隔離
　　する場合もフォレンジックサーバーとの通信は許可するように設定しておく必要があり
　　ます。

D（不正解）AWS Artifactは監査レポートのダウンロードや個別契約確認を行うサービスで
　　す。なじみのないサービス名が出たときに引っかからないように、ひととおりのサービ
　　ス名と概要は把握しておきましょう。

E（不正解）EBSのスナップショットを取得することは正しいのですが、前述のとおりイン
　　スタンスを停止/終了すると揮発性メモリの内容が保存できないため不適となります。

F（正解）不正侵入によって仕掛けられたプログラムなどにより、情報を外部に送信し始め
　　るなどインスタンスの挙動が変わることがあるため、情報収集のひとつとしてネットワー
　　クログを取得することも必要となります。VPC Flow Logなどをストリームデータとして
　　Kinesisへ送ることでデータ解析を行いやすくできます。

**本書の参考ページ：6-11「インシデント対応に関するアーキテクチャ、実例」、5-10
「Amazon Kinesis」**

問題38 正解 C

POINT　KMSキーを誤って削除したときの対応に関する問題です。削除待機期間が終了
し、削除されてしまったKMSキーは復旧できないので、その時点で読み取れるデータを早

9章 練習問題

急にバックアップして対応する必要があります。

A（不正解）削除してしまったKMSキーは復旧できません。

B（不正解）サポートへ問い合わせても削除してしまったKMSキーは復旧できません。

C（正解）EBSがアタッチされた状態であればEC2インスタンスがメモリ上にデータキーを
保持しているため、暗号化されたEBSのデータを取得することが可能です。

D（不正解）KMSキーが削除された状態では暗号化されたS3のデータを復号することはでき
ません。

本書の参考ページ：4-3「Amazon EBS」

問題39 正解 A

POINT VPC環境でActive Directoryサーバーを利用する際に必要な設定についての問
題です。Active Directory環境のクライアントはドメインコントローラの場所の特定に
DNSサーバーを利用します。VPC環境のデフォルトであるAmazonProvidedDNSにはド
メインコントローラの場所を特定する機能がないため、Active Directoryサーバーの提供
するDNSサーバーを指定する必要があります。この制約とVPC環境のDNSサーバー指定
はDHCPオプションセットを利用するということが把握できていれば即答できる問題です
が、知識がないと難しいかもしれません。

A（正解）VPC環境でActive Directoryサーバー環境を利用する際にはVPCのDHCPオプ
ションセットでDNSサーバーを変更する必要があります。

B（不正解）同じIPアドレス範囲を持つVPC同士はVPCピアリングを設定できません。

C（不正解）VPC-AのサーバーがActive Directoryサーバーを利用できていること、VPCピ
アリングによって同一ネットワーク相当の通信経路が確立されているため、通信経路上
の問題であるとは考えにくいです。

D（不正解）Active Directoryの利用はクライアントからActive Directoryサーバーへのリ
クエストによって行われるため、Active Directoryのアウトバウンド通信の問題とは考
えにくいです。

本書の参考ページ：3-3「Amazon Virtual Private Cloud」

問題40 正解 C

POINT ADの認証情報を利用してAWSコンソールにログインする方法を問う問題です。
IAMロールを利用したスイッチロールと、IAM Identity Centerを使ったログイン方法が
あります。一見どちらでもよいように思えますが、複数のAWSアカウントにログインでき
るようにするにはIAM Identity Centerを利用します。

A（不正解）AD ConnectorでAD情報で認証しても、コンソール画面にログインすることは

424

できません。

B（不正解）ADの認証情報を利用してコンソール画面にログインすることは可能です。しかし、ADとAWSアカウントが1対1で紐づくため、複数のAWSアカウントにログインするにはもうひと工夫必要です。

C（正解）複数のAWSアカウントにログインできるようにするにはこのようにIAM Identity Centerを利用します。

D（不正解）CognitoでIAMロールに紐づく一時キーを得ても、コンソール画面にログインすることはできません。またCognito IDプールで直接ADと連携することはできず、間に認証連携のための実装が必要です。

E（不正解）ADのグループとIAMグループを紐付けることはできません。IAMロールとの紐付けになります。

本書の参考ページ：7-2「AWS IAM Identity Center」

問題41 正解 B

POINT 古いデータの削除に関する設問です。個人情報など機密データを扱うシステムの場合、使わなくなったデータを不必要にシステムに残し続けないこともセキュリティの一環といえるでしょう。ストレージサービスやデータベースサービスの不要データの削除方法についてもおさえておきましょう。

A（不正解）この方法でも実現は可能ですが、Lambda関数を開発するよりサービスの機能を利用するほうが効率的です。

B（正解）一定時間の経過したデータの削除機能として、S3ではライフサイクルポリシー、DynamoDBではTTL（Time to Live）機能が利用できます。

C（不正解）DynamoDBにライフサイクルポリシーの機能はありません。

D（不正解）この方法でも実現は可能ですが、Lambda関数を開発するよりサービスの機能を利用するほうが効率的です。

本書の参考ページ：4-5「DynamoDB」, 4-6「Amazon S3」

問題42 正解 C

POINT AWS RAMを利用することで、AWS Organizationの同じ組織に属する他のアカウントとAWSリソースを共有できます。

A（不正解）個別のアカウントにVPCを作成しているため不適切です。

B（不正解）この方法では管理用VPC内に他アカウントのリソースを作成することはできません。

C（正解）AWS RAMを利用してVPCを共有すると、他アカウントからでも共有したVPC内

9章　練習問題

にリソースを追加できます。

D（不正解）個別のアカウントにVPCを作成しているため不適切です。

本書の参考ページ：7-1「AWS Organizations」

問題43 正解A

POINT AWSにおいて機密性の高い文字列を格納するためのサービスとしてはAWS Systems Manager（SSM）のParameter StoreとAWS Secrets Managerがあります。これらのサービスに文字列を格納し、IAMによるアクセス制御を行うことで、開発者の目に機密性の高い文字列を触れさせないようにできます。Secrets Managerは文字列のローテーション機能を備えていますが、SSMのほうが安価で利用可能です。Lambdaの環境変数に文字列が登録されていることから、文字列のローテーション要件はないと読み取れるため、より安価なSSMが正解であると導くことができます。

A（正解）上記のとおり、文字列を暗号化して格納でき、安価なSSMが正解となります。

B（不正解）解決策としては正しいですが、SSMを利用するほうがコストを抑えられます。

C（不正解）KMSは暗号化のためのキーを格納するためのサービスです。文字列の格納はできません。

D（不正解）Lambda関数のコード内に機密性の高い文字列を記載することはベストプラクティスとは言えません。また、この場合では開発者がコード内のアクセス文字列を読み取れてしまいます。

本書の参考ページ：4-7「Secrets ManagerとParameter Store」

問題44 正解 A,D

POINT RDSのパスワードをローテーションするにはAWS Secrets Managerのローテーション機能を使います。ローテーションが行われたタイミングでそれまでJavaアプリで利用していたパスワードは利用できなくなります。再度接続可能な状態にするにはSecrets Managerから新しいパスワードを取得する必要があります。

A（正解）パスワードのローテーションはSecrets Managerの機能で実現できます。

B（不正解）SSMのParameter Storeにはパスワードのローテーション機能はありません。

C（不正解）指数関数的バックオフは時間を開けてリトライ処理を行うだけなので、パスワード変更時の処理として適当ではありません。

D（正解）パスワードローテーションにより接続処理が失敗した場合は直ちにSecret Managerから新しいパスワードを取得することで再度接続が可能になります。

E（不正解）RDSから直接アクセスのためのパスワードを取得することはできません。

本書の参考ページ：4-7「Secrets ManagerとParameter Store」

練習問題

問題45 正解 D

POINT AWS Signerを利用することで、信頼できる発行元から署名されたコードのみがデプロイ可能な環境を作ることができます。署名不一致のほか、署名プロファイルの有効期限切れ、署名プロファイルの無効化によってデプロイは拒否されます。

A（不正解）IAMユーザーと署名プロファイルは紐づかないため、IAMユーザーを削除してもデプロイを防ぐことはできません。

B（不正解）署名プロファイルの有効期限は1日から135ヵ月で設定でき、有効期限後はデプロイができなくなります。しかし、有効期限前であればデプロイは可能であるため不適です。

C（不正解）新しいプロファイルを作成しても既存のプロファイルには影響がありません。

D（正解）署名プロファイルを無効化することで該当の署名が行われたコードがデプロイできなくなるため、これが正解です。

本書の参考ページ：3-14「セキュリティに関するインフラストラクチャのアーキテクチャ、実例」

問題46 正解 B

POINT アクセスキーなどのアクセス情報をGitHubなどの公開リポジトリにpushしてしまう事例は発生しやすいインシデントです。公開時間が短時間であっても悪用される場合があるので、公開停止やアクセスキーのローテーションといった被害拡大を防ぐ対策と合わせて、悪用された形跡の確認手段についてもおさえておきましょう。

A（不正解）Amazon GuardDutyは悪意のあるアクティビティや異常な動作をモニタリングするサービスです。公開されたアクセスキーによる不正アクセスが必ずしも検出されるわけではないため不適です。

B（正解）IAMアクセスアドバイザーを利用することで、各サービスへの最終アクセス日時が確認できます。公開日時以降で不審なアクセスが発生していないかを確認することで影響の有無を判断できます。

C（不正解）IAMアクセスアナライザーは指定したリソースが意図しない範囲に公開されていないかをチェックするサービスであり、設問の用途には使えません。IAMアクセスアドバイザーと名前が似ているので違いをおさえておきましょう。

D（不正解）Security Hubは、セキュリティのベストプラクティス準拠をチェックするためのサービスです。個別のユーザーによる操作の追跡を提供するものではありません。

本書の参考ページ：2-2「AWS IAM」

9章　練習問題

問題47 正解 B

POINT ユーザーごとの役割が多様な組織では、誤って必要以上の権限を付与しないための対策も求められます。IAMパーミッションバウンダリーを使うことで付与する権限の上限を決めることができるので、誤って強力な権限を付与してしまう事故を防ぐことができます。

A（不正解）EC2以外のサービスへのアクセスを拒否するIAMポリシーは作成に手間がかかり、新サービスの追加への考慮も必要となるため運用効率はよくありません。

B（正解）IAMパーミッションバウンダリーはアクセス権限の上限を定義するポリシーです。ここで指定された以上の権限が利用できなくなるので、これが正解です。

C（不正解）EC2のみへのアクセスを許可するIAMポリシーをIAMユーザーに設定してもIAMグループに割り当てられたIAMポリシーに他のサービスへのアクセス許可があればそのサービスへもアクセスできてしまいます。

D（不正解）IAMパーミッションバウンダリーはアクセス権限の上限を定義して利用するため、設問のような環境では許可するポリシーのみで実現可能です。

本書の参考ページ：2-2「AWS IAM」

問題48 正解 D

POINT Amazon Inspectorは有効化すると対象のリソースを自動的にスキャン対象とします。スキャン対象を制御する方法はサービスごとに異なるのでしっかりおさえておきましょう。

A（不正解）ECRのスキャン対象の設定はECR側で行います。

B（不正解）タグを利用したスキャン対象の制御はEC2やLambdaのスキャン時に利用する手法です。

C（不正解）Amazon Inspectorのスキャン対象をIAMロールで制御することはありません。

D（正解）特定のリポジトリをスキャン対象とするにはECRのスキャン設定から連続スキャンフィルターを設定します。

本書の参考ページ：5-5「Amazon Inspector」

問題49 正解 A

POINT 複数AWSアカウントを利用する場合、それぞれのAWSアカウント利用者に管理をすべて任せると全体統制が難しくなります。AWS Organizationsを使うことでその問題を解決できます。どういったことができるのかは必ず出題されるので確認しておきましょう。

A（正解）AWSアカウント内での操作を制限するにはSCPの利用が有効な手段となります。

B（不正解）この方法ではIAMユーザーがIAMグループから抜けた時点で制限が無効となってしまいます。

C（不正解）Amazon GuardDuty に削除保護機能はありません。

D（不正解）この方法では無効化されたときの通知を受け取ることはできますが、無効化を防ぐ根本的な手段にはなりません。

本書の参考ページ：7-1「AWS Organizations」

問題50 正解 D

[POINT] **AWS CloudTrail の証跡設定の変更は頻繁に発生する作業ではないですが、変更先に対して初期の設定と同じ準備が必要となることを覚えておきましょう。また、本設問では既存の証跡を削除する選択肢がありますが、古い証跡を削除することはセキュリティの観点から考えにくいのでこれらの選択肢は最初から除外して考えることができるでしょう。**

A（不正解）既存の証跡ファイルの有無は設定の変更に関係しません。

B（不正解）証跡の設定変更のためには既存の設定を削除する必要はありません。

C（不正解）既存の証跡ファイルの有無は設定の変更に関係しません。

D（正解）出力先を変更する場合、CloudTrail は最初に変更先にデータを put できるかを確認します。put できない場合は変更に失敗するので、変更先に put できる状態にしてから設定を変更する必要があります。

本書の参考ページ：5-3「AWS CloudTrail」

問題51 正解 A

[POINT] **AWS Audit Manager を利用することでオンプレミス環境と AWS 環境の監査情報の一元管理ができます。オンプレミス環境の監査情報を直接収集することはできないので、インポートする必要があります。**

A（正解）AWS Audit Manager には証拠のインポート機能があります。オンプレミス環境の証拠をインポートし、AWS 環境の証拠を AWS Audit Manager で収集することで情報を一元管理でき、情報を統合してレポートを出力できます。

B（不正解）AWS Security Hub は監査レポートを出力するサービスではありません。

C（不正解）AWS Audit Manager からはオンプレミス環境の証拠収集を直接行うことはできません。

D（不正解）AWS Security Hub は監査レポートを出力するサービスではありません。

本書の参考ページ：7-5「AWS Audit Manager」

問題52 正解 C

[POINT] **意図しないユーザーからの利用を防ぐため、AWS 利用時に Multi-Factor Authentication（MFA：多要素認証）を強制できます。コマンドラインからの利用など、**

429

9章　練習問題

MFA認証ができない場合においてはAWS Security Token Service（AWS STS）を利用して事前に認証済みのトークンを発行可能です。発行したトークンを利用するとMFAを含むIAMの認証をスキップしてAWSの操作が行えるので、トークンの有効期限を最低限に設定する、トークンの保持方法をセキュアなものにするなどトークンの扱いには注意しましょう。

A（不正解）MFA認証を強制するポリシーがありながら、MFA認証を強制しないIAMユーザーを作成することは組織のコンプライアンスに抵触する可能性が考えられます。また、該当のIAMユーザー認証情報が漏えいした際にMFA認証が強制されていないと悪用される可能性が高いことからセキュリティ面でもよい方法とはいえません。

B（不正解）一時的とはいえ設定されているIAMポリシーをデタッチすることはセキュリティ面で適切とはいえません。

C（正解）解説のとおり、AWS STSを利用することでMFA認証を事前に行うことができます。

D（不正解）PrincipalにAWS CLIを指定することはできません。また、IDベースのポリシー（ユーザー、グループ、ロールにアタッチするポリシー）でPrincipalを利用することはできません。

本書の参考ページ：2-2「AWS IAM」

問題53　正解 B,C

POINT AWS Organizationの役割分担に関する設問です。選択肢の内容よりA〜Bから AWS Configの自動有効化の手段を、C〜EからConfigルールの適用手段を選択することになります。本設問ではCloudFormation StackSetsの委任管理者は設定されていないため、AWS Config自体の有効化は管理アカウントで、AWS Configの設定・管理は委任管理者アカウントにて行います。

A（不正解）サービス自体の有効化は管理アカウントで行います。

B（正解）AWS Configに限らず、メンバーアカウントのサービス自体の有効化は管理アカウントから行います。

C（正解）AWS Configの設定・管理は委任管理者アカウントで行います。複数のConfigルールを適用するにはConfig適用パックを利用することで管理の手間を削減できます。

D（不正解）委任管理者アカウントを設定している場合、該当するサービスの設定・管理は委任管理者アカウントにて行います。

E（不正解）委任管理者アカウントを設定している場合、該当するサービスの設定・管理は委任管理者アカウントにて行います。

本書の参考ページ：7-1「AWS Organizations」

練習問題

問題54 正解 C,E

POINT CloudFrontを利用するサービスにおいて、特定の地域からのアクセスを拒否する場合はCloudFrontの機能である地理的ディストリビューションの制限が利用可能です。設問の選択肢にはありませんが、AWS WAFを利用しても特定の地域からのアクセス拒否が可能です。AWS WAFの他のフィルタリングを併用する場合はAWS WAFで設定するようにしましょう。本設問ではA〜Cで特定の地域からのアクセス拒否の設定方法を選択し、D〜Eでオリジンに直接アクセスされた場合の対策を選択することになります。

A（不正解）Route53では拒否ルールを設定することはできません。

B（不正解）Route53では拒否ルールを設定することはできません。

C（正解）地理的ディストリビューションの制限を利用することで、容易に国別のアクセス許可・拒否を設定できます。

D（不正解）Origin Access Identity（OAI）の設定はCloudFrontで行い、S3のバケットポリシーにOAIからのみアクセスを受け付ける設定を行います。また、Origin Access Control（OAC）の提供に伴い、OAIは非推奨の方式となりました。

E（正解）OACを利用することで、S3へのアクセスをCloudFrontにのみ限定することができ、インターネットからS3への直接のアクセスを防ぐことができます。

F（不正解）現行のCloudFrontとS3による構成の設定変更で対応できるため、S3をEC2に変更する必要はありません。

本書の参考ページ：3-9「Amazon CloudFront」

問題55 正解 A

POINT S3のストレージクラスに関する問題です。データのアクセス頻度に応じてストレージクラスを選択できるようにしておきましょう。

A（正解）S3 Glacier Deep Archiveは最も低コストのストレージクラスです。データの取り出しに時間はかかりますが、めったにアクセスされないデータの格納先に最適です。

B（不正解）ほとんどアクセスされないデータの場合、格納先はS3 Glacierが最適となります。

C（不正解）S3 Glacierにアップロードする際、S3 Standardなどを経由する必要はありません。

D（不正解）S3 Glacierにアップロードする際、EC2などを経由する必要はありません。

本書の参考ページ：4-6「Amazon S3」

問題56 正解 D

POINT S3にWORM（Write Once Read Many）モデルを適用するためにはS3オブジェクトロックを使用します。データの保持モードは2種類あり、コンプライアンスモードでは、AWSアカウントのルートユーザーを含むすべてのユーザーが保護されたオブジェクトを上

9章 練習問題

書きまたは削除することができません。ガバナンスモードでは、特別な権限を持たない限り
ユーザーはオブジェクトを上書きまたは削除することができません。ただし、必要に応じて
一部のユーザーに保持設定の変更やオブジェクト削除などのアクセス許可を付与できます。
これらの保護は設定時に決められた期限日まで有効となりますが、リーガルホールド（法的
保有）を有効にすることで、期間を無期限とすることができます。リーガルホールドは
s3:PutObjectLegalHold権限を持つIAMユーザーによって解除できます。

A（不正解）ガバナンスモードは特定の権限を持つIAMユーザーによって解除することがで
きてしまいます。

B（不正解）ガバナンスモードは特定の権限を持つIAMユーザーによって解除することがで
きてしまいます。

C（不正解）コンプライアンスモードの選択は正しいですが、問題文には「最初に決められた
期間中」という条件が示されています。過剰な設定を行わないという意味で、リーガル
ホールドの設定は行わないほうが無難でしょう。

D（正解）コンプライアンスモードであれば、最初に設定した期日までルートユーザーを含
む全ユーザーがオブジェクトに対し変更を加えることができません。

本書の参考ページ：4-6「Amazon S3」

問題57 正解 D

POINT **CloudTrailはAWSアカウントの作成時点から有効化されていますが、デフォル
トでは管理イベントの取得のみが有効となっており、S3のputObjectイベントのような
データイベントは明示的に有効化するまでは取得されません。**

A（不正解）S3バケットのバージョニング設定は関係ありません。

B（不正解）データイベントはCloudTrailから取得可能です。

C（不正解）AWS CLIを利用してもCloudTrailコンソールを利用しても取得できるログに差
異はありません。

D（正解）データイベントの取得には有効化の設定が必要です。

本書の参考ページ：5-3「AWS CloudTrail」

問題58 正解 D

POINT **クライアントからアプリケーション（EC2インスタンス）までの通信をすべて暗
号化するには、クライアントからALBまでの暗号化、ALBからEC2までの暗号化の2箇所
に証明書が必要となります。ACMの証明書はALBに紐付けることができますが、EC2イン
スタンスで利用するにはエクスポートしたものを利用することになります。**

A（不正解）ACMの証明書をAuto Scaling Groupに紐付けることはできません。

B（不正解）この方法でも実現可能ですが、管理する証明書の数が複数になるため最適とは
いえません。

C（不正解）ACMの証明書をAuto Scaling Groupに紐付けることはできません。

D（正解）サードパーティー証明書の発行が必要ですが、ALBとEC2で同じ証明書が利用で
きるため運用効率がよい方法です。

**本書の参考ページ：3-14「セキュリティに関するインフラストラクチャのアーキテクチャ、
実例」**

問題59 正解 A

POINT IAMロールにより権限を移譲する際、認証の要素に外部IDを含めることができ
ます。

A（正解）外部IDを利用することで、ベンダーごとに異なる認証情報（外部ID）を利用させ
ることができます。

B（不正解）共用のIAMユーザーを作成することはセキュリティ上推奨されません。

C（不正解）外部ベンダーごとにIAMロールを作成する必要があり、運用効率が高いとはい
えません。

D（不正解）IAMポリシーをIAMユーザーに紐付けた場合は一時的な権限にはなりません。

本書の参考ページ：2-2「AWS IAM」

問題60 正解 C

POINT DNSクエリのログを取得するための設定を問われています。DNSクエリのログ
はRoute 53 Resolverから得ることができます。

A（不正解）CloudTrailのログにはDNSクエリの情報は出力されません。

B（不正解）VPCフローログにはDNSクエリの情報は出力されません。

C（正解）Route 53 ResolverのログをCloudWatch Logsに転送することでDNSクエリの
監視が行えます。

D（不正解）EC2インスタンスのログにはDNSクエリの情報は出力されません。

本書の参考ページ：3-8「Amazon Route 53 Resolver」

問題61 正解 A,E

POINT 外部リソースによる認証を構成している場合、外部リソース起因でログインがで
きなくなる可能性が考えられます。そのような場合に備え、非常時の手段（ブレークグラス）
を準備しておく必要があります。本設問の場合は、SAML認証が行えない場合にAWSアカ
ウントに直接ログインする方法、EC2インスタンスにログインする方法を考える必要があ

9章 練習問題

ります。

A（正解）AWSアカウントに直接ログインできる経路を作成しておきます。

B（不正解）対象のAWSアカウントに直接ログインする手段を用意する必要があります。

C（不正解）SSHを利用する場合は鍵管理が必要となります。SSM SessionManagerを利用する選択肢の方が運用の手間が削減できます。

D（不正解）SSMドキュメントでは柔軟な操作ができないため適切ではありません。

E（正解）SSM SessionManagerを利用することで、直接EC2インスタンスにログインできます。

本書の参考ページ：6-2「AWS Systems Manager」

問題62 正解A

POINT VPCエンドポイントを経由した通信の制御に関する問題です。既存のワークロードに影響を与えないためには、既存の経路を変更せずに別アカウントへの通信を遮断する必要があります。

A（正解）VPCエンドポイントポリシーによってVPCエンドポイントを経由する通信の制御を行うことができます。

B（不正解）既存のVPCエンドポイントを削除することでワークロードに影響が出てしまいます。

C（不正解）受信側のバケットポリシーを修正しても別アカウントへのデータ流出を止めることはできません。

D（不正解）VPCエンドポイントを用いた通信ではネットワークACLの影響を受けません。

本書の参考ページ：3-3「Amazon Virtual Private Cloud」

問題63 正解A

POINT Network FirewallはVPCと外部ネットワークの境界に設置します。具体的には、インターネット向けの通信をフィルタリングする場合はインターネットゲートウェイの直前（VPC側）に設置します。NATゲートウェイを利用する場合はインスタンスとNATゲートウェイの間に設置することもできます。

A（正解）正しい構成です。

B（不正解）NATゲートウェイを2つ経由する必要はありません。

C（不正解）パブリックサブネットにおいてインターネットに出る通信をフィルタリングする場合の経路です。

D（不正解）Network Firewallはインターネットゲートウェイより内側に設置します。

本書の参考ページ：3-5「AWS Network Firewall」

練習問題

問題64 正解 A

POINT サードパーティーのセキュリティアプライアンスを導入する場合、複数台に負荷分散させる場合はGLBを利用します。GLBはレイヤー3で動作するためトラフィックのルーティング上に設置することができ、経路上のトラフィックをセキュリティアプライアンスに流すことが可能です。

A（正解）上記のとおり、EC2型のセキュリティアプライアンスを導入するにはGLBを利用し、ルーティングによってトラフィックを誘導します。

B（不正解）NLBはレイヤー4で動作するためトラフィックをすべて受信することができません。

C（不正解）GLBにTCPリスナーはありません。

D（不正解）NLBはレイヤー4で動作するためトラフィックをすべて受信することができません。

本書の参考ページ：3-10「Elastic Load Balancing」、6-11「インシデント対応に関するアーキテクチャ、実例」

問題65 正解 D

POINT セキュリティチェックに関するサービスは複数存在します。どのサービスがどういった観点でチェックを行うのかを把握しておきましょう。さまざまな観点でのセキュリティチェックが行えるようになっているので、Lambdaを使った作り込みはほぼ必要なくなってきていると考えてよいでしょう。

A（不正解）Amazon GuardDutyはAWS上の不正と見られる挙動を検知するサービスです。

B（不正解）AWS Security Hubは特定のコンプライアンスへの準拠をチェックするサービスです。

C（不正解）ポートスキャンだけではネットワーク到達性を検知できるとはいえません。

D（正解）Amazon InspectorはEC2、ECR、Lambdaの脆弱性をチェックするサービスです。チェック対象にEC2へのネットワーク到達性も含まれています。

本書の参考ページ：5-5「Amazon Inspector」

索引

Amazonから始まる単語

Amazon API Gateway	135
Amazon Athena	238
Amazon CloudFront	118,147
Amazon CloudWatch	35,215,246,285
Amazon Cognito	62
Amazon Detective	321
Amazon DynamoDB	92,185
Amazon EC2	78,120,141,232,324
Amazon Elastic Block Store (EBS)	174
Amazon Elastic Container Registry (ECR)	233
Amazon EventBridge	293,330
Amazon GuardDuty	34,312,323
Amazon Inspector	231
Amazon Inspector Classic	234
Amazon Kinesis	251
Amazon Kinesis Data Analytics	254
Amazon Macie	310
Amazon Managed Service for Apache Flink	254
Amazon OpenSearch Serverless	258
Amazon OpenSearch Service	255
Amazon QuickSight	248
Amazon Relational Database Service (RDS)	83,179
Amazon Route 53	106
Amazon Route 53 Resolver	113
Amazon Route 53 Resolver DNS Firewall	117
Amazon Route 53 Traffic Flow	111
Amazon Simple Storage Service (Amazon S3)	35,188,235
Amazon S3 Glacier	188,197
Amazon S3マネージドキー (SSE-S3)	195
Amazon SNS	296
Amazon Virtual Private Cloud (VPC)	35

AWSから始まる単語

AWS Artifact	138
AWS Artifact Agreements	140
AWS Artifact Reports	138
AWS Audit Manager	362
AWS Auto Scaling	132,147
AWS CloudFormation	303
AWS CloudHSM	172
AWS CloudTrail	224

索引

AWS Config	223,267,364
AWS Control Tower	356
AWS Directory Service	58
AWS Firewall Manager	104
AWS IAM	34,39,69,209,351
AWS IAM Identity Center	351
AWS Key Management Service（KMS）	34
AWS Lambda	146,234
AWS Network Firewall	95,97
AWS Organizations	33,335,363
AWS Secrets Manager	202,208
AWS Security Hub	33,317,363
AWS Shield	80
AWS Shield Advanced	81
AWS Shield Standard	81
AWS Signer	146
AWS Site-to-Site VPN	88
AWS Systems Manager	141,205,272
AWS Transit Gateway	88,99,324
AWS Trusted Advisor	298
AWS WAF	75
AWS Well-Architected フレームワーク	369
AWS X-Ray	229
AWSマネージドキー	157
AWS所有のキー	157

A〜I

Account Factory	360
Application Load Balancer（ALB）	126,129
Automation	278
AZ（アベイラビリティーゾーン）サービス	90,98
Bring Your Own Key（BYOK）	164
Classic Load Balancer（CLB）	126,129
CloudFormation StackSets	354
CloudTrail Lake	228
CloudWatch Logs	290
CloudWatch Synthetics	292
CloudWatch アラーム	285
CloudWatch エージェント	217
Cognito ID プール	62
Cognito ユーザープール	62
Config Rules（Configルール）	104,259,267

Data Firehose	253,296
DHCPオプションセット	89
Documents	281
EKS Protection	313
Elastic IPアドレス	84
Elastic Load Balancing（ELB）	126,147
Envelope Encryption（エンベロープ暗号化）	153
Gateway Load Balancer（GLB）	126,129
HMAC KMSキー	160
IAMグループ	40
IAMポリシー	40,209
IAMユーザー	40,175,189
IAMロール	40,69,189
Incident Manager	282
Inventory	280

K～V

KMS API	155
KMSキー	157
Lambda Protection	313
Malware Protection	313
NATデバイス	85
Network ACL	147,245
Network Load Balancer（NLB）	126,129
OpenSearch Dashboards	256
OU	33,337
Parameter Store	202
Patch Manager	281
RDS Protection	314
Run Command	277
Runtime Monitoring	314
S3 Protection	314
S3オブジェクトロック	199
S3バケットキー	196
Security Group	93,147
Service control policy（SCP）	365
Session Manager	276
SQLクエリ	241
State Manager	279
Suricata	103
Transparent Data Encryption（TDE）	180
Virtual Private Gateway（VGW）	88
VPC Flow Logs（フローログ）	243
VPC Network Access Analyzer	89
VPCエンドポイント	90
VPCピアリング	87

索引

あ～た

アウトバウンドエンドポイント	116
アクセスポイント	191
暗号化	151
位置情報ルーティング	108
インターネットゲートウェイ	84
インターフェイスVPCエンドポイント	91
エンベロープ暗号化（Envelope Encryption）	153
加重ルーティング	110
カスタマーマネージドKMSキー（SSE-KMS）	195
カスタマーマネージドKMSキーによる二層式暗号化（DSSE-KMS）	195
カスタマーマネージドキー	157
キーポリシー	166,209
クライアントサイド暗号化	169,196
グローバルサービス	90
ゲートウェイVPCエンドポイント	90
コンフォーマンスパック（適合パック）	269
サーバーサイド暗号化	169
自動キーローテーション	162
手動キーローテーション	163
条件付き転送ルール	117
ステートフルルールグループ	100
ステートレスルールグループ	100
対称KMSキー	158
適合パック（コンフォーマンスパック）	269

は～ら

バケットポリシー	209
非対称KMSキー	158
ファイアーウォールポリシー	101
複数値回答ルーティング	110
フローログ（VPC Flow Logs）	243
ボールトロック（Vault Lock）	198
マネージドステートフルルール	103
マネージドドメインリスト	117
マネージドルール	77
マルチリージョンキー	160
メトリクス	216
ユーザーポリシー	189
ユーザー指定のキー（SSE-C）	195
ユーザー定義ルール	77
リージョンサービス	90
ルールグループ	102
レイテンシーに基づくルーティング	109

439

要点整理から攻略する

AWS認定セキュリティ-専門知識　改訂2版

2024年9月12日　初版第1刷発行
2025年5月20日　　　第2刷発行

著　者：上野 史瑛 ／ NRIネットコム株式会社 佐々木 拓郎、小林 恭平
発行者：角竹 輝紀
発行所：株式会社 マイナビ出版
　　　　　〒101-0003　東京都千代田区一ツ橋2-6-3　一ツ橋ビル2F
　　　　　TEL：0480-38-6872（注文専用ダイヤル）
　　　　　TEL：03-3556-2731（販売部）
　　　　　TEL：03-3556-2736（編集部）
　　　　　編集部問い合わせ先：pc-books@mynavi.jp
　　　　　URL：https://book.mynavi.jp

ブックデザイン：深澤 充子（Concent, Inc.）
DTP：富 宗治
担当：伊佐 知子、塚本 七海

印刷・製本：株式会社ルナテック

©2024 上野 史瑛 ／ NRIネットコム株式会社 佐々木 拓郎、小林 恭平, Printed in Japan.
ISBN：978-4-8399-8510-3

● 定価はカバーに記載してあります。
● 乱丁・落丁についてのお問い合わせは、
　TEL：0480-38-6872（注文専用ダイヤル）、電子メール：sas@mynavi.jpまでお願いいたします。
● 本書掲載内容の無断転載を禁じます。
● 本書は著作権法上の保護を受けています。本書の無断複写・複製（コピー、スキャン、デジタル化など）は、
　著作権法上の例外を除き、禁じられています。
● 本書についてご質問などございましたら、マイナビ出版の下記URLよりお問い合わせください。
　お電話でのご質問は受け付けておりません。また、本書の内容以外のご質問についてもご対応できません。
　https://book.mynavi.jp/inquiry_list/